动物内科病

DONGWU NEIKE BING

王治仓 主编

中国农业出版社
北京

内 容 简 介

本教材根据动物疾病的发生状况，将动物内科疾病按临床症状划分为10个单元，包括以消化道症状为主的疾病，以呼吸道症状为主的疾病，以循环障碍为主的疾病，以贫血、黄疸为主的疾病，以排尿异常为主的疾病，以运动障碍为主的疾病，以神经症状为主的疾病，以生长发育障碍为主的疾病，表现为动物急性死亡的疾病，以皮肤病变为主的疾病等。各单元均结合兽医临床诊疗实际，从病例入手，以课题描述、病例分析、相关知识、技能训练为主线，介绍动物内科常见疾病概念、病因、发病机制、症状、诊断、防治、预防等知识。为了便于学生比较、学习和理解，本教材在附录中增加了反刍动物、犬、猪、马属动物、禽（以鸡为主）等常见畜种疾病的鉴别诊断要点。

本教材重点介绍了牛、猪、禽、犬等动物的临床常见病，兼顾了马属动物、猫和其他经济动物疾病。为便于学生学习和临床应用，治疗部分采用处方形式。教材中除了线条图外，也提供了比较典型的临床病例图片。突出了应用性，加强了实践性，强调了针对性，注意了灵活性，理论联系临床实际，由浅入深、循序渐进，具有广泛适应性、先进性等特点。

本教材是中等职业学校畜牧兽医类专业人员和从事基层动物疾病防治、动物防疫检疫与饲养管理人员所必备的教材之一，是中等职业学校畜牧兽医类专业学生的必修课教材，也可作为中等农业学校、成人教育、基层畜牧兽医工作者和养殖专业户、科技带头人学习、短期培训的参考用书。

编审人员

主　编　王治仓　　　　甘肃畜牧工程职业技术学院
副主编　于国江　　　　辽宁省朝阳工程技术学校
　　　　　曹邓格日乐　　内蒙赤峰农牧学校
　　　　　张金宝　　　　内蒙古扎兰屯职业学院
编　者（以姓氏笔画为序）
　　　　　于国江　　　　辽宁省朝阳工程技术学校
　　　　　王治仓　　　　甘肃畜牧工程职业技术学院
　　　　　李宗才　　　　甘肃畜牧工程职业技术学院
　　　　　张金宝　　　　内蒙古扎兰屯职业学院
　　　　　曹邓格日乐　　内蒙赤峰农牧学校
　　　　　董建平　　　　四川省水产学校
审　稿　张　勇　　　　甘肃农业大学
　　　　　高启贤　　　　甘肃畜牧工程职业技术学院

前言

根据教育部《关于加强中等职业教育的意见》精神，在全国农业职业院校教学工作指导委员会的指导下，我们根据畜牧兽医类专业的教学需要和各中等职业学校的实际情况，编写了本教材。本教材主要针对中等职业学校畜牧兽医类专业及相关专业学生，以培养面向基层和生产一线的动物疾病防治人员为主要目标，以职业技能培养为根本，满足学科需要、教学需要、社会需要，力求体现职业技术教育的特色。

本教材注重学生原有知识，体现了中职学生培养目标的基本要求，淡化理性，强化感性，以应用为目的，强调基本技能的培养，突出了应用性，加强了实践性，强调了针对性，注意了灵活性，理论联系临床实际，由浅入深、循序渐进，具有广泛适应性、先进性等特点。

本教材的编写分工为：单元一由王治仓、李宗才编写；单元二由曹邓格日乐编写；单元四、单元五由于国江编写；单元三、单元八、单元九、单元十由董建平编写；单元六、单元七由张金宝编写。全书由王治仓修改定稿。

甘肃农业大学张勇教授和甘肃畜牧工程职业技术学院高启贤教授对本教材进行了认真审定，并提出了宝贵的意见；编写过程中得到编写人员所在学校的大力支持，在此一并表示感谢。作者参考一些著作的有关资料，不再一一述及，谨对所有作者表示衷心的感谢！

由于编者水平有限，教材中缺点和不足在所难免，恳请同仁批评指正。

编 者

2018 年 12 月

目录

前言

单元一 以消化道症状为主的疾病 ... 1

课题一 以流涎且伴有采食、吞咽障碍为主的疾病 ... 1
一、口炎 ... 1
二、咽炎 ... 3
三、食管阻塞 ... 5

课题二 以食欲、反刍减少为主的反刍动物疾病 ... 7
子课题一 以食欲、反刍减少为主且腹围变化不大的反刍动物疾病 ... 7
一、前胃弛缓 ... 8
二、创伤性网胃腹膜炎 ... 11
三、瓣胃阻塞 ... 13
四、皱胃变位 ... 15
五、奶牛酮病 ... 17
技能训练 瓣胃注射技术 ... 20
子课题二 以食欲、反刍减少为主且腹围增大的反刍动物疾病 ... 20
一、瘤胃积食 ... 21
二、瘤胃臌气 ... 23
三、瘤胃酸中毒 ... 25
四、皱胃阻塞 ... 27
技能训练一 瘤胃穿刺技术 ... 29
技能训练二 导胃与洗胃技术 ... 30

课题三 以呕吐为主的疾病 ... 31
一、胃内异物 ... 31
二、胰腺炎 ... 32
三、肝炎 ... 33

课题四 以腹痛为主的疾病 ... 35
子课题一 表现腹痛且伴有腹泻的疾病 ... 35

　　　　肠痉挛 35
　子课题二　表现腹痛且无腹泻的疾病 37
　　　一、胃扩张 37
　　　二、肠变位 39
　　　三、肠便秘 41
　　　四、肠臌气 45
　技能训练一　肠穿刺技术 46
　技能训练二　灌肠技术 47
　子课题三　表现腹部有压痛的疾病 47
　　　一、胃溃疡 48
　　　二、皱胃炎 49
　　　三、腹膜炎 50
　　　四、腹腔积液 52
　技能训练　腹腔穿刺术 53

课题五　以腹泻为主的疾病 54
　　　一、胃肠炎 54
　　　二、幼畜消化不良 56
　　　三、磷化锌中毒 58

单元二　以呼吸道症状为主的疾病 60

课题一　表现喘、咳嗽、流鼻液、发热的疾病 60
　　　一、感冒 60
　　　二、支气管肺炎 61
　　　三、大叶性肺炎 62

课题二　表现喘、咳嗽、流鼻液、发热不明显的疾病 64
　　　一、鼻炎 65
　　　二、喉炎 66
　　　三、支气管炎 67
　　　四、肺气肿 68
　　　五、胸膜炎 69
　　　六、安妥中毒 69
　技能训练　胸腔穿刺术 70

课题三　表现呼吸困难且伴有可视黏膜颜色改变的疾病 70
　　　一、亚硝酸盐中毒 71
　　　二、氢氰酸中毒 72
　技能训练　亚硝酸盐中毒检验 74

课题四　表现呼吸困难且伴有神经症状的疾病 74
　　　一、棉籽饼粕中毒 75

二、菜籽饼粕中毒 77

单元三　以循环障碍为主的疾病 79
一、心包炎 79
二、心肌炎 81
三、心力衰竭 83
四、外周循环障碍 85
五、肉鸡腹水综合征 86

单元四　以贫血、黄疸为主的疾病 89
一、贫血 89
二、钴缺乏症 91
三、黄曲霉毒素中毒 92
四、磺胺类药物中毒 94
五、维生素 C 缺乏症 95
六、双香豆素中毒 97
七、维生素 K 缺乏病 99
八、血小板减少症 100
九、自身免疫溶血性贫血 101

单元五　以排尿异常为主的疾病 103
课题一　表现排尿疼痛的疾病 103
一、膀胱炎 103
二、尿道炎 105
三、尿结石 106
四、猫下泌尿道疾病 108

技能训练　导尿及膀胱冲洗技术 109

课题二　表现血尿的疾病 110
一、肾炎 110
二、牛血红蛋白尿病 113
三、马麻痹性肌红蛋白尿病 114
四、洋葱、大葱中毒 115

单元六　以运动障碍为主的疾病 118
一、佝偻病 118
二、骨软症 119
三、硒与维生素 E 缺乏症 121
四、铜缺乏症 122
五、锰缺乏症 124

六、脊髓挫伤及震荡 125
　　七、霉稻草中毒 126
　　八、家禽痛风 127

单元七　以神经症状为主的疾病　129

课题一　表现神经症状且体温升高的疾病　129
　　一、脑膜脑炎 129
　　二、日射病及热射病 131

课题二　表现神经症状且体温变化不明显的疾病　133
　　一、脑震荡及脑挫伤 134
　　二、癫痫 135
　　三、维生素 A 缺乏症 136
　　四、青草搐搦 138
　　五、仔猪低血糖病 139
　　六、食盐中毒 140
　　七、酒糟中毒 142
　　八、霉玉米中毒 143
　　九、有机磷农药中毒 144
　　十、有机氟化物中毒 148
　　十一、尿素中毒 149
　　十二、应激性疾病 150
　拓展知识　中毒概论 151
　技能训练一　食盐中毒检验 156
　技能训练二　有机磷农药中毒检验 158

单元八　以生长发育障碍为主的疾病　161
　　一、B 族维生素缺乏症 161
　　二、锌缺乏症 164
　　三、碘缺乏症 166
　　四、异食癖 167

单元九　表现急性死亡的疾病　171
　　一、脂肪肝综合征 171
　　二、笼养蛋鸡疲劳征 173
　　三、过敏性休克 175

单元十　以皮肤病变为主的疾病　177
　　一、湿疹 177
　　二、荨麻疹 179

附录 ··· 181
附录一 反刍动物疾病临床类症鉴别 ································· 181
附录二 犬病临床类症鉴别 ··· 188
附录三 猪病临床类症鉴别 ··· 195
附录四 马属动物疾病临床类症鉴别 ································· 199
附录五 禽病临床类症鉴别 ··· 200

参考文献 ··· 203

单元一

以消化道症状为主的疾病

课题一　以流涎且伴有采食、吞咽障碍为主的疾病

课题描述　学习本类疾病的基本知识、诊断方法、防治措施，分析临床疾病案例，参加相关疾病临床病例的诊疗训练。

病例分析　分析以下病例，根据病史和临床检查，提出初步诊断，制定治疗措施（开出处方）。

病例1　主诉：一黄牛，在采食马铃薯过程中，突然停止采食，骚动不安，摇头缩颈。

临床检查：频做吞咽动作，大量流涎，口流白沫，咳嗽，瘤胃极度臌胀，呼吸困难，肌肉震颤。触压颈部食道有波动感。食道探诊时，胃管插至胸部食道时受到阻碍不能继续插入。

病例2　主诉：近几天病牛采食减少，咀嚼缓慢，有时采食过程突然停止采食。经常吐草，流涎，饮水增加。

临床检查：体温、脉搏、呼吸基本正常，流涎。口腔检查，口温增高，唇内面和两颊部以及舌缘有大米粒大小的透明水疱，也有的已经破溃形成红色的烂斑。

相关知识　以流涎且伴有采食、吞咽障碍为主的常见疾病主要有口炎、咽炎、食管阻塞；骨软症、有机磷中毒、口蹄疫等也可以出现流涎。

一、口　炎

口炎是口腔黏膜的炎症，包括唇炎、齿龈炎、舌炎、腭炎等。按性质可分为卡他性、水疱性、溃疡性、脓疱性、蜂窝织炎性、丘疹性口炎等，其中以卡他性、水疱性和溃疡性口炎较为常见。临床上以口腔黏膜红、肿、热、痛，甚至糜烂、溃疡、出血和坏死，以及流涎、采食、咀嚼障碍等为特征。各种动物均可发生。

【病因】

1. 原发性口炎　主要由于口腔黏膜遭受机械性、理化性等刺激引起。

(1) 机械性因素。采食粗糙、干硬、有芒刺或刚毛的饲草，或者饲草中混有铁丝、木片、玻璃、鱼刺等尖锐异物；不正确地使用口衔、开口器或锐齿直接损伤口腔黏膜等。

(2) 化学性因素。不适当地灌服高浓度刺激性或腐蚀性药物（如水合氯醛、稀盐酸等），或长期服用汞、砷、碘制剂；采食霉败饲料、有毒植物（如毛茛、白头翁等）或带有锈病

菌、黑穗病菌的饲料，发芽的马铃薯等。

（3）物理性因素。采食冰冻饲料，抢食温度过高的饲料或灌服温度过高的药液。

此外，当受寒或过劳，机体防卫机能降低时，可因口腔内的条件性病原菌，如链球菌、葡萄球菌、螺旋体等的侵害而引起口炎；幼龄动物换齿期，可引起齿龈周围组织发炎。

2. 继发性口炎 常继发或伴发于邻近器官的炎症，如咽炎、唾液腺炎等；消化器官疾病的经过中，如急性胃卡他、肝炎；营养代谢性疾病，如核黄素、抗坏血酸、烟酸、维生素A、锌等缺乏症，贫血、佝偻病等；中毒性疾病，如汞、铜、铅中毒等；传染性疾病，如口蹄疫、传染性水疱性口炎、马疱疹病毒性口炎、猪水疱病、牛恶性卡他热、蓝舌病、猪瘟、犬瘟热、坏死杆菌病、放线菌病等。

【症状】任何类型的口炎，都具有采食和咀嚼缓慢甚至不敢咀嚼，拒食粗硬饲料，常吐出混有黏沫的草团；流涎，口角附着白色泡沫；口腔黏膜潮红、肿胀、疼痛、口温增高、带臭味等共同症状。

1. 卡他性口炎 口腔黏膜弥漫性或斑块状潮红，硬腭肿胀。唇部黏膜的黏液腺阻塞时，则有散在的小结节和烂斑；由植物芒刺或刚毛所致的病例，在口腔内形成大小不等的丘疹，顶端呈针头大的黑点，触摸坚实、敏感。重症病例，唇、齿龈、颊部、腭部黏膜肿胀甚至发生糜烂，大量流涎。

2. 水疱性口炎 在唇部、颊部、腭部、齿龈、舌面的黏膜上有散在或密集的粟粒大至蚕豆大的透明水疱，2～4d后水疱破溃形成边缘不整齐的鲜红色烂斑，间或有轻微的体温升高。

3. 溃疡性口炎 多发于肉食动物，犬最常见。一般表现为门齿和犬齿的齿龈部肿胀，呈暗红色，易出血。1～2d后，病变部位变为淡黄色或黄绿色糜烂性坏死，流涎，混有血丝带恶臭味。炎症常蔓延至口腔其他部位，导致溃疡、坏死甚至颌骨外露，散发出腐败臭味。

病重者，体温升高。牛、马因异物损伤口腔黏膜时，流涎并混有血液，有创伤和烂斑并形成溃疡。

【诊断】根据采食、咀嚼缓慢，流涎及口腔黏膜潮红、肿胀、水疱、溃疡等炎症变化，可做出诊断。

【治疗】

1. 治疗原则 消除病因，加强护理，净化口腔，收敛和消炎。

2. 治疗措施 消除病因，如摘除刺入口腔黏膜的异物，剪断并锉平过长齿等。

加强护理，草食动物应给予营养丰富、柔软而易消化的青绿饲料；肉食动物和杂食动物可给予牛乳、肉汤、鸡蛋、稀粥等。对于不能采食或咀嚼的动物，应及时输液补糖，或者经胃导管给予流质食物，及时补充B族维生素、维生素A和维生素C。

口腔局部处理，依据病性，选用适宜的方法，净化口腔，消除炎症。

全身用药，对细菌感染较重的口炎，应选择有效的抗菌药物进行治疗。

处方一 1%食盐水，或2%～3%硼酸溶液，或0.1%高锰酸钾溶液适量。用法：冲洗口腔，3～4次/d。

处方说明：口腔有恶臭味者，用0.1%高锰酸钾溶液冲洗；不断流涎者，则用1%鞣酸溶液或1%明矾（十二水合硫酸铝钾）溶液冲洗口腔。溃疡性口炎可用碘甘油（5%碘酊1

份、甘油9份），或5%磺胺甘油乳剂适量，涂布口腔溃疡面，3~4次/d。

处方二 青黛散：青黛15g，薄荷5g，黄连10g，黄柏10g，桔梗10g，儿茶10g。用法：混合，研为细末，吹撒于患部或口嚼法，即装入纱布袋内，在水中浸湿，衔于病畜口中，饲喂时暂时取出，1次/d。

处方说明：青黛散具有清火消炎，消肿止痛的功效。主要治疗口舌生疮，咽喉肿痛。口嚼法适用于牛、马等大家畜。

处方三 维生素B_2，马、牛100~150mg，羊、猪20~30mg，犬10~20mg，猫5~10mg；维生素C，马1~3g，牛2~4g，羊、猪0.2~0.5g，犬0.02~0.10g。用法：肌内注射。

处方说明：适用于维生素B_2、维生素C缺乏症引起的口炎。

处方四 青霉素，马、牛每千克体重1万~2万IU，猪、羊每千克体重2万~3万IU；链霉素每千克体重10~15mg。用法：注射用水适量，溶解，一次肌内注射，2次/d，连用3~5d。

处方说明：适用于重剧性口炎。

【预防】平时加强饲养管理，合理调配饲料，防止尖锐异物、有毒植物混入饲料中；不喂发霉变质的饲草、饲料；正确服用有刺激性或腐蚀性的药物；正确使用口衔和开口器；定期检查口腔，牙齿磨灭不整时，应及时修整；防止误食有毒化学物质或者有毒植物。

二、咽　　炎

咽炎是咽黏膜、软腭、扁桃体（淋巴滤泡）及其深层组织炎症的总称。按病程可分为急性型和慢性型；按炎症性质分为卡他性、纤维素性和化脓性等，以卡他性咽炎较为常见。临床上以咽部敏感、吞咽障碍和流涎为特征。各种动物都可发生。

【病因】

1. 原发性咽炎　多因机械性因素、化学性因素或冷热刺激所引起。

（1）机械性因素。饲料中的芒刺、尖锐异物以及胃管投药时动作粗暴等损伤咽黏膜。

（2）化学性因素。采食霉败的饲料、饲草，或者受刺激性强的药物（如氨水、福尔马林、强酸或强碱等）、强烈的烟雾、刺激性气体（如芥子气）的刺激和损伤。

（3）冷热刺激。采食过冷的或过热的饲料，灌服过热的药物等。

此外，受寒感冒、过劳或长途运输时，机体抵抗力降低，防卫能力减弱，受到链球菌、大肠杆菌、巴氏杆菌等条件性致病菌的侵害，也可引起本病的发生。

2. 继发性咽炎　常继发于临近器官的炎性疾病，如口炎、鼻炎、喉炎以及炭疽、巴氏杆菌病、口蹄疫、牛恶性卡他热、牛（羊）出血性败血症、犬瘟热、马腺疫、流感、结核等疾病。

【发病机制】当机体抵抗力降低、咽黏膜防御机能减弱时，极易受到条件性致病菌的侵害，导致咽黏膜的炎性反应。扁桃体是多种微生物居留及其侵入机体的门户，更容易引起炎性变化。

在咽炎的发展过程中，咽部血液循环障碍，咽黏膜及其黏膜下组织呈现炎性浸润，扁桃体肿胀，咽部组织水肿，引起卡他性、纤维素性或化脓性病理反应，咽部红、肿、热、痛、吞咽障碍，因而病畜表现为头颈伸展、流涎，食糜及炎性渗出物从鼻腔反流；甚至发生误咽，而引起腐败性支气管炎、异物性肺炎或肺坏疽。当炎症波及喉时，引起喉炎。

重剧性咽炎，由于大量炎性产物被机体吸收，引起病畜体温升高，并因扁桃体高度肿胀，深部组织胶样浸润，喉口狭窄，发生呼吸困难，甚至窒息。

【症状】各种类型的咽炎都具有不同程度的头颈伸展、转动不灵活，吞咽困难；唾液分泌增多而又咽下困难，故大量流涎；牛呈现哽噎运动，猪、犬、猫出现呕吐或干呕，马则有饮水或嚼碎的饲料从鼻腔反流；当炎症波及喉时，病畜咳嗽，触诊咽喉部，病畜敏感。各种类型咽炎的特有症状如下。

1. 卡他性咽炎 病情发展缓慢，经 3~4d 后，头颈伸展、吞咽困难、流涎等症状逐渐明显。急性病例，咽黏膜、扁桃体潮红、肿胀。慢性病例，咽黏膜苍白、肥厚，常形成皱襞，被覆黏液。全身症状一般较轻。

2. 纤维素性咽炎 发病比较急，体温升高，精神沉郁，不愿采食，鼻液中混有灰白色伪膜，鼻液污秽不洁。咽部视诊，可见扁桃体红肿，咽部黏膜表面覆盖有灰白色伪膜，将伪膜剥离后，见黏膜充血、肿胀，有的可见到溃疡。

3. 化脓性咽炎 病畜咽痛拒食，高热，精神沉郁，脉搏增快，呼吸急促，鼻孔流出脓性鼻液。咽部视诊，可见咽黏膜肿胀、充血，有黄白色脓点和较大的黄白色突起；扁桃体肿大、充血，并有黄白色脓点。咽部涂片检查可发现大量的葡萄球菌、链球菌等化脓性细菌。血液检查可见白细胞数增多，嗜中性粒细胞显著增加，核左移。

慢性咽炎的病程较长，症状轻微，咽部触诊疼痛反应不明显。

【诊断】

1. 症状诊断 根据采食、咀嚼缓慢，流涎及口腔黏膜潮红、肿胀、水痘、溃疡等炎症变化，可做出诊断。

2. 剖检诊断 卡他性咽炎，急性病例常见咽黏膜、扁桃体潮红、肿胀；慢性病例，可见咽黏膜苍白、肥厚，常形成皱襞，被覆黏液。纤维素性咽炎，咽部黏膜表面覆盖有灰白色伪膜，将伪膜剥离后，见黏膜充血、肿胀，有的可见到溃疡。

3. 实验室诊断 化脓性咽炎，咽部涂片检查可发现大量葡萄球菌、链球菌等化脓性细菌。血液检查可见白细胞数增多，嗜中性粒细胞显著增加，核左移。化脓性咽炎，咽黏膜肿胀、充血，有黄白色脓点和较大的黄白色突起；扁桃体肿大、充血，并有黄白色脓点。

【治疗】

1. 治疗原则 消除病因，加强护理，抗菌消炎，对症治疗。

2. 治疗措施 首先要加强护理，不要饲喂粗硬饲料，对尚能采食的患畜给予柔软易消化饲料，草食动物给予青草、优质青干草、多汁易消化饲料和麸皮粥；肉食动物和杂食动物可给予稀粥、牛奶、肉汤等，并给予充分饮水。对于吞咽困难的动物，应及时补糖输液，维持其营养。同时注意改进畜舍环境卫生，保持清洁、通风、干燥。对疑似传染病的病畜，应进行隔离观察。治疗时，禁止使用胃管投食或投药，防止误咽。

病初，咽喉部冷敷，后期热敷，3~4 次/d，每次 20~30min。也可在咽喉部涂抹樟脑酒精、鱼石脂软膏或止痛消炎膏等药物。重剧咽炎可行封闭疗法。

严重咽炎应使用抗生素或磺胺类药物。青霉素为首选抗生素，应与链霉素、庆大霉素等联合应用。适时应用解热止痛剂，如安乃近、氨基比林。并酌情使用肾上腺皮质激素，如可的松等。

处方一

（1）止痛消炎膏，或鱼石脂软膏适量。用法：咽喉部涂布，1次/d，连用3～5d。

（2）青霉素，猪、羊每千克体重2万～3万IU，马、牛每千克体重1万～2万IU；链霉素，每千克体重10～15mg，注射用水适量。用法：一次肌内注射，2次/d，连用3～5d。

处方说明：抗菌消炎。

处方二 青霉素，牛、马240万～320万IU，猪、羊40万～80万IU；0.25%普鲁卡因溶液，牛、马50mL，猪、羊20mL。用法：混合后一次咽喉部封闭，2次/d，连用3～5d。

处方说明：抗菌消炎、镇痛。

处方三 10%磺胺嘧啶钠注射液，牛100mL，猪20mL；10%水杨酸钠注射液，牛100mL，猪10～20mL。用法：分别静脉注射，2次/d。

处方说明：抗菌消炎、镇痛。

处方四

（1）0.1%高锰酸钾溶液适量，碘甘油适量。用法：前者冲洗口腔，后者咽部涂擦。

（2）青霉素，猪、羊每千克体重2万～3万IU，马、牛每千克体重1万～2万IU；链霉素，每千克体重10～15mg；注射用水适量。用法：一次肌内注射，2次/d，连用3～5d。

（3）氯化铵，牛10～25g，马8～15g，羊、猪1～5g，犬0.2～1.0g。用法：一次内服。

处方说明：黏膜消毒、抗菌消炎、祛痰止咳。

处方五 青黛散：青黛15g，薄荷5g，黄连10g，黄柏10g，桔梗10g，儿茶10g。用法：混合，研为细末，吹撒于患部或口衔法（即装入纱布袋内，在水中浸湿，衔于病畜口中，饲喂时暂时取出，每天或隔天换药一次）。

处方说明：具有清火消炎、消肿止痛功效。口衔法适用于牛、马等大家畜。

【预防】加强饲养管理，注意饲料的质量和调制；应用胃管等诊断与治疗器械时，操作应细心，避免损伤咽黏膜；搞好畜舍环境卫生，保持室内清洁和干燥，早春晚秋气候急剧变化的时候应注意防寒保暖；及时治疗原发病。

三、食管阻塞

食管阻塞，俗称"草噎"，是食管被食物或异物阻塞的一种严重食管疾病。按程度分为完全阻塞与不完全阻塞；按阻塞部位可分为颈段食管阻塞、胸段食管阻塞。本病常见于牛、马、猪和犬，偶尔发生于羊。

【病因】

1. 原发性食管阻塞 多在动物饥饿、抢食、采食受到惊吓等状态下，匆忙吞咽，而使食物或异物阻塞于食管中。

牛多因采食大块的甘薯、马铃薯、甜菜根、苹果、玉米棒、豆饼块、花生饼等饲料时，咀嚼不充分、吞咽过急而引起，或因误咽毛巾、破布、塑料薄膜、毛线球、木片或胎衣而发病。

马多因饥饿时，大口摄取干燥饲料（草料或谷物），唾液混合不充分，匆忙吞咽而导致饲料阻塞于食管中。

猪多因抢食甘薯、萝卜、马铃薯、未拌湿、混合不均匀的粉料，或采食混有骨头、鱼刺的饲料。

犬多因群犬争食软骨、骨头及不易嚼烂的肌腱而引起。幼犬常因嬉戏，误咽瓶塞、小石子等异物而发病。

2. 继发性食管阻塞 常继发于食管狭窄、食管痉挛、食管麻痹、食管炎等疾病。也有因全身麻醉，食管功能没有完全恢复即进食，从而发生食管阻塞的。

【症状】动物采食过程中突然停止采食，惊恐不安，摇头伸颈，频繁呈现吞咽动作，张口伸舌，口腔大量流涎，甚至从鼻孔流出，常伴有咳嗽（图1-1）。颈段食管阻塞时，外部触诊可感阻塞物；胸段食管阻塞时，在阻塞部位上方的食管内积满唾液，触诊能感到波动并引起哽噎运动。胃导管探诊，当触及阻塞物时，感到有阻力，不能推进。大块饲料或异物引起的阻塞，若经2～3d不能排出，即引起食管壁组织坏死甚至穿孔。

图1-1 病牛头颈伸直，反复咳嗽

牛、羊完全食管阻塞时，由于嗳气障碍而发生瘤胃臌胀，呼吸困难，可于几个小时之内因窒息导致死亡；病马表现不安，前肢刨地，时卧时起，干呕，大量流涎，饲料与唾液从鼻孔逆出，咳嗽；犬发生完全性食管阻塞时，采食或饮水后，出现食物反流。不完全阻塞时，液体和流质食物可以咽下。猪食管阻塞时，多半离群，垂头站立而不卧地，张口流涎，往往出现吞咽动作。时而试探饮水、采食，但饮进的水立即逆出口腔。

【诊断】

1. 症状诊断 根据口腔大量流涎、呈现吞咽障碍等症状，结合食管外部触诊等可获得正确诊断。

2. 病史诊断 有采食干、硬、块状等饲料的病史，采食过程中突然发病。

3. 胃导管探诊 当触及阻塞物时，感到有阻力，不能推进。

4. X线诊断 在完全性阻塞或阻塞物质地致密时，阻塞部呈块状密影。

【治疗】

1. 治疗原则 解除阻塞，疏通食管，消除炎症，加强护理和预防并发症的发生。

2. 治疗措施 应根据阻塞部位、阻塞物的性状及其阻塞的程度，采取相应的治疗措施。反刍动物继发瘤胃臌气时，应注意及时施行瘤胃穿刺放气，并向瘤胃内注入制酵剂。

近咽段食管阻塞：对大家畜，在装上开口器后，可徒手或借助器械取出阻塞物。

颈段与胸段食管阻塞：先缓解疼痛及痉挛，并润滑管腔。牛、马可静脉注射5%水合氯醛酒精注射液100～200mL，也可应用安乃近、阿托品、山莨菪碱、氯丙嗪等药物。然后用植物油（或液状石蜡），1%普鲁卡因溶液，灌入食管内。然后运用推送法、挤压法、打气法等排除食管阻塞物。

推送法：将胃管插入食管内抵住阻塞物，缓慢用力将其推入胃内。此法主要用于胸段食管阻塞和腹段食管阻塞。

挤压法：适用于颈段食道阻塞，将病畜横卧保定，用平板或砖垫在食管阻塞部位，然后以手掌抵于阻塞物下端，朝咽部方向挤压，将阻塞物挤压到口腔，即可排除。

捶打法：若阻塞物为脆性易碎物，如新鲜的土豆、萝卜、苹果等，术者用双手手指从左右两侧挤压阻塞物，将阻塞物压扁、压碎后，使其自行咽下。或将病畜右侧横卧保定好，固定食道阻塞物，在阻塞物之下放一平坦木板，然后用平顶锤准确而有力地将阻塞物砸碎，或将阻塞物部位垫上棉花、布片等物，然后将其砸碎即可。但必须注意，不可用力过猛，以免损伤食管。

打气法：把打气管接在胃管上，颈部勒上绳子以防气体回流，然后适量打气，并趁势推动胃管，将阻塞物推入胃内。但不能打气过多和推送过猛，以免食管破裂。

打水法：当阻塞物为颗粒状或粉状饲料时，可用清水反复泵吸或虹吸，把阻塞物洗出，或者将阻塞物冲下。

通噎法：通噎法是中兽医治疗食管阻塞的传统方法，主要用于治疗马的食管阻塞。其方法是将病马缰绳拴在左前肢系凹部，使马头尽量低下，然后驱赶病马快速前进或上下坡，往返运动20～30min，借助颈部肌肉的收缩，使阻塞物进入胃内。

另外，牛在食管润滑状态下，皮下注射3%盐酸毛果芸香碱3mL，可促进食管肌肉收缩和分泌液体，经3～4h奏效。对猪可皮下注射藜芦碱0.02～0.03g，或盐酸阿扑吗啡0.05g，促使其呕吐，使阻塞物呕出；犬、猫因异物（骨、鱼刺等）引起的颈段食管阻塞，可配合使用内窥镜和镊子将异物取出。

采用上述方法仍然不见效时，应立即采用手术疗法，切开食管，取出阻塞物。

对患病动物应加强护理，暂停饲喂饲料和饮水。病程较长者，应注意消炎、补液、维持机体营养。排除阻塞物后1～3d，应给予流质饲料或柔软易消化的饲料。

【治疗】
(1) 复方氯丙嗪注射液，每千克体重0.5～1.0mg。用法：一次肌内注射。
(2) 液状石蜡，牛、马200mL，羊、猪、犬10～20mL；2%普鲁卡因溶液，牛、马10mL，羊、猪、犬1～2mL。用法：胃管投入阻塞部位。
(3) 胃管推送。胃导管推送主要用于胸段食管阻塞和腹段食管阻塞。此方无效时，应尽早手术治疗。

【预防】本病预防的关键在于加强饲养管理，保持环境安静，避免动物惊恐不安；定时饲喂，防止饥饿后采食过急；合理调制饲料，块根、块茎及粗硬饲料要切碎或泡软后喂饲；妥善管理饲料堆放间，防止动物偷食或骤然采食。豆饼、花生饼、棉籽饼等需先水泡调制后再饲喂，以防止暴食。全身麻醉手术后，在食管机能尚未完全恢复前应禁食，以防本病的发生。

课题二　以食欲、反刍减少为主的反刍动物疾病

子课题一　以食欲、反刍减少为主且腹围变化不大的反刍动物疾病

▶课题描述　学习本类疾病的基本知识、诊断方法、防治措施，分析临床疾病案例，参加相关疾病临床病例的诊疗训练。

病例分析　分析以下病例，根据病史和临床检查，提出初步诊断，制定治疗措施（开出处方）。

病例1　主诉：一黄牛，发病已3d，食欲降低，时常磨牙，反刍时好时坏，不时嗳气，气味酸臭。

临床检查：患牛精神沉郁，听诊瘤胃蠕动音减弱，次数为每2～3min 2次，触诊瘤胃，内容物稀软，瓣胃蠕动音减弱，体温、脉搏、呼吸均无明显变化。

病例2　主诉：黑白花奶牛，2岁，最初表现为精神沉郁，食欲减退，反刍减少。4d后，食欲废绝，反刍停止，排粪减少。粪便干硬，呈算盘珠状，色暗。

临床检查：患牛鼻镜干燥，结膜发绀，眼球凹陷，机体衰弱无力，体温38℃，脉搏72次/min，呼吸52次/min。触诊瘤胃，内容物稀软，听诊瘤胃蠕动音微弱；触诊瓣胃区，患畜疼痛不安、抗拒，听诊瓣胃蠕动音消失；瓣胃穿刺法诊断，进针阻力很大，内容物坚硬。

病例3　主诉：牛2岁，体重约350kg。一周前突然食欲减少，反刍迟缓，在当地镇兽医站诊治，认为前胃弛缓，治疗后病情不但不见好转，反而逐渐加重。

临床检查：病牛站立时肘头外展，肘肌群有时震颤，瘤胃轻度臌气，蠕动音极弱，肠音也几乎消失。上下坡运动检查，下坡时小心谨慎，并有痛苦的呻吟声。用拳头顶压网胃区，病畜表现疼痛反应，抗拒检查。卧下时小心缓慢，起立时先起前肢。血液检查，白细胞总数为15 000个/mm^3。

相关知识　以食欲、反刍减少为主且腹围变化不大的反刍动物常见疾病主要有前胃弛缓、创伤性网胃腹膜炎、瓣胃阻塞、皱胃变位、皱胃炎、奶牛酮病。

一、前胃弛缓

前胃弛缓，中兽医称脾虚慢草，是由于前胃神经兴奋性降低，肌肉收缩力减弱，菌群失调，瘤胃内容物运转迟滞，产生大量腐败发酵的物质，引起消化机能障碍和全身机能紊乱的一种疾病。临床上以食欲减退、反刍障碍，前胃平滑肌蠕动减弱乃至停止为特征，严重时伴发全身机能紊乱。按其病情发展过程可以分为急性和慢性；按病因可分为原发性和继发性，原发性前胃弛缓也称为单纯性消化不良，多取急性经过，预后良好；继发性前胃弛缓又称为症状性消化不良，多取亚急性或慢性经过，可出现于各系统和各类疾病的病程中，病情复杂。本病是消化系统疾病的多发病，多发生于舍饲的牛和羊等反刍动物。

【病因】

1. 原发性前胃弛缓　其病因主要是平时的饲养和管理不当。

（1）饲养不当。几乎所有能改变瘤胃内环境的食物性因素均可引起原发性前胃弛缓。常见的有：①长期饲喂粗硬难消化饲料，如稻草、麦糠、豆秸、秕壳等，强烈刺激胃壁，尤其在饮水不足时，前胃内容易缠结成不易移动的团块，影响瘤胃的消化活动；反之，长期饲喂过于柔软或粉碎过细的饲料或饲草，如麸皮、细碎的精料等，对胃黏膜的刺激不足，易引起前胃弛缓。②饲料品质不良，如发霉变质、冰冻或混有泥沙。③日粮中矿物质和维生素缺乏，特别是维生素A、维生素B_1及钙缺乏时，易引起单纯性消化不良。④饲养程序紊乱，如突然变换草料或突然改变饲养方式，饲喂不定时、不定量，时饥时饱等。

（2）管理不当。过度劳役、长期休闲、运动不足等；圈舍卫生不良、阴暗、潮湿、过度拥挤或缺乏光照等；误食塑料袋、化纤布，或分娩后的母牛食入胎衣等，均可导致本病的发生。

（3）应激因素。由于严寒、酷暑、饥饿、疲劳、分娩、离群、断乳、调换圈舍、更换饲养员、恐惧、感染与中毒等因素刺激，或手术、创伤、剧烈疼痛的影响，引起应激反应，而发生前胃弛缓。

2. 继发性前胃弛缓 常继发于消化系统疾病、营养代谢性疾病、热性病、传染病、寄生虫病和中毒性疾病等，如口炎、咽炎、齿病、瘤胃臌气、瘤胃积食、创伤性网胃炎、瓣胃阻塞、皱胃阻塞、肠便秘、骨软症、酮血病、生产瘫痪、乳房炎、子宫内膜炎、牛流行热、结核病、布鲁氏菌病、肝片吸虫病、前后盘吸虫病、锥虫病等。此外，在兽医临床上治疗用药不当（如长期大量应用磺胺类和抗生素等抗菌药物），瘤胃内菌群共生关系受到破坏，因而发生消化不良，呈现前胃弛缓。

【发病机制】由于上述因素的致病作用，引起中枢神经系统或植物性神经系统的机能紊乱，导致前胃弛缓。特别是当血钙水平低或受到各种应激因素影响时，乙酰胆碱释放减少，神经-体液调节功能减退，导致前胃兴奋性降低，收缩力减弱，妨碍胃内容物的充分搅拌和后送，致使内容物停滞于前胃内，异常发酵和腐败，产生大量的有机酸（乙酸、丙酸、丁酸、乳酸等）和气体（CO_2、CH_4 等），pH 下降，瘤胃内微生物区系共生关系遭到破坏，纤毛虫的数量减少，活力减弱或消失，毒性强的微生物异常增殖，产生多量有毒物质和毒素，消化道反射活动受到抑制，食欲减退或废绝，反刍减弱或停止。随着病情进一步的发展，前胃内容物异常腐败分解，产生大量有毒物质，肝解毒能力降低，发生自体中毒。由于大量有毒物质的强烈刺激，引发前胃炎、皱胃炎、肠炎及腹膜炎，造成胃肠道渗透性增高，机体发生脱水，病情急剧恶化，导致迅速死亡。

【症状】

1. 急性前胃弛缓 多见于急性热性病或感染性疾病，表现为急剧的应激状态和消化不良，食欲、饮欲减退或废绝，反刍减少、短促、无力，时而嗳气并带酸臭味；瘤胃收缩力减弱，蠕动音减弱，蠕动次数减少，或每次蠕动的持续时间缩短（正常牛瘤胃蠕动次数每 2min 3～5 次）。触诊瘤胃，其内容物充满、黏硬呈生面团样或稀软呈粥状；瓣胃蠕动音减弱；病初粪便无明显变化，以后逐渐变为干硬，色暗，被覆黏液。体温、呼吸、脉搏一般无明显异常。

少数病例，伴发前胃炎或酸中毒时，病情急剧恶化，精神沉郁，食欲废绝，磨牙，呻吟，反刍停止，嗳气停止，粪便呈糊状、棕褐色，恶臭；皮温不整，体温下降，鼻镜干燥，眼球下陷，黏膜发绀，脉搏增快，呼吸困难。

2. 慢性前胃弛缓 多由急性型前胃弛缓转变而来，其症状与急性前胃弛缓类似，患畜病程长，病情时好时坏，日渐消瘦，体质虚弱，被毛干枯无光泽，皮肤弹性减退；多数病畜食欲不定，常发生异嗜，舔砖吃土，或者吃褥草、污物等。反刍不规则，短促、无力或停止，嗳气减少，嗳出气体酸臭。瘤胃蠕动音减弱或消失，内容物黏硬或稀软，常出现慢性瘤胃臌胀；病的后期常伴发瓣胃阻塞，精神沉郁，鼻镜龟裂，食欲、反刍停止，瓣胃蠕动音消失。病重时，呈现贫血与衰竭，常导致死亡。

【诊断】

1. 症状诊断 根据食欲减退、反刍障碍、前胃蠕动减弱，消化机能障碍，嗳气酸臭，间歇性臌气，体温、呼吸、脉搏通常无明显变化可建立诊断。

2. 病史诊断 如饲料品质不良、饲料突然改变、过度劳役、饲养管理不当、应激因素等。

3. 剖检诊断 瘤胃胀满，黏膜潮红，有出血斑；瓣胃容积显著增大，瓣叶间内容物干燥，形同胶合板状，其上覆盖脱落的黏膜；有的瓣胃叶片组织发生坏死、溃疡和穿孔。

4. 实验室诊断 多数病例瘤胃液pH下降到5.5~6（正常变动范围为6~7）；纤毛虫活力降低，数量减少至7.0万个/mL左右（健康黄牛纤毛虫数为13.9万~114.6万个/mL）。

【治疗】

1. 治疗原则 加强护理，消除病因，恢复前胃运动机能，防腐止酵，改善瘤胃内环境，恢复正常微生物区系，防止脱水和自体中毒。

2. 治疗措施 除去病因，改善饲养管理，立即停喂发霉、变质饲料；病初禁食1~2d，给予充足的清洁饮水，以后给予适量的易消化的青草或优质干草，适当运动。轻症病例可在1~2d自愈。

恢复前胃运动机能，增进食欲，可应用前胃兴奋剂、促反刍液、各种酊剂等药物（如新斯的明、氨甲酰胆碱、10%氯化钠、龙胆酊、陈皮酊、姜酊、大蒜酊等）；促进前胃内容物排除，制止腐败、发酵，可应用缓泻剂和止酵剂（如硫酸钠、鱼石脂等），必要时可采取洗胃疗法排除瘤胃内容物；当瘤胃内容物pH降低，为改善瘤胃内环境，调节瘤胃内容物pH，恢复正常微生物区系，可应用缓冲剂，如氢氧化镁、氢氧化铝、碳酸氢钠等，必要时，给病牛投服健康牛反刍食团或灌服健康牛瘤胃液4~8L。当病畜呈现轻度脱水和自体中毒时，应用补液、解毒、强心等疗法。此外，还可配合应用抗生素。

继发性前胃弛缓，着重治疗原发病，并配合前胃弛缓的相关治疗，促进病情好转。

处方一 10%氯化钠注射液300~500mL，5%氯化钙注射液200~300mL，20%安钠咖注射液10mL，5%葡萄糖生理盐水1 500~2 500mL。用法：一次静脉注射（牛），羊酌情减量。

处方说明：适用于因血钙水平低而引起的原发性前胃弛缓。

处方二

（1）硫酸镁（或硫酸钠）300~500g，鱼石脂20g，酒精50mL，温水6~10L。用法：混合，一次内服（牛），羊约为此量的1/6。

（2）氢氧化镁（或氢氧化铝）200~300g，碳酸氢钠50g，注射用水适量。用法：混合，一次内服（牛）。

（3）10%氯化钠注射液300~500mL，10%安钠咖注射液20~40mL。用法：一次静脉注射（牛），羊剂量酌减。

处方说明：兴奋瘤胃、缓泻止酵、调节瘤胃内容物pH，能有效改善心脏、血管活动，促进胃肠蠕动和分泌，增强反刍。

处方三 新斯的明注射液，牛10~20mg，羊2~5mg。用法：一次皮下注射。

处方说明：促进瘤胃蠕动，也可用毛果芸香碱，牛30~100mg，羊5~10mg；或氨甲酰胆碱，牛3~5mg，羊0.25~0.50mg，本类药物对胃肠平滑肌有较强的兴奋作用，但对于病情重剧和心脏衰弱以及老龄和妊娠母牛，禁止应用此类药物，以防虚脱或流产。

处方四 加味四君子汤：党参 100g，白术 75g，茯苓 75g，炙甘草 25g，陈皮 40g，黄芪 50g，当归 50g，大枣 200g。用法：共为末，开水冲调，候温灌服，1 剂/d，连服 2～3 剂。配合针刺脾俞、百合、关元俞等穴。

处方说明：根据辨证施治原则，对脾胃虚弱、水草迟细、消化不良的牛，着重健脾和胃、补中益气，如应用四君子汤等。

【预防】主要是改善饲养管理，合理调配日粮，给予足够的清洁饮水，注意饲料的选择、保管，在饲料中添加矿物质、维生素；防止饲喂霉变、冰冻饲料；不可任意增加饲料用量或突然变更饲料；避免不利因素的刺激和干扰，尽量减少各种应激因素的影响；牛应有适当运动和日光照射，圈舍要保持清洁卫生和通风保暖；及时治疗容易诱发前胃弛缓的疾病。

二、创伤性网胃腹膜炎

创伤性网胃腹膜炎又称金属器具病或创伤性消化不良，俗称"铁器病"或"铁丝病"，是由于金属异物混杂在饲料内，被误食后进入网胃，导致网胃和腹膜损伤及炎症的一种疾病。临床上以顽固性前胃弛缓，网胃区疼痛，姿势和运步异常，体温升高为特征。本病主要发生于舍饲的奶牛、肉牛以及半舍饲半放牧的耕牛，偶尔发生于羊。

【病因】牛采食迅速，并不咀嚼，以唾液裹成食团，囫囵吞咽，又有舔食习惯，往往将随同饲料的异物吞咽落入网胃，导致该病的发生。因此，当饲养管理不当，饲料加工粗放，混进尖锐金属异物；对饲料中的金属异物检查时不细致或处理不及时；饲养管理粗放，散落在房前屋后、道路边、工厂周围的地面、垃圾与草丛、畜舍地面等处的尖锐异物，被动物采食或舔食，都可造成本病的发生。

常见尖锐异物包括碎铁丝、铁钉、碎铁片、钢笔尖、别针、回形针、大头钉、缝合针、图钉、废弃的小剪刀、铅笔刀、注射针头及各种有关的尖锐金属异物，特别是饲料粉碎机与铡草机上的铁钉。此外还有玻璃、塑料、碎骨片、鱼刺、植物硬刺等。

误食尖锐异物后，当瘤胃积食、瘤胃臌气、妊娠分娩、奔跑、滑倒、爬跨、手术保定等时，腹内压急剧增高，挤压网胃，促进本病发生和发展。

【发病机制】牛口腔颊部黏膜上有大量的锥状乳头，舌面粗糙，舌背上又有许多尖端向后的角质锥状乳头，对异物的辨识能力迟钝，且牛采食迅速，咀嚼不充分，又有舔食异物的习惯，如果饲料中有异物，往往将随同饲料的异物吞咽后落入网胃，导致本病的发生。

牛食入异物所导致的网胃及其临近器官的病理损伤，与异物的性状、大小、硬度、尖锐度和排列方向有关。一般而言，较小的，特别是尖锐细小的 6～7cm 长金属异物，在多数情况下，都落入网胃，所造成的危害性也最大。因为进入网胃的异物，由于网瓣口高于网胃底部，易使重物留于网胃，而网胃的蜂窝状黏膜又促使尖锐异物陷于其中，再加上网胃体积小，收缩力强，胃的前壁与后壁紧密接触，因此，异物容易刺损胃壁，并以胃壁成为金属异物的支点，向前可刺伤膈、心脏、肺，向后则刺伤肝、脾、瓣胃、肠等器官，引起这些器官的炎症或脓肿，病情显得复杂而重剧。钝性异物如坚果、螺栓和短金属，一般不造成网胃损伤（图 1-2）。

若异物穿过网胃壁，则引起腹膜炎，最初常呈局限性腹膜炎，以后可发展为弥漫性腹膜炎，渗出大量纤维蛋白，形成腹腔脏器粘连，常常伴发瓣胃和真胃阻塞。重度感染则呈急性，以后死亡或转为慢性。若异物损伤网胃前壁的迷走神经支，则导致前胃弛缓、瘤胃臌气、迷走神经消化不良或壁间脓肿。若异物被结缔组织包裹,则形成硬结。

【症状】根据金属异物刺穿胃壁的部位、创伤深度、炎症范围以及个体反应性等不同,临床症状也有差异。典型病例主要表现为消化紊乱,网胃和腹膜疼痛,以及体温、血象变化等全身反应。

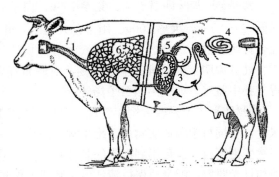

图1-2 网胃异物造成损伤
1.食道 2.网胃 3.皱胃 4.肠
5.肝 6.肺 7.心包

1. 消化紊乱 突然发病,表现顽固性前胃弛缓症状,食欲减退或废绝,反刍缓慢或停止,有时异嗜。瘤胃收缩力减弱,常常呈现间歇性瘤胃臌胀,排粪减少,粪便干燥,呈深褐色至暗黑色,常覆盖一层黏稠的黏液。

2. 网胃疼痛 典型病例表现为精神沉郁,拱背站立,四肢收拢于腹下,肘外展,肘肌震颤,排粪时拱背、举尾,不敢努责。呼吸时呈现屏气现象,呼气抑制,呼吸浅表。病牛立多卧少,一旦卧地后不愿起立,当卧地起立时,极为谨慎,或持久站立,不愿卧下,也不愿行走。站立时,常采取前高后低的姿势站立,头颈伸直,眼半闭,不愿移动。行走时动作缓慢,禁忌下坡、跨沟或急转弯,在水泥路面上行走时止步不前。触诊剑状软骨区和网胃区,或提捏鬐甲部以及抬杠剑状软骨区,动物高度疼痛、不安,表现出呻吟、退让、躲避、踢蹴等疼痛反应。

3. 全身症状 当网胃穿孔引起腹膜炎呈急性经过时,病初体温升高,脉搏增数,以后体温可维持正常,而脉搏数增加,可达100~120次/min,呼吸数增加,呼吸浅表。若异物再度转移,引起新的穿刺伤时,体温又可能升高。触诊腹壁敏感,腹壁两侧下方对称性膨大,腹腔穿刺液混浊、发红。泌乳量急剧下降。若脾或肝受到损伤,易形成脓肿,往往蔓延引起脓毒败血症。

4. 血液学变化 病的初期,粒细胞总数升高,可达$11×10^9$~$16×10^9$个/L;嗜中性粒细胞增至45%~70%,核左移,淋巴细胞减少至30%~45%。

【诊断】

1. 症状诊断 典型病例,通过病畜异常的姿势和行为,顽固性前胃弛缓,网胃区触诊敏感、疼痛等可建立诊断。

2. 病史诊断 病史调查是否误食铁丝、铁钉、碎铁片、玻璃片、注射针头等尖锐异物。

3. 实验室诊断 病的初期,粒细胞总数升高,可达$11×10^9$~$16×10^9$个/L;嗜中性粒细胞增加,核左移,淋巴细胞减少。

4. 特殊检查 X线和金属异物探测器检查。根据X线影像,可确定金属异物损伤网胃壁的部位和性质,金属异物探测器检查可查明网胃内金属异物存在的情况。

【治疗】

1. 治疗原则 加强护理,摘除异物,抗菌消炎,恢复胃肠功能。

2. 治疗措施 保持前躯高后躯低的姿势,同时限制采食以降低腹腔脏器对网胃的压力,促使异物从网胃壁上退出。也可以用特制磁铁经口投入网胃中,吸取胃内金属异物。

抗生素疗法：应用大剂量的抗生素控制炎症，防止形成脓肿、败血症。抗生素治疗必须持续 3～7d，以确保能控制炎症。

手术治疗：早期如无并发症，采取手术疗法，施行瘤胃切开术，进行网胃探查，寻找异物，将网胃内的异物摘除，可望治愈，也是治疗本病的根本方法。

加强管理，给予柔软而易消化饲料，补充营养。辅以输液强心，增强病畜的恢复能力。用健胃药物恢复胃肠功能，恢复食欲等。

对经济价值不大的病畜，应及早淘汰。

【处方】

(1) 青霉素，每千克体重 1 万～2 万 IU；链霉素，每千克体重 10～15mg，注射用水适量。用法：一次肌内注射，2 次/d，连用 5d。

(2) 液状石蜡 500～1 500mL，鱼石脂 10～25g，95%酒精 20～40mL。用法：待鱼石脂在酒精中溶解后，加入液状石蜡，一次灌服。

处方说明：排除金属异物可投服磁铁吸附，无效者通过手术取出。

【预防】加强日常饲养管理工作，防止饲料中混有金属异物，不可将碎铁丝、铁钉等金属异物随地乱扔，避免到尖锐异物多的工地等处随意放牧。加强饲草、饲料中金属异物的检查和筛选，在本病多发地区，给牛群中所有已达 1 岁的青年牛投服磁铁笼是目前预防本病的主要手段；在大型牛场的饲料自动输送线或青贮塔卸料机上安装大块电磁板，以除去饲草中的金属异物；定期应用金属探测器检查牛群，并应用金属异物摘除器从瘤胃和网胃中摘除异物。

三、瓣胃阻塞

瓣胃阻塞又称瓣胃秘结，中兽医称之为百叶干，是因前胃运动机能障碍，瓣胃收缩力减弱，大量内容物在瓣胃内停滞，水分被吸收而硬固，胃壁扩张而形成阻塞的一种疾病。根据病因可分为原发性和继发性两种。临床上以瓣胃蠕动音消失，瓣胃区坚硬疼痛，消化障碍，粪便干硬，瓣胃小叶发炎为特征。本病多发生于牛。

【病因】

1. 原发性瓣胃阻塞 长期过多地饲喂粗硬、坚韧、含纤维素多的难消化饲料，如甘薯蔓、花生蔓、豆秸等，使瓣胃排空缓慢，水分逐渐被吸收，以致内容物干涸积滞，尤其是饮水不足时，更易促使本病的发生。或因长期饲喂刺激性小或缺乏刺激性的饲料，如糠麸、粉渣、酒糟等，以致瓣胃的兴奋性和收缩力减弱；此外，由放牧转为舍饲或突然变换饲料，饲料中缺乏蛋白质、维生素以及微量元素，或饲料中沙土较多以及运动不足等均可促进本病发生。

2. 继发性瓣胃阻塞 继发于瘤胃疾病、真胃疾病、发热性疾病等，如前胃弛缓、瘤胃积食、皱胃阻塞、皱胃变位、皱胃溃疡、牛恶性卡他热、血液原虫病等疾病。

【发病机制】瓣胃阻塞是在前胃弛缓的基础上发生发展的，由于前胃弛缓，瓣胃的研磨筛滤作用减弱，内容物停滞，水分被吸收而干涸，胃壁过度扩展，致使瓣胃受到机械性的刺激和压迫，并因内容物的腐败分解而产生大量有毒物质，引起瓣胃发炎和坏死。有毒物质被机体吸收，从而引起机体脱水和自体中毒。

【症状】病初患病动物表现前胃弛缓症状，精神沉郁，食欲不定或减退，便秘，粪便干硬、色暗，奶牛泌乳量下降。瘤胃轻度臌胀，瘤胃蠕动音减弱，瓣胃蠕动音微弱或消失，对右侧瓣胃区触诊或叩诊，病牛疼痛不安，浊音区扩大。

随着病情进一步发展，食欲废绝，反刍停止，鼻镜干燥、龟裂，空嚼、磨牙；呼吸浅表、急促，心脏机能亢进，脉搏加快，可达80～100次/min。瓣胃穿刺检查，可感到阻力较大，瓣胃不显现收缩运动。直肠检查可见肛门与直肠痉挛性收缩，直肠内空虚，有黏液，并有少量暗褐色粪块附着于直肠壁。

晚期病例，瓣叶坏死，伴发肠炎和败血症，精神高度沉郁，排粪停止或排出少量黑褐色恶臭黏液，尿量减少或无尿。体温升高0.5～1.0℃，呼吸急促，心律不齐，脉搏加快，可达100～140次/min，结膜发绀，体质虚弱，卧地不起，陷于昏迷状态而死亡。

【诊断】

1. 症状诊断 根据瓣胃蠕动音减弱或消失，触诊瓣胃敏感性增高，叩诊浊音区扩大，鼻镜干燥、龟裂，粪便干硬、色暗等表现，可建立诊断。

2. 病史诊断 长期饲喂粗硬难消化饲料，或饲喂刺激性小或缺乏刺激性的饲料，饮水不足等。

3. 剖检诊断 瓣胃内容物充满、坚硬，容积增大1～3倍，瓣叶间内容物干枯，瓣叶上皮脱离，有溃疡、坏死灶或穿孔。

4. 特殊检查 于右侧第九肋间与肩关节水平线交点处进行瓣胃穿刺检查，可感到阻力较大，瓣胃不显现收缩运动。

【治疗】

1. 治疗原则 恢复前胃运动机能，促进瓣胃内容物排除，对症治疗。

2. 治疗措施 轻症病例可灌服或瓣胃内注射盐类或油类泻剂，并配合增强前胃运动机能疗法，促进瓣胃内容物的软化与排除。对以上措施无效的重症病例，可施行瘤胃切开术，用胃管插入网-瓣孔，冲洗瓣胃，效果较好。

对症治疗可应用庆大霉素、链霉素等抗生素，防止继发感染，并及时强心、补液，防止脱水和自体中毒。

处方一

(1) 硫酸钠（镁）500g，液状石蜡2 000mL，常水8L。用法：一次灌服（牛）。

(2) 5%葡萄糖生理盐水3 000mL，20%安钠咖注射液20mL，5%碳酸氢钠注射液500mL。用法：静脉注射（牛）。

(3) 氨甲酰胆碱1～2mg。用法：一次皮下注射。

处方说明：本方主要作用是促进瓣胃内容物排除，恢复前胃运动机能，强心，补液，解除酸中毒。除氨甲酰胆碱外，还可用毛果芸香碱20～50mg或新斯的明10～20mg，皮下注射。体弱、妊娠、心肺机能不全者禁用此类药物。

处方二

(1) 10%硫酸钠溶液1 500～2 500mL，液状石蜡500～1 000mL，普鲁卡因2g，呋喃西林3g。用法：混合后，一次瓣胃内注入（牛）。

(2) 10%氯化钠溶液500mL，10%氯化钙注射液100mL，20%安钠咖注射液10mL，5%葡萄糖生理盐水2 500mL。用法：一次静脉注射（牛）。

处方说明：病情重剧的，可同时皮下注射新斯的明等药物。

处方三 藜芦润肠汤：藜芦 60g，常山 60g，二丑 60g，川芎 60g，当归 120g，滑石 90g，液状石蜡 1 000mL，蜂蜜 250g。用法：水煎后再加滑石、液状石蜡、蜂蜜，一次内服。

处方说明：按中兽医辨证施治原则，牛百叶干是因脾胃虚弱，胃中津液不足，治疗注重生津，清胃热，补血养阴，通肠润燥，宜用藜芦润肠汤。

【预防】加强饲养管理，日粮中增加青绿饲料和多汁饲料，适当减少粗硬难消化的饲料，饲草不宜铡得过短，注意补充蛋白质与矿物质饲料。避免长期应用混有泥沙的糠麸、糟粕饲料饲喂，保证充足饮水，并注意适当运动。发生前胃弛缓时，应及早治疗，以防止发生本病。

四、皱胃变位

皱胃变位即皱胃的正常解剖学位置发生改变。根据其变位的方向可分为左方变位和右方变位两种类型。在临床上绝大多数病例是左方变位。发病高峰在分娩后 6 周内，也可散发于泌乳期或妊娠期，成年高产奶牛的发病率高于低产奶牛。犊牛与公牛较少发病。

（一）左方变位

左方变位即皱胃通过瘤胃下方移到左侧腹腔（图 1-3），置于瘤胃和左腹壁之间，是奶牛的一种常见病，以 4～6 岁的奶牛常发，在产后 1 个月发病最多。

【病因】目前尚不清楚，可能与皱胃弛缓和机械性因素有关。

1. 皱胃弛缓 引起前胃弛缓的原因也是引起皱胃弛缓的原因。

饲养不当，喂饲较多的优质谷物饲料（玉米、青贮玉米等），使皱胃内挥发性脂肪酸浓度升高，导致胃壁平滑肌运动减弱，皱胃内食糜停滞，从而产生多量气体，积气的皱胃容易受挤压而游走，移位到瘤胃左方并抬升而发病。

一些营养代谢性疾病、感染性疾病和产后疾病，如酮病、低钙血症、生产瘫痪、子宫内膜炎、乳房炎、胎衣滞留、创伤性网胃炎和消化不良等，会引起胃肠弛缓。这些因素还可引起病畜食欲减退，导致瘤胃体积减小，促进皱胃变位的发生。

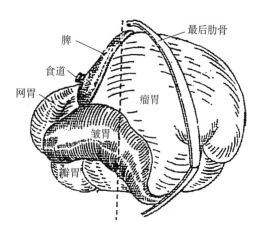

图 1-3 皱胃移位到瘤胃左侧

2. 机械性因素 妊娠期增大的子宫以及分娩期努责和其他引起腹内压增高的因素，导致瘤胃被向上抬高和向前推移，皱胃通过瘤胃底部的空隙而游走至左侧，分娩后，由于胎儿被产出，瘤胃恢复下沉，致使皱胃被压到瘤胃与左腹壁之间。

【症状】常于分娩后数日或 1～2 周出现症状，表现为食欲减退，厌食谷物精料和青贮饲料，病畜精神沉郁，腹痛，产乳量下降，有的病牛呼出气和乳中带有酮味。排粪量减少，呈绿色糊状，轻度脱水。

视诊可发现左腹侧肋弓部局限性突起（图1-4），右侧肷窝由于皱胃已移走而明显塌陷。

在左侧肩关节和膝关节的连线，与第十一肋间交点处听诊，能听到与瘤胃蠕动不一致的皱胃蠕动音（为带金属音调的流水音或滴落音）。同时听诊瘤胃蠕动音减弱或消失。在左腹部听诊的同时进行叩诊，可听到高亢的钢管音（金属音）。

直肠检查：可发现瘤胃背囊明显右移，在瘤胃的左侧摸到皱胃。

图1-4 左腹部明显突出

【诊断】

1. 症状诊断 皱胃弛缓，消化不良，厌食谷物精料。左腹侧肋弓部突起，左腹肋部听诊有皱胃蠕动音和金属音，而瘤胃蠕动音减弱或消失，可做出诊断。

2. 直肠检查诊断 可发现瘤胃背囊明显右移，在瘤胃的左侧摸到皱胃。

3. 穿刺诊断 在左侧肋弓突起区域进行穿刺检查，穿刺液呈酸性反应（pH 1～4），棕褐色，缺乏纤毛虫，说明穿出液是皱胃液，可做出明确诊断。

【治疗】

1. 治疗原则 整复皱胃，促进皱胃的蠕动机能，治疗原发病。

2. 治疗措施 治疗皱胃左方变位的方法有保守疗法、滚转疗法和手术疗法等3种。

（1）保守疗法。使用健胃剂辅以泻剂、制酵剂，增强胃肠运动，消除皱胃弛缓，促进皱胃气液排空，从而促进皱胃复位。若存在并发症，如酮病、乳房炎、子宫炎等，应同时进行治疗。

（2）滚转疗法。限制饮水，禁食1d以上，使瘤胃空虚。使牛右侧横卧，然后转成仰卧，以背部为轴心，先向左滚转45°，回到正中，再向右滚转45°，再回到正中；如此来回地向左右两侧摆动若干次，每次回到正中位置时静止2～3min，此时皱胃可能通过腹中线回到正常位置。然后将牛转为左侧横卧，使瘤胃与腹壁接触，立即使牛站立，以防左方变位复发。如经触诊和听诊检查发现皱胃尚未复位，可重复进行直到复位为止。

（3）手术疗法。滚转疗法和药物疗法无效的病畜，在左或右腹部做手术切开腹壁，寻找并牵拉整复皱胃。纠正皱胃位置后，将皱胃缝合一针固定于腹壁以防皱胃再次变位。

【预防】加强饲养管理，合理配合日粮，日粮中的谷物饲料、青贮饲料和优质干草的比例应适当；妊娠后期，应少喂精料，多喂优质干草，适量运动；对并发乳房炎或子宫炎、酮病等疾病的病畜应及时治疗；在奶牛的育种方面，应注意选育后躯宽大、腹部较紧凑的奶牛。

（二）右方变位

皱胃右方变位又称皱胃扭转，皱胃从正常的解剖位置以逆时针方向向前方扭转，置于网胃和膈肌之间，称为皱胃前方变位；皱胃从正常的解剖位置以顺时针方向扭转到瓣胃的后上方，置于肝与腹壁之间，称为皱胃后方变位（图1-5）。常发于成年奶牛产犊后3～6周内，公牛、犊牛、肉牛也可发生。

【病因】目前尚不清楚，可能与皱胃弛缓、积气、积液、体位及腹内压的改变有关。突然跳跃、起卧、滚转等可促进本病的发生。

【症状】皱胃右方变位通常发病急剧，表现突然腹痛，背腰下沉，后肢踢腹，呻吟，呈蹲伏姿势。食欲减退或废绝，泌乳量急剧下降，瘤胃蠕动减少或废绝，体温一般正常或偏低，心率加快，增至 100～200 次/min，呼吸数正常或减少。粪便呈黑色、糊状，混有血液。发病 3～4d

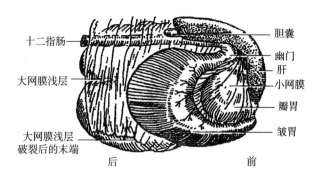

图 1-5 皱胃右方变位（顺时针扭转）

后，右腹膨大或肋弓显著突起，冲击式触诊可听到液体振荡音。在听诊右腹同时叩打最后两个肋骨，可听到典型的钢管音。

穿刺检查：从右腹侧膨胀部位穿刺皱胃，可抽出大量带血色液体，pH 1～4。

直肠检查：可在右腹部触摸到膨胀、紧张而具有弹性、充满气体和液体的皱胃，压不留痕。

【诊断】

1. 症状诊断 右侧最后肋弓及肋弓后方明显膨胀，叩听结合可听到钢管音，腹痛不安，冲击式触诊有振水音等，可做出诊断。

2. 直肠检查诊断 可在右腹部触摸到膨胀、紧张而具有弹性、充满气体和液体的皱胃，压不留痕。

3. 穿刺诊断 从右腹侧膨胀部位穿刺皱胃，可抽出大量带血色液体，pH 1～4。

【治疗】皱胃扭转主要是手术疗法，应立即实行开腹整复手术。

在右腹部第三腰椎横突下方 10～15cm 处，做垂直切口，导出皱胃内的气体和液体，纠正皱胃位置，并使十二指肠和幽门通畅，减少脱水和碱中毒。然后将皱胃在正常位置加以缝合固定，防止复发。术后应抗菌消炎，强心补液和纠正碱中毒。

【预防】皱胃右方变位的预防与皱胃左方变位的预防措施相似。

五、奶牛酮病

奶牛酮病是由于体内糖类及挥发性脂肪酸代谢紊乱所引起的一种全身性功能失调的代谢性疾病，以酮血、酮尿、酮乳和低血糖为特征。根据有无临床症状可以分为临床型酮病和亚临床型酮病两种。

本病多发生于产后 2～6 周，各胎龄母牛均可发病，但以 3～6 胎产乳量高的母牛发病最多。死亡率极低。

【病因】

1. 奶牛高产 由于奶牛的产乳高峰大多出现在分娩后 4～6 周，但奶牛食欲恢复和采食量的高峰在分娩后 8～10 周，因此，奶牛在分娩后 8～10 周内食欲较差，常因摄入的能量不能满足其高产的需要而发病。

2. 日粮因素 ①饲料供应过少，品质低劣，单纯，日粮不平衡，即奶牛饲喂低蛋白、低脂肪的日粮容易发病，此时发生的酮病称为饥饿性酮病或消耗性酮病。②饲喂高蛋白、高脂肪的日粮也容易发病，这种酮病的发生可能是体内糖类的代谢发生了障碍，糖类不能充分转化成葡萄糖。③日粮中丁酸过多（丁酸是一种生酮物质）。另外，饲料中钴、碘、磷等矿物质缺乏也可促进奶牛酮病的发生。

3. 奶牛产前过度肥胖 母牛产前过度肥胖，严重影响产后采食量的恢复，摄入能量不足，引起能量负平衡，从而产生大量酮体而发病。这是引起奶牛发生酮病的主要原因之一。

4. 应激因素 寒冷、饥饿和过度挤乳等因素均会促进奶牛发病。

5. 继发于其他疾病 继发于前胃弛缓、创伤性网胃炎、真胃变位、真胃炎、子宫内膜炎等疾病。

【发病机制】反刍动物的血糖主要由丙酸通过糖异生途径转化而来，血糖浓度降低是发生酮病的中心环节。当血糖浓度降低时，糖类氧化供能障碍，体内脂肪大量分解供能，肝内脂肪酸的β-氧化作用加快，生成大量乙酰辅酶A，因糖缺乏，没有足够的草酰乙酸，乙酰辅酶A不能顺利进入三羧酸循环进行氧化，则沿着生成乙酰辅酶A的途径，最终生成大量酮体，酮体主要由β-羟丁酸、乙酰乙酸和丙酮所组成。血中酮体随呼吸、发汗、排尿排出而散发烂苹果味。若病程延长，瘤胃微生物群落的变化难以恢复，可造成持久性消化不良。血中高浓度的酮体对中枢神经系统有抑制作用，再加上脑组织缺糖而使病牛嗜睡，甚至昏迷。当丙酮还原或β-羟丁酸脱羧后，可生成异丙醇，可使病牛兴奋不安。酮体属于有机酸，血中高浓度的酮体可导致机体酸中毒。

【症状】亚临床型酮病缺乏明显的临床症状，仅表现为产乳量下降，食欲轻度减少，进行性消瘦等。临床型酮病根据症状一般可分为消化型、神经型和瘫痪型（麻痹型）3种类型，其共有症状是呼出气体、尿液和乳汁均有烂苹果气味（丙酮味），但因多数闻不到而被忽略。化验尿液、乳汁可发现大量酮体。3种类型中以消化型常见，发病率最高。

1. 消化型 病牛精神沉郁，食欲下降，拒食精料，仅采食少量干草和青草，产乳量明显下降且乳汁容易形成泡沫，很快消瘦。反刍减少，瘤胃蠕动减弱或消失，体温一般无变化。

2. 神经型 通常是在消化型的基础上出现神经症状，除有不同程度的消化型主要症状外，还有兴奋不安、哞叫、空嚼，无目的转圈和异常步态，头顶墙、食槽或柱子等。部分牛表现为视力丧失，感觉过敏，躯体肌肉和眼球震颤等一系列神经症状，之后转入沉郁阶段，对外界刺激反应降低。有的兴奋和沉郁可交替发作。

3. 瘫痪型（麻痹型） 许多症状与生产瘫痪相似，病牛常卧地不起，食欲减退或拒食，泌乳量降低，消瘦，前胃弛缓等，一般称为生产瘫痪型酮病。

【诊断】

1. 症状诊断 根据消化机能紊乱，食欲下降，拒食精料，体重减轻，产乳量下降，间或出现神经症状等可做出诊断。

2. 病史诊断 本病多发生于产后2～6周，各胎龄奶牛均可发病，但以3～6胎的营养良好的高产奶牛发病最多。

3. 实验室诊断 奶牛酮病表现低糖血症、高酮血症。血糖浓度从正常时2.8 mmol/L（500mg/L）降至1.12～2.24mmol/L（200～400mg/L）。高酮血症，血清酮体含量一般在3.44mmol/L（200mg/L）以上，尿酮、乳酮化验均为阳性。也可用人医检测尿酮用的酮体试纸进行测定。

实验室定性检测酮体多采用快速简易定性法检测血液、尿液和乳汁中有无酮体存在。所用试剂为硝普钠1份、硫酸铵20份、无水碳酸钠20份，混合研细。取其粉末0.2g放在载玻片上，加待检样品2～3滴，若含酮体则立即出现紫红色。

本病应注意与生产瘫痪鉴别诊断，生产瘫痪多发生于产后1～3d，呼出的气体、尿液、乳汁无特异性气味，尿、乳酮体检验呈阴性，通过补充钙剂和乳房送风疗法有效，而酮病通过补充钙剂疗效不显著。

【治疗】
1. 治疗原则　提高血糖浓度，改善能量代谢，解除酸中毒。
2. 治疗措施　主要采取补糖、适当应用糖皮质激素、缓解机体酸中毒及其他辅助治疗措施。

处方一

(1) 50%葡萄糖注射液500～1 000mL。用法：一次静脉注射。
(2) 5%碳酸氢钠注射液500mL。用法：一次静脉注射。

处方说明：升高血糖浓度，缓解机体酸中毒。必要时可重复或少量多次静脉注射葡萄糖溶液，以维持血糖浓度的稳定。

处方二

(1) 20%葡萄糖注射液500～1 000mL，10%葡萄糖注射液500mL，氢化可的松注射液300～500mg。用法：静脉注射，连用3d。
(2) 甘油或丙二醇250g。用法：一次口服，1次/d，连用3～5d。

处方说明：糖皮质类激素虽能动员组织蛋白的糖原异生作用，升高血糖，但对正常的水盐代谢等有干扰作用，而且会使奶牛的泌乳量下降，不宜多次应用。

处方三

(1) 5%碳酸氢钠注射液500mL。用法：一次静脉注射，连用3d。
(2) 水合氯醛，首次剂量30g，以后给予7g。用法：放于温水中灌服，2次/d，连续3～5d。

处方说明：碳酸氢钠解除机体酸中毒，水合氯醛可缓解神经症状，对大脑产生抑制作用，降低兴奋性，同时破坏瘤胃中的淀粉，刺激葡萄糖的产生和吸收，并通过瘤胃的发酵作用而提高丙酸的含量。

【预防】对酮病应着重于预防，在生产中可采取综合性预防措施，主要有以下几个方面。

(1) 加强饲养管理，合理配合日粮，根据奶牛不同生理阶段将牛分群管理，粗饲料要质量好、口感强、易消化、营养丰富，饲料的种类要多样化，严防牛体过肥或过瘦。提倡饲喂奶牛全混合日粮，根据不同阶段，调配不同的饲料配方。日粮中要增加干草量，高产奶牛日粮中优质干草为3～5kg。根据不同生理阶段给予适当的能量饲料、微量元素及维生素，并保证饲料中有适量的钴、磷和碘。

(2) 加强产前和产后的奶牛健康检查，建立奶牛群的酮体监测制度，定期补糖、补钙。通过血糖测定检出血糖降低的早期亚临床型酮病。对奶牛尿酮进行定期检查，凡阳性反应者，应对其加强饲养，合理调配饲料，并立即对症治疗。

(3) 调整日粮结构，增加生糖物质，高产奶牛的饲料中添加丙酸钠120g/d，2次/d，连用10d，也有较好的预防效果。

（4）加强运动，增强全身抵抗力。舍饲母牛每天必须有一定的运动时间，减少产后子宫迟缓、胎衣不下的发生率，增进食欲。

技能训练 瓣胃注射技术

【应用】将药物直接注入瓣胃中，使其内容物软化通畅。主要用于治疗瓣胃阻塞。

【准备】瓣胃穿刺针，注射器，注射用药品（液状石蜡、20%硫酸镁、生理盐水、植物油等）。

【部位】瓣胃位于右侧第七至第十肋间，其注射部位在右侧第九肋间与肩关节水平线相交点的上、下方2cm处。

【方法】
（1）将动物站立保定，瓣胃注射处剪毛、消毒。
（2）术者左手稍移动皮肤，右手持瓣胃穿刺针垂直刺入皮肤后，针头斜向对侧肘头方向（左前下方）刺入，刺入深度8~10cm，先有阻力感，当刺入瓣胃内则阻力减小，并有沙沙感。为判断针头是否刺入瓣胃内，可先连接吸入生理盐水的注射器，向瓣胃内注入少量（20~50mL）生理盐水，再回抽，如混有食糜或瓣胃内容物时，即为正确。注入所需药物（如10%~20%硫酸镁溶液500~1 000mL，生理盐水2 000mL，液状石蜡500mL），注射完毕，迅速拔出针头，术部进行消毒处理。

【注意事项】
（1）操作过程中宜将病畜确实保定，注意安全，以防意外。
（2）注射中病畜骚动时，要确实判定针头是否在瓣胃内，而后再行注入药物。
（3）在针头刺入瓣胃后，回抽注射器，如有血液或胆汁，是误刺入肝或胆囊，表明位置过高或针头偏向上方。这时应拔出针头，另行移向下方刺入。

子课题二　以食欲、反刍减少为主且腹围增大的反刍动物疾病

课题描述　学习本类疾病的基本知识、诊断方法、防治措施，分析临床病例，参加相关临床病例的诊疗训练。

病例分析　分析以下病例，根据病史和临床检查，做出初步诊断，制定治疗措施（开出处方）。

病例1　主诉：第一天下午牛偷食小麦，第二天发现不采食，不反刍，不时用后肢踢腹。

临床检查：该牛体重约400kg，体温39℃，脉搏65次/min，呼吸31次/min，时常回头顾腹。左侧腹部膨胀，触诊瘤胃，病牛不安，用拳头按压，留有压痕，呻吟。听诊瘤胃，瘤胃蠕动音消失。直肠检查，瘤胃体积扩大，充满坚硬内容物。

病例2　主诉：某养殖户由于初次饲养奶牛，缺乏经验，为追求高产，盲目调整全场奶牛的精料，每头每日精料提高到7.5kg，换料后第三天发现8头奶牛发病，第五天发展到12头发病。

临床检查：病牛精神沉郁，食欲减退或废绝，反刍减少或停止，磨牙空嚼，流涎，口腔

有酸臭味，瘤胃蠕动音微弱或消失，瘤胃胀满。粪便稀软或呈水样，色暗，恶臭。眼窝下陷，鼻镜干燥，肌肉震颤，步态不稳，体温多数正常，个别病例升高至 39.5~40.0℃，心搏次数增加，呼吸急促达 60 次/min。有的出现明显的神经症状，病牛兴奋不安，横冲直撞，姿势异常，视觉障碍，反射减弱或消失，肢体麻痹，卧地不起。

病例 3　主诉：病羊在饲喂大量青绿苜蓿后发病。

临床检查：表现不安，回顾腹部，张口呼吸，反刍、嗳气停止。腹部膨大，左肷部显著突起，叩诊呈鼓音，瘤胃蠕动音消失。

相关知识　以食欲、反刍减少为主且腹围增大的反刍动物疾病主要有瘤胃积食、瘤胃臌气、瘤胃酸中毒、皱胃阻塞等。

一、瘤胃积食

瘤胃积食又称急性瘤胃扩张、瘤胃食滞，中兽医称宿草不转，是采食过量难以消化的饲料或容易膨胀的饲料蓄积于瘤胃中所致的一种疾病。临床表现为瘤胃扩张、容积增大，内容物停滞和阻塞，瘤胃运动和消化机能障碍，形成脱水和毒血症。本病是反刍动物常见的多发病之一，特别是舍饲牛更为常见。

【病因】瘤胃积食的主要病因是过食引起的。多见于因饥饿采食了大量难以消化的饲料，如豆秸、老苜蓿、花生蔓、稻草、麦秸、甘薯蔓、棉秆等，而又缺乏饮水；或采食大量易于膨胀的饲料，又大量饮水，如玉米、小麦、大豆、豌豆及饼粕类饲料（豆饼、花生饼、棉籽饼、酒糟）等，导致瘤胃过度充满；或将品质差、适口性不好的饲料突然变换为品质好、适口性强的饲料时，致使采食量过多；也有因误食异物（如塑料薄膜等）而发生本病的。此外，过度紧张、运动不足、长途运输、过于肥胖或因中毒与感染等因素，导致瘤胃运动机能降低也可引起瘤胃积食。

继发性瘤胃积食，常见于前胃弛缓、创伤性网胃腹膜炎、瓣胃阻塞、皱胃阻塞等疾病过程中。

【发病机制】一般而言，瘤胃积食是在过食和前胃弛缓的基础上发生、发展的。

由于过量饲料积聚于瘤胃，压迫瘤胃黏膜感受器，反射地使植物性神经机能发生紊乱，瘤胃短时间兴奋后，很快转入抑制，蠕动减弱甚至消失，瘤胃内容物停滞，胃壁扩张和麻痹。随病情发展，停滞于瘤胃的内容物发酵、腐败，产生大量有毒物质，刺激瘤胃黏膜，引起炎症和坏死，有毒物质吸收后引起自体中毒和酸中毒，使全身症状加重，同时，瘤胃内液渗透压增高，引起瘤胃积液，而造成机体脱水。

【症状】常在饱食后数小时内发病，神情不安，食欲减退或废绝，反刍停止，空嚼，磨牙，呻吟。

病畜腹痛，拱背站立，回顾腹部或后肢踢腹，间或不断起卧。腹部膨胀，特别是左侧腹部下部膨大突出明显，肷窝膨满（图 1-6）。排粪量减少，粪便干硬，色暗。

触诊瘤胃呈面团样，瘤胃显著扩张，内容物坚实或黏硬。听诊瘤胃，瘤胃蠕动音减弱或消失。

直肠检查可发现瘤胃扩张，容积增大，充满坚实的内容物，有的病例内容物呈粥状。

重症后期，瘤胃积液，呼吸急促，脉搏加快，黏膜发绀，眼窝凹陷，呈现脱水及心力衰竭症状。病畜衰弱，卧地不起，陷于昏迷状态。

【诊断】

1. 症状诊断　食欲废绝，反刍停止，腹围增大，瘤胃中下部向外突出，瘤胃蠕动音减弱或消失，触诊瘤胃内容物充满、坚实。

2. 病史诊断　采食了大量难以消化的饲料或易膨胀的饲料，或突然变更饲料等。

3. 剖检诊断　胃极度扩张，其内含有气体和大量腐败内容物，胃黏膜潮红，有散在出血斑点；瓣胃叶片坏死；各实质器官淤血。

4. 实验室诊断　瘤胃内容物 pH 降低，纤毛虫数量显著减少。

诊断时，应与前胃弛缓、急性瘤胃臌胀、皱胃变位等疾病鉴别。

前胃弛缓：病情较缓，腹围增大不明显，触诊瘤胃内容物较软，腹痛症状不明显。

图 1-6　病牛左腹部胀满

急性瘤胃臌胀：腹围显著膨大，尤以左肷窝部上部突出更为显著，瘤胃壁紧张而有弹性，叩诊呈鼓音。

皱胃变位：左腹侧肷窝部增大不明显，而以左侧肋弓部突起明显，左肋部听诊有皱胃蠕动音。在左侧肋弓突起区域进行穿刺检查，穿刺液呈酸性反应（pH 为 1～4），棕褐色，缺乏纤毛虫，说明穿出液是皱胃液，可做出明确诊断。

【治疗】

1. 治疗原则　排出瘤胃内容物，增强瘤胃蠕动机能，防止脱水与自体中毒。

2. 治疗措施　首先禁食 1～2d，少量多次给予清洁饮水。如果采食了大量容易膨胀的饲料，则应限制饮水。

促进瘤胃内容物排出，对轻症病例，可进行瘤胃按摩，每次 20～30min，每天 3～4 次，同时配合灌服活性酵母粉（250～500g）并进行适当牵遛运动，则效果更好；中等程度的瘤胃积食可灌服泻剂，硫酸钠（或硫酸镁）300～500g，液状石蜡（或植物油）500～1 000mL。如进行瘤胃冲洗术后再灌服泻剂效果更佳。

增强瘤胃蠕动机能，可选用 10% 氯化钠液、氨甲酰胆碱、新斯的明、毛果芸香碱等进行治疗。

瘤胃内容物基本排除，食欲仍不好转时，可用健胃剂，如大蒜酊、陈皮酊、番木鳖酊等内服。

对发生瘤胃臌气的病例可灌服止酵剂，如鱼石脂、酒精等。

防止脱水与自体中毒，脱水时宜用 5% 葡萄糖生理盐水注射液 2 000～3 000mL，20% 安钠咖注射液 10～20mL，维生素 C 0.5～1.0g，静脉注射，2 次/d；防止酸中毒，5% 碳酸氢钠溶液 500～1 000mL，静脉注射。

重症而顽固的瘤胃积食可行瘤胃切开术，排除积食，而后接种健康牛的瘤胃液。

处方一

（1）硫酸镁（或硫酸钠）300～500g，液状石蜡（或植物油）500～1 000mL，鱼石脂

15~20g,酒精100mL,温水5~8L。用法：一次内服（牛）。

（2）10%氯化钠注射液500mL,5%氯化钙注射液200mL,20%安钠咖注射液10mL。用法：一次静脉注射。

处方说明：排出瘤胃内容物，增强瘤胃蠕动机能。泻下时，由易膨胀饲料引起的瘤胃积食宜用油类泻剂；增强瘤胃蠕动机能，也可用氨甲酰胆碱、新斯的明、毛果芸香碱等皮下注射。

处方二 5%葡萄糖生理盐水注射液2 000~3 000mL,5%碳酸氢钠注射液500~1 000mL。用法：静脉注射。

处方说明：补液，解除酸中毒。

处方三 中兽医治疗以健脾开胃、消食化积为主，处方用三仙硝黄散（山楂30g,神曲30g,麦芽30g,莱菔子30g,木香30g,枳壳30g,陈皮30g,槟榔20g,大黄60g,郁李仁60g,芒硝120g。用法：煎水，混合麻油250mL后，一次灌服）或用大承气汤（大黄60~90g,芒硝150~300g,枳实45g,厚朴45g）等。

【预防】本病的预防在于加强日常的饲养管理，防止突然变换饲料或过食，饲喂要定时定量，饲料搭配适当，不能随意加大精料喂量，粗硬的饲草饲料要适当加工后再喂；加强饲料保管，防止牛、羊偷食；耕牛不要劳役过度，避免采食后立即使役或使役后立即饲喂，避免外界各种不良因素的刺激；加强运动，饮水应充足，及时治疗原发病。

二、瘤胃臌气

瘤胃臌气又称瘤胃臌胀，中兽医称之为气胀，是因为采食多量易于发酵的饲料，在瘤胃内异常酵解，迅速产生大量气体，引起瘤胃急剧膨胀的一种疾病。按病因可分为原发性和继发性瘤胃臌气；按经过可分急性与慢性瘤胃臌气，按气体是否游离可分为泡沫性和非泡沫性瘤胃臌气。临床上以腹围急剧增大，反刍、嗳气障碍，呼吸极度困难为特征。本病多发生于春、夏牧草生长旺盛的季节，牛、羊多见。

【病因】

1. 原发性瘤胃臌气 主要是因为采食大量易发酵的饲料造成的，通常多发生于牧草茂盛的夏季，特别是舍饲转为放牧的牛，更容易发生急性瘤胃臌气。

采食开花前幼嫩多汁的牧草，如苜蓿、豌豆、紫云英、三叶草等，因采食过多，迅速发酵，产生大量气体而引起。

采食堆积发热的青绿饲料、霉败饲料，或经霜、露、雨、雪、冰霜冻结的牧草，或含淀粉高的谷物饲料或块根饲料等，如玉米粉、小麦粉、马铃薯等。

此外，舍饲的长期喂干草的牛，突然改喂青草，采食过多；误食有毒植物；管理不当，如饮喂后立即使役，或使役后立即饮喂；突然改变饲养方式等，都可引起本病。

2. 继发性瘤胃臌气 常继发于食道阻塞、前胃弛缓、创伤性网胃炎、瓣胃阻塞等疾病过程中。

【发病机制】正常情况下，瘤内容物发酵和消化过程中产生的气体，大部分通过嗳气排出，从而保持着产气与排气的相对平衡。在病理情况下，瘤胃内迅速产生大量的气体，超过了机体的排气功能，致使气体在瘤胃内大量积聚，因而导致瘤胃的急剧扩张和臌胀。

易发酵的饲料（特别是豆科植物）含有多量的植物蛋白、皂苷、果胶等物质，都可产生气泡，而且其中的果胶等物质可提高瘤胃液的黏稠度，使瘤胃内容物发酵所产生的大量气体与食糜互相混合形成泡沫性臌气。

随病程发展，瘤胃过度臌胀和扩张，腹压升高，膈与胸腔脏器受到压迫，引起呼吸与血液循环障碍，并因瘤胃内容物发酵、腐败产物的刺激，引起腹痛不安。最终多因窒息和心脏麻痹而死亡。

【症状】急性瘤胃臌气常在采食易发酵的饲草饲料后不久突然发病。

病畜疼痛不安，呻吟，背腰拱起，不断回头顾腹，或后肢踢腹，严重时急起急卧。左侧腹部急剧臌胀，特别是左侧肷窝凸起明显，严重者高过背中线。腹壁紧张而有弹性，叩诊呈鼓音。食欲废绝，反刍、嗳气停止，常有泡沫状唾液从口腔逆出。

瘤胃蠕动音初期增强，常伴发金属音，后期减弱或消失。呼吸困难、急促、有力，甚至头颈伸展、张口呼吸，呼吸数增至60次/min以上；心悸，脉搏数增加，可达100次/min以上。

病的后期，心力衰竭，静脉怒张，结膜发绀。出汗，不断排尿。站立不稳，最后倒地抽搐，因窒息和心脏麻痹而死。

继发性瘤胃臌气，多为慢性，症状与原发性瘤胃臌气相似，但时好时坏，常在采食和饮水后反复发作，通常为非泡沫性臌气，病畜呈慢性前胃弛缓症状。

【诊断】

1. 症状诊断 左侧腹部迅速膨大，左侧肷窝明显突起，腹壁紧张而有弹性，叩诊呈鼓音；呼吸困难，严重时，病畜张口呼吸。

2. 病史诊断 采食了大量易发酵的产气饲料。

3. 瘤胃穿刺 泡沫性臌气，只能断断续续地从套管针内排出少量带泡沫的气体，针孔常被堵塞而排气困难；非泡沫性臌气，则排气顺畅，腹胀明显减轻。

投送胃管，非泡沫性臌胀时，从胃管内排出大量酸臭气体，臌胀明显减轻；而泡沫性臌胀时，仅排出少量气体，而不能解除臌胀。这也是区别泡沫性臌气和非泡沫性臌气的有效方法。

【治疗】

1. 治疗原则 排气减压，止酵消沫，清肠健胃，恢复瘤胃蠕动，强心补液。

2. 治疗措施 根据瘤胃臌气的程度以及臌胀性质的不同，应采取相应有效的排气消胀措施。

病情轻的病例，可用促进嗳气的方法，促使气体排出。方法是使病畜保持前高后低的体位，在小木棒上涂松节油、鱼石脂（对役畜也可涂煤油）后衔于病畜口内，同时按摩瘤胃，促使气体排出。

对瘤胃臌气严重，腹围显著膨大，呼吸高度困难的，要立即进行胃管放气或瘤胃穿刺放气。排气后可直接通过胃管或穿刺针向瘤胃内灌入或注入止酵剂、消沫剂，如鱼石脂、酒精、植物油、松节油、二甲基硅油等。放气时速度不能过快，气体应缓慢或间断排出，以免引起脑贫血。

清肠健胃。硫酸镁或硫酸钠300~500g（羊30~80g），加水成5%~6%的浓度，液状石蜡500~1 000mL（羊30~100mL），龙胆酊50mL（羊10mL），一次内服。

恢复瘤胃蠕动，促进反刍和嗳气，可用新斯的明（或毛果芸香碱）皮下注射。

此外，应注意全身机能状态，及时强心补液，进行对症治疗。

当药物治疗效果不显著时，应立即施行瘤胃切开术，取出其内容物。

慢性瘤胃臌气，除应用急性瘤胃臌气的疗法，缓解臌胀症状外，还必须彻底治疗原发病。

处方一 鱼石脂，牛 15～25g，羊 2～5g；95％酒精，牛 30～50mL，羊 5～10mL，温水适量。用法：以酒精溶解鱼石脂，加水，瘤胃穿刺放气后注入，或胃管灌服。

处方说明：主要用于非泡沫性臌气。

处方二 鱼石脂 15～20g，95％酒精 30～50mL，松节油 30～50mL，常水 500mL。

处方说明：对泡沫性或非泡沫性臌胀都有良好效果。适用于牛，羊剂量酌减。

处方三 植物油或液状石蜡，牛 500～1 000mL，羊 100～200mL。用法：一次灌服。

处方说明：主要用于泡沫性臌气，如再加食醋、大蒜（捣碎成泥），效果更好。另外，煤油、汽油、甲醛、松节油、来苏儿等也能消胀，但因有怪味，一旦病畜死亡，其内脏、肉均不能食用，故一般少用。

处方四 消胀散：炒莱菔子 15g，枳实 35g，木香 35g，青皮 35g，小茴香 35g，玉片 17g，二丑 27g。用法：共为末，加清油 300mL，大蒜 60g（捣碎），水冲服。

处方说明：中兽医称瘤胃臌气为气胀，以行气消胀，通便止痛为主，用消胀散或木香顺气散〔木香顺气散：木香 30g，厚朴 10g，陈皮 10g，枳壳 20g，藿香 20g，乌药 15g，小茴香 15g，青果（去皮）15g，丁香 15g，共为末，加清油 300mL，水冲服〕。

【预防】加强饲养管理，在有幼嫩豆科植物的草地放牧，时间不可过长，以防暴食。春夏季控制在牧草地上放牧的时间和采食量。对易于发酵的青绿饲料要限制饲喂量，或者先饲喂少量干草以减少青绿饲料摄入量，然后再饲喂青绿饲料。由舍饲转为放牧时，出牧前先喂一些干草后再放牧。不喂或少喂雨、露、霜浸湿的牧草及堆积发热的青草。含淀粉高的块根类饲料或谷物饲料，一次不可饲喂过多。

三、瘤胃酸中毒

瘤胃酸中毒，又称乳酸中毒、过食谷物综合征、中毒性消化不良，是由于反刍动物采食大量的谷类或其他富含糖类的饲料后，在瘤胃内产生大量乳酸而引起的一种代谢性酸中毒。其症状是消化障碍、瘤胃运动停滞、瘤胃 pH 明显降低、酸血症、脱水。

【病因】饲喂大量富含糖类的谷物精料（如大麦、小麦、玉米、稻谷、高粱），含糖量高的块根、块茎类饲料（甜菜、萝卜、甘薯、马铃薯），以及苹果、酒糟等。特别是粉碎后的谷物类饲料，在瘤胃内高度发酵，产生大量乳酸而引起瘤胃酸中毒。

饲料突然改变，尤其是平时以饲喂牧草为主，而突然改喂含较多糖类的谷类精料或酸度过高的青贮玉米，易发生瘤胃酸中毒。

寒冷、气候骤变、分娩等应激因素可促进本病的发生。

【发病机制】饲喂大量富含糖类的谷物而缺乏干草时，易消化糖类很快发酵，产生大量挥发性脂肪酸和乳酸，此时，产乳酸的牛链球菌和乳酸杆菌等革兰氏阳性菌大量繁殖，产生大量乳酸，使瘤胃 pH 急剧下降，瘤胃正常微生物区系遭到严重破坏，微生物、纤毛虫大量死亡。蓄积的乳酸导致瘤胃内渗透压升高，体液向瘤胃内转移并引起瘤胃积液，导致血液浓稠，机体脱水。乳酸被吸收入血后，引起酸中毒。

另外，瘤胃内的微生物大量死亡，释放出较多的细菌内毒素，它一方面可抑制瘤胃蠕动，另一方面可促进细胞内源组胺的释放。酸中毒时瘤胃也产生多量组胺。组胺和内毒素加剧了瘤胃酸中毒的过程，引起组织损伤，损害肝和神经系统，因此出现神经症状、蹄叶炎、中毒性前胃炎或胃肠炎，甚至休克及死亡。

【症状】根据采食量的多少、饲料的种类和个体耐受力的不同，通常将症状分为最急性型、急性型和慢性型。

1. 最急性型 发病急，精神极度沉郁，极度虚弱，步态不稳，不愿行走。双目失明，瞳孔散大，重度脱水。腹部显著膨胀，瘤胃内容物黏硬、稀软或水样，蠕动微弱或停止，瘤胃 pH 降至 5 以下，无纤毛虫存活。病畜张口吐舌，呼吸急促，心搏增数。口内流出泡沫，哞叫，最后卧地不起，呈现循环衰竭状态。体温低下，常于发病后 3~5h 死亡。

2. 急性型 精神沉郁，食欲、反刍废绝，磨牙虚嚼，流涎，粪便稀软或呈水样，有明显的酸臭味。瘤胃膨满，内容物先黏硬后稀软，随病情发展，出现瘤胃积液，冲击触诊有震水音，瘤胃蠕动音微弱或消失，瘤胃 pH 降低，无存活的纤毛虫。脱水体征明显，眼窝凹陷，血液浓稠色暗，少尿或无尿，尿色深浓，尿液 pH 降低。血液碱储降低，奶牛泌乳量减少。体温多数正常或微低，一般为 36.5~38.5℃，心率加快，达 100 次/min 以上，呼吸浅而快，达 60~90 次/min。

随病情发展，出现视力障碍和神经症状。病畜神志不清，步态蹒跚，呻吟，磨牙，肌肉震颤。中枢神经兴奋性增高，狂躁不安、盲目冲撞、转圈或头抵墙壁；很快后肢麻痹，卧地不起，眼球震颤。后转入沉郁，或兴奋与抑制交替出现，陷入昏睡或昏迷状，若不及时救治，多在 24h 左右死亡。

3. 慢性型 病牛症状轻微，常呈现前胃弛缓，食欲减退，反刍减少，粪便松软或腹泻。伴发蹄叶炎时，步态强拘，站立困难。

【诊断】

1. 症状诊断 精神沉郁，食欲废绝，瘤胃蠕动停止，瘤胃内积滞大量酸臭、稀软的内容物，瘤胃 pH 降低，脱水，视觉障碍，神经症状，毒血症，腹泻，蹄叶炎等。

2. 病史诊断 有过食谷类饲料等的病史。

3. 病理变化 急性死亡的病例，胃肠道内出现不同程度的充血、出血和水肿，瘤胃及网胃内容物稀薄如粥样，并有明显酸臭味，瘤胃上皮脱落，或发生坏疽，呈现斑块状，坏疽区胃壁厚度增加，高于周围正常区域，表面呈黑色。

4. 实验室诊断 瘤胃液 pH 下降至 4.5~5.0，血液 pH 降至 6.9 以下，血液乳酸含量升高等。但必须注意，病程一旦超过 24h，由于唾液的缓冲作用和血浆的稀释，瘤胃内 pH 通常可回升至 6.5~7.0，但酸/碱和电解质水平仍显示代谢性酸中毒。

【治疗】

1. 治疗原则 纠正瘤胃和全身性酸中毒，防止乳酸进一步产生，排出有毒物质，强心补液，纠正脱水，恢复胃肠功能。

2. 治疗措施 对食入大量粉料不久或采食精料时间较长，已经在瘤胃发酵产生大量乳酸的病牛，首先要用石灰水洗胃，以洗出胃内容物，如此反复多次，直到瘤胃内 pH 呈弱碱性为止。或内服氢氧化镁或碳酸氢钠，以中和瘤胃内乳酸和防止继续产酸。也可用液状石蜡泻下，以排除瘤胃内有毒物质。

同时，为纠正脱水和酸中毒，可静脉注射 5%葡萄糖生理盐水、复方氯化钠、5%碳酸氢钠，根据病情可反复应用，直到脱水和酸中毒解除为止。

当病畜兴奋不安时，可用甘露醇、山梨醇、氯丙嗪等；为防止继发感染，可用抗生素（如青霉素、庆大霉素等）。

严重病例可进行瘤胃切开术取出内容物，然后用 5%碳酸氢钠液彻底冲洗，缝合前向瘤胃内填入少量干草或健康家畜的新鲜瘤胃内容物，术后抗菌消炎。

处方一

(1) 10%石灰水溶液。用法：反复冲洗瘤胃，通常需要用 30～80L 分数次洗涤，排液应充分，以保证效果。

(2) 5%碳酸氢钠注射液 1 000～1 500mL。用法：静脉注射。

(3) 5%葡萄糖氯化钠注射液 2 500mL，20%安钠咖 10～20mL，10%维生素 C 注射液 30mL。用法：静脉注射。

处方说明：适用于牛。

处方二

(1) 液状石蜡（或植物油）1 500mL，碳酸氢钠 300g。用法：分别一次灌服。碳酸氢钠可装入纸袋中投服。

(2) 新斯的明注射液 20mg。用法：一次皮下注射。

(3) 5%碳酸氢钠注射液 1 000～1 500mL。用法：静脉注射。

处方说明：促进胃肠道内酸性物质的排除，解除酸中毒，恢复胃肠运动机能。

处方三

(1) 地塞米松，牛 10～20mg，羊 4～10mg。用法：静脉或肌内注射。

(2) 10%葡萄糖酸钙注射液 300～500mL。用法：静脉注射。

处方说明：适用于牛，因血钙下降，出现休克症状时使用。羊剂量酌减。

处方四

(1) 20%甘露醇注射液，牛 1 000～1 500mL，羊 100～250mL。用法：静脉注射。

(2) 5%碳酸氢钠注射液，牛 1 000～1 500mL，羊 100～300mL。用法：静脉注射。

处方说明：适用于出现兴奋不安的病畜，目的是降低颅内压，防止脑水肿，缓解神经症状。

【预防】加强饲养管理，日粮构成相对稳定，不可随意增加糖类饲料的用量。防止过食谷物、块根类等饲料，这类饲料与粗饲料搭配比例要适当。在饲喂高糖类饲料时，适当添加一些干草，要有一个逐渐过渡适应的过程。加强围生期饲养管理，不要突然变换饲料或变更饲养制度，严格控制精料喂量。谷类饲料加工时压片或破碎即可，宜大不宜小。日粮中可添加碳酸氢钠和碳酸钙等缓冲物质，减少本病的发生。

四、皱胃阻塞

皱胃阻塞又称皱胃积食，是由于迷走神经调节机能紊乱或受损，导致皱胃弛缓，大量内容物滞留于皱胃形成阻塞，致使胃壁扩张和体积增大的一种疾病。本病常见于黄牛和水牛，奶牛与肉牛也可发生。临床上以消化机能障碍，右侧腹围增大，皱胃坚硬、扩张，严重脱水和自体中毒为特征。

【病因】原发性皱胃阻塞主要因为饲养管理不当而引起。

长期大量采食粗硬难以消化的饲料，如稻草、麦糠、甘薯蔓、花生蔓、麦秸、豆秸、玉米秸秆、高粱秸秆等（特别是铡得过短后饲喂）是引起本病发生的主要原因。

饲料中混有较多的泥沙，也可引起皱胃阻塞。

由于异嗜，吞食不能消化的异物，如被毛、塑料薄膜、破布、胎盘、木屑、沙石等，这些异物形成团块阻塞幽门或十二指肠，引起机械性皱胃阻塞。

饮水不足、过度劳役、神情紧张和应激等常促进本病的发生。

继发性皱胃阻塞常继发于前胃弛缓、创伤性网胃腹膜炎、皱胃炎、皱胃溃疡、小肠阻塞等疾病。

【发病机制】主要是在迷走神经机能紊乱或损伤的情况下，或受饲养管理不当等不良因素的影响，反射性地引起幽门痉挛、皱胃壁弛缓和扩张，或者因皱胃炎、皱胃溃疡、幽门部狭窄、胃肠道运动障碍等，使皱胃内容物大量积聚，形成阻塞。继而导致瓣胃秘结，更加促进病情的发展。在病情发展过程中，瘤胃微生物区系急剧变化，产生大量有毒物质，引起瘤胃积液。由于液体和进入真胃的氢离子、氯离子、钾离子等，不能进入小肠而被吸收，引发不同程度的脱水和低氯血症、低钾血症、代谢性碱中毒，全身机能状况显著恶化，使胃壁弛缓更加严重，内容物更加充满，发生严重的消化机能障碍。

【症状】

1. 前胃弛缓 病初，食欲降低、反刍减退；瘤胃蠕动音减弱，瓣胃音低沉，粪便干燥。随着病情发展，病畜精神沉郁，鼻镜干燥甚至龟裂，但体温通常不高；食欲废绝，反刍停止。

2. 排粪障碍 病初排粪迟滞，粪便干燥，常呈现排粪姿势，但粪量明显减少，有时排出少量糊状、棕褐色的恶臭粪便，混有黏液或血丝、血凝块；尿量少而浓稠，色深黄，具有强烈的臭味。

3. 腹部检查 随病情发展，瘤胃与瓣胃蠕动音消失，肠音微弱；瘤胃内充满多量液体，冲击式触诊呈现振水音。右侧腹部肋弓后下方明显增大隆起，冲击式触诊该部，病畜敏感而躲闪，疼痛，可触到皱胃体扩张且坚硬；在左肷部听诊，同时以手指叩击肋骨，可听到类似叩击钢管的铿锵音。

直肠检查：直肠内有成团的黏液及少量粪便，混有坏死黏膜组织。在骨盆腔前缘右前方，瘤胃的右侧，于中下腹区，能摸到向后伸展扩张呈捏粉样硬度的部分皱胃体。

4. 严重脱水和自体中毒 疾病末期，出现严重脱水和代谢性碱中毒症状，精神极度沉郁，体力衰弱，结膜发绀，皮肤弹性减退，鼻镜干燥，眼窝下陷，舌面皱缩，血液黏稠，心率增加，达 100 次/min 以上。若治疗不当，多在 2～5 周内死亡。

犊牛和羔羊的皱胃阻塞，常表现持续性腹泻，体质消瘦，腹部膨胀而下垂（图 1-7），冲击式触诊，可听到一种类似流水音的异常声响。通过皱胃手术除去阻塞物后仍然长期表现前胃弛缓，严重影响生长发育。

【诊断】

1. 症状诊断 发病缓慢，前胃弛缓，右腹部皱胃区局限性膨隆，触诊皱胃区坚硬，在左肷部结合叩诊肋骨弓进行听诊，呈现类似叩击钢管的铿锵音。应注意与前胃疾病、皱胃变位、肠变位等疾病进行鉴别诊断。

2. 病史诊断 长期大量采食粗硬难以消化的饲料，饲料中混有较多的泥沙，异嗜，饮水不足，过度劳役和应激等。

3. 实验室诊断 皱胃液 pH 为 1～4；瘤胃液 pH 为 7～9，纤毛虫数量减少，活力降低；血清氯化物降低，平均为 3.88g/L（正常为 5.96g/L），血浆二氧化碳结合力升高，平均为 682mL/L（正常 514mL/L）。

【治疗】

1. 治疗原则 消积化滞，缓解幽门痉挛，防腐止酵，促进皱胃内容物排除，防止脱水和自体中毒。

2. 治疗措施 消积化滞，排除皱胃内容物，可灌服盐类或油类泻剂或行皱胃注射。

为改善中枢神经调节作用，促进胃肠机能，增强心肌收缩力，促进血液循环，防止脱水和自体中毒，应及时强心补液，纠正自体中毒。

图 1-7 患病牛右腹部下垂

严重病例，胃壁已过度扩张和麻痹，药物治疗效果不佳时，应及时施行瘤胃切开术，取出瘤胃内容物，然后用胃管通过网-瓣孔，灌注温生理盐水，冲洗瓣胃和皱胃，达到疏通的目的，提高治疗效果。也可于右腹壁直接施行皱胃切开术进行治疗。

处方一

（1）硫酸钠 300～500g，液状石蜡（或植物油）500～1 000mL，鱼石脂 20g，酒精 50mL，常水 6～10L。用法：一次内服。

（2）10％氯化钠注射液 500mL。用法：一次静脉注射。

处方说明：本方只适用于病的初期，后期发生脱水时忌用。

处方二

（1）液状石蜡 500～1 000mL，25％硫酸钠溶液 500～1 000mL，稀盐酸 15～20mL。用法：一次皱胃注射。

（2）5％葡萄糖生理盐水 2 000～3 000mL，20％安钠咖 10～20mL，维生素 C 0.5～1.0g。用法：静脉注射。

处方说明：皱胃注射的部位为右腹部皱胃区第十二至第十三肋骨后下缘。

【预防】加强饲养管理，合理调配日粮，注意粗饲料和精饲料的调配，保证饲料中有充足的矿物质和维生素。饲草不能铡得过短，粗硬饲料占日粮比例不能过高，精料不要粉碎过细，饮水必须充分。注意清除饲料中异物，避免损伤迷走神经。

技能训练一 瘤胃穿刺技术

【应用】用于瘤胃急性臌气时的急救排气和向瘤胃内注入药液。

【准备】大套管针或盐水针头，羊可用一般静脉注射针头。外科刀、缝合线、缝合针等。

【部位】在左侧肷窝部，由髋结节向最后肋骨中点所引连线的中点，也可选在瘤胃隆起最高点穿刺。

【方法】站立保定，剪毛消毒，在术部做一小的皮肤切口（有时也可不做切口，羊一般不切），用套管针垂直刺入皮肤，然后向对侧肘头方向迅速刺入10~12cm，左手固定套管，拔出内针，用手指间断堵住管口，间歇放气，使瘤胃内的气体间断排出。若套管堵塞，可插入内针疏通。气体排出后，为防止复发，可经套管向瘤胃内注入制酵剂、消沫剂，如鱼石脂、酒精、松节油、二甲基硅油等。

注射完药液插入内针，同时用力压住皮肤切口，拔出套管针，消毒创口，对皮肤切口行1针结节缝合。

在紧急情况下，无套管针或盐水针头时，可就地取材，如竹管、静脉注射针头等进行穿刺，以挽救病畜生命，然后再采取抗感染措施。

【注意事项】

（1）放气速度不宜过快，防止发生急性脑贫血，造成虚脱。

（2）根据病情，为了防止臌气继续发展，避免重复穿刺，可将套管针固定，留置一定时间后再拔出。

（3）穿刺和放气时，应注意防止针孔局部感染。因放气后期往往伴有泡沫样内容物流出，污染套管口周围并易流进腹腔而继发腹膜炎。为防止瘤胃内容物流入腹腔，可在拔针头时，先用手指压住针尾部针孔，再将针拔出，并消毒穿刺部位。

（4）经套管注入药液时，注药前一定要确切判定套管仍在瘤胃内后，方能注入。

技能训练二　导胃与洗胃技术

【应用】用于马的急性胃扩张、牛的瘤胃积食或瘤胃酸中毒时排出胃内容物，也用于胃炎的治疗和吸取胃液供实验室检查等。

【准备】粗胃导管（内径应为2cm）、洗胃应用39~40℃温水。

【方法】

（1）先用胃管测量到胃内的长度（马从鼻端至第十四肋骨，牛从唇至倒数第五肋骨，羊从唇至倒数第二肋骨），并做好标记。

（2）装好开口器，固定好头部。

（3）从口腔徐徐插入胃管，到胸腔入口及贲门时阻力较大，应缓慢插入，以免损伤食管黏膜。必要时可灌入少量温水，待贲门弛缓后，再向前推送入胃。胃管前端经贲门到达胃内后，阻力突然消失，此时可有酸臭味气体或食糜排出。如不能顺利排出胃内容物时，可装上漏斗灌入温水，将头低下，利用虹吸作用或用吸引器抽出胃内容物。如此反复多次，逐渐排出胃内大部分内容物，直至病情好转为止。

（4）治疗胃炎时，导出胃内容物后，要灌入防腐消毒药。

（5）冲洗完后，缓慢抽出胃管，解除保定。

【注意事项】

（1）操作中要注意安全，使用的胃管要根据动物的种类选定，胃管长度和粗细要适宜。

（2）瘤胃积食宜反复灌入大量温水，方能洗出胃内容物。马的急性胃扩张时，开始灌入温水的量不宜过多，以免发生胃破裂。

课题三　以呕吐为主的疾病

课题描述　学习本类疾病的基本知识、诊断方法、防治措施，分析临床疾病案例，参加相关疾病临床病例的诊疗训练。

病例分析　分析以下病例，根据病史和临床检查，提出初步诊断，制定治疗措施（开出处方）。

病例1　主诉：藏獒，雄性，5岁。近一个月来食欲减退，精神不振，时有呕吐，排粪时干时稀，粪便恶臭，尿少，颜色暗黄。

临床检查：体温39.9℃，眼黏膜黄染，叩诊肝浊音区扩大，肋弓下触诊有疼痛、敏感。

病例2　主诉：猫，雌性，6月龄。近日来食欲减退，时有呕吐。

临床检查：该猫精神沉郁，被毛粗乱无光泽，消瘦，眼结膜苍白，体温、呼吸无明显变化，心跳稍快，触摸腹部敏感。腹部X线摄影，在胃内发现有一直径约2cm大小的阴影。

相关知识　以呕吐为主的疾病主要有胃内异物、肝炎、胰腺炎等。

一、胃内异物

胃内异物是指误食难以消化的异物并长期停留于胃中造成胃功能紊乱的疾病。多见于幼犬和幼猫。

【病因】由于嬉戏或采食混有异物的饲料，误将骨骼、石头、硬币、线团、绳索、塑料袋、玩具组件、橡皮等吞入胃内，特别是猫有梳理被毛的习惯，常将脱落的被毛吞食，在胃内积聚形成毛球。

此外，营养不良、矿物质和维生素缺乏、寄生虫病、胰腺疾病等，因伴有异嗜现象而发生本病。

【症状】食欲减退或废绝，呕吐，尤其是在采食固体食物时比较明显。随着时间延长可引起患犬、猫营养不良，逐渐消瘦，精神不振。

如果吞入的异物是鸡骨、鱼骨，常吐出碎骨片；如果吞入的异物为尖锐物体或较粗糙物体，如铁丝、铁钉或多棱角的硬质塑料玩具等，还可刺激胃黏膜，引起损伤、出血、炎症，甚至胃壁穿孔，有时刺伤周围脏器，表现为呻吟，起卧时弓腰、震颤，有时呕吐物中可见血丝，触诊胃区敏感；另外，异物也可能引起幽门阻塞，使胃内容物不能后移至十二指肠，此时表现为肚腹胀满，顽固性呕吐，完全拒食，触诊胃部痛感明显，有时在肋下部可摸到胃内大的异物。

【诊断】依据临床症状及病史调查，结合胃部触诊可做出诊断。胃部X线拍片或内窥镜检查见到异物可确诊。

【治疗】

1. 治疗原则　排除异物，对症治疗。

2. 治疗措施　首先要排除异物。如异物不大，可用催吐或泻下法。催吐可皮下注射盐酸阿扑吗啡，也可灌服0.5%硫酸铜溶液；泻下可灌服液状石蜡或植物油。如上法无效，或异物过大，则应手术取出异物。

如病犬、猫食欲废绝时间较长，脱水，用5%葡萄糖溶液静脉注射；消炎、防止败血性休克用氨苄青霉素、庆大霉素等肌内或静脉注射。

处方一 1%硫酸铜溶液10～20mL。用法：一次灌服。

处方说明：催吐，还可用盐酸阿扑吗啡催吐。

处方二 液状石蜡或植物油20～50mL，硫酸镁10～15g，常水80mL。用法：一次灌服。

处方说明：泻下。

处方三

(1) 5%葡萄糖注射液100～500mL。用法：静脉注射。

(2) 庆大霉素，每千克体重3～5mg。用法：肌内注射，2次/d。

处方说明：抗菌消炎，补液。

【预防】在发育成长中的犬，为防止异嗜，应经常补充钙和其他微量元素。犬舍及其活动场所应打扫干净，如有碎石、木片、金属小零件、塑料等要及时清除，以免被犬、猫吞食。如饲喂骨头，应捣碎后再喂，以免骨头损伤胃壁。

二、胰 腺 炎

胰腺炎是因为胰腺酶消化胰腺自身以及胰腺周围组织所引起的一种炎症性疾病。按病程可分为急性胰腺炎和慢性胰腺炎。急性胰腺炎临床上以突发性腹部剧痛、休克和腹膜炎为特征。本病多发于犬和猫。

【病因】主要病变是胰腺缺血导致坏死，释放有活力的蛋白溶解酶或溶脂酶，消化胰腺及其周围组织。其他因素如胆管蛔虫、胆结石、十二指肠炎症、胰管痉挛、犬传染性肝炎、犬钩端螺旋体病、猫弓形虫病、噻嗪类利尿药、硫唑嘌呤和四环素等都能引起胰腺炎。另外，胰腺创伤、交通事故、高空摔落及外科手术导致胰腺创伤，也可诱发胰腺炎。

【症状】

1. 急性胰腺炎 急性胰腺炎常见水肿型和出血性坏死型两种类型。

(1) 水肿型胰腺炎。患病动物精神沉郁，食欲降低或废绝，进食后腹部疼痛，呕吐和腹泻，有时粪便中带血，触诊腹壁敏感、紧张、疼痛，拱腰收腹。

(2) 出血性坏死型胰腺炎。患病动物体温下降，精神高度沉郁，剧烈呕吐和腹泻，甚至发生出血性腹泻，触诊腹壁极为紧张，按压疼痛剧烈。随着病情发展，逐渐处于昏迷状态。

2. 慢性胰腺炎 腹痛反复发作，疼痛剧烈时常伴有呕吐。排粪量增加，腹泻，粪中含有大量脂肪和蛋白，伴有恶臭，呈灰白色或黄色光泽。食欲异常亢进，但消瘦，生长停止。如病变波及胃、十二指肠、胆总管或胰岛时，可导致消化道梗阻、梗阻性黄疸、血糖升高及糖尿。胰腺有假性囊肿形成时，腹部可摸到肿块。

【诊断】根据病史和临床症状可做出初步诊断，实验室检查以及B超检查、X线检查有助于确诊。

实验室检查：白细胞总数增多，嗜中性粒细胞比例增大，核左移；血清淀粉酶和脂肪酶活性升高；腹水中含有较多的脂肪酶和淀粉酶；粪便检查，粪便呈酸性反应，显微镜下可发现脂肪球和肌纤维；胰蛋白酶试验呈阴性。

B超检查：急性胰腺炎可见胰腺肿大、增厚，或呈假性囊肿；慢性胰腺炎可见胰腺内有结石和囊肿。

X线检查：上腹密度增加，有时可见胆结石和胰腺部分钙化点。

【治疗】

1. 治疗原则　镇痛解痉，抑制胰腺分泌，抗感染和抗休克，纠正水盐代谢以及对症治疗。

2. 治疗措施　患急性胰腺炎的动物在出现症状的2～4d内应禁食、禁水，以防止食物刺激胰腺分泌。患慢性胰腺炎的动物则应少食多喂，每天至少3次，给予低脂肪易消化食物。禁食时需静脉注射葡萄糖、复合氨基酸，维持营养和调节酸碱平衡等。病情好转时给予少量肉汤或柔软易消化的食物。一旦发现胰腺坏死，尽快手术切除胰腺坏死部位。

处方一　杜冷丁，每千克体重5～10mg（或盐酸吗啡，每千克体重0.1mg）。用法：一次皮下注射。

处方说明：镇痛解痉。还可用普鲁卡因0.25g，用生理盐水200～500mL溶解，静脉注射。

处方二　硫酸阿托品注射液，每千克体重0.05mg。用法：皮下注射。

处方说明：抑制胰腺分泌，还可用普鲁本辛5g，口服，3次/d；或乙酰唑胺100mg，口服，2次/d。

处方三　胃复安，每千克体重1mg。用法：肌内注射或脾俞穴注射。

处方说明：呕吐严重者，止吐。

处方四　先锋霉素，每千克体重30～50mg，地塞米松5～10mg，5%葡萄糖500mL，静脉注射，2次/d。用法：静脉注射。

处方说明：消炎。也可用氨苄青霉素、庆大霉素等肌内注射。

【预防】不用高脂肪性食物喂犬，如发生高脂血症、甲状腺功能减退及糖尿病等疾病时，要及早治疗，避免引发胰腺炎。

三、肝　　炎

肝炎是在致病因素的作用下，发生的以肝细胞变性、坏死为主要特征的炎症过程。各种家畜、家禽均可发生。

【病因】

1. 传染性因素

（1）细菌性因素。常见病原为链球菌、葡萄球菌、坏死杆菌、沙门氏菌、化脓放线菌、肺炎弯曲杆菌、禽败血性梭状杆菌及钩端螺旋体等。

（2）病毒性因素。常见病原为牛恶性卡他热病毒、马传染性贫血病毒、犬病毒性肝炎病毒、鸭病毒性肝炎病毒、鸡包涵体肝炎病毒等。

（3）寄生虫性因素。如弓形虫、球虫、鸡组织滴虫、肝片吸虫、血吸虫等。

进入肝组织的病原体，不仅可以破坏肝组织而产生毒性物质，同时其自身在代谢过程中也释放大量毒素，并且还以机械损伤作用，导致肝细胞变性、坏死。

2. 中毒性因素

（1）霉菌毒素。见于长期饲喂霉败饲料，霉菌产生的毒素可严重损伤肝，引起肝炎。

（2）植物毒素。采食了羽扇豆、蕨类植物、野百合、春蓼、千里光、小花棘豆、天芥菜等有毒植物可引起肝炎。

（3）化学毒物。误食砷、汞、磷、锑、铜、四氧化碳、六氯乙烷、氯仿、萘、甲酚等化学物质，可使肝受到损害，引起肝炎。

（4）代谢产物。由于机体物质代谢障碍，大量中间代谢产物蓄积，引起自体中毒，常导致肝炎的发生。

3. 其他因素 在大叶性肺炎、坏疽性肺炎、心力衰竭等病程中，由于循环障碍，肝长期淤血，二氧化碳和有毒的代谢产物的滞留，引起肝细胞营养不良，导致门静脉性肝炎的发生。

【症状】病畜食欲减退或废绝，精神沉郁，体温升高，可视黏膜黄染，皮肤瘙痒，心跳减慢。呕吐（猪、犬、猫明显），腹痛（马较明显）。初便秘，后腹泻，或便秘与腹泻交替发生，粪便恶臭，呈灰绿色或淡褐色。尿色发暗，有时似油状。叩诊肝区，肝浊音区扩大；触诊和叩诊肝区，均有疼痛反应。肝细胞弥漫性损害时，各器官有出血倾向，如胃肠出血和鼻出血等。后躯无力，步态不稳，共济失调。狂躁不安、痉挛，或者昏睡、昏迷。肝硬变时，可出现腹水。

【诊断】

1. 症状诊断 根据消化不良、粪便恶臭、可视黏膜黄染等临床表现，可初步诊断。

2. 病理诊断 在急性实质性肝炎初期，肝肿大，呈黄土色或黄褐色，表面和切面有大小不等、形状不整的出血性病灶，胆囊缩小；中、后期，肝表面有大小不等的灰黄色或灰白色小点或斑块。当肝细胞坏死范围广泛时，肝体积缩小，被膜皱缩，边缘薄，质地柔软，呈灰黄色或红黄相间。

3. 实验室诊断

（1）尿液检查。病初尿胆素原增加，其后尿胆红素增多，尿中含有蛋白，尿沉渣中有肾上皮细胞及管型。

（2）血液检查。红细胞脆性增高，凝血酶原降低，血液凝固时间延长。血清总蛋白和γ-球蛋白增加，血清尿素氮和血清胆固醇降低。

（3）肝功能检验。血清胆红素增多，重氮试剂定性试验呈两相反应；麝香草酚浊度与硫酸锌浊度升高；丙氨酸转氨酶（ALT）、天冬氨酸转氨酶（AST）和乳酸脱氢酶（LDH）活性增高。并发弥散性血管内凝血时，血液中血小板及纤维蛋白明显减少。

【治疗】

1. 治疗原则 排除病因，加强护理，保肝利胆，清肠止酵，促进消化机能。

2. 治疗措施 首先停止饲喂发霉变质的饲料或含有毒物的饲料。饲喂富含维生素、容易消化的糖类饲料，给予优质青干草、胡萝卜，或者放牧。饲喂适量的豆类或谷物饲料，但昏睡、昏迷时，禁喂蛋白质，待病情好转后再给予适量的含蛋氨酸少的植物性蛋白质饲料。

积极治疗原发病。如由病毒引起的，可采用抗病毒药物，如应用高免血清等；由细菌引起者，应使用抗菌药物；由寄生虫引起者，应进行合理驱虫；由中毒引起的，要给予解毒处理。

保肝利胆。一般用葡醛内酯、25％葡萄糖注射液、5％葡萄糖生理盐水注射液、5％维生素C注射液、5％维生素B_1注射液等静脉注射。利胆，可内服人工盐，并皮下注射氨甲酰胆碱，以促进胆汁的分泌与排泄。必要时，静脉注射肝泰乐注射液（葡醛内酯）。

清肠。内服硫酸钠（镁）、液状石蜡；止酵，内服鱼石脂、酒精等；对于明显的黄疸，可用天冬氨酸钾镁或苯巴比妥等静脉注射；具有出血性素质的病畜，可静脉注射10％氯化钙注射液或肌内注射维生素K_3等止血药物；若病畜疼痛或兴奋不安，可应用水合氯醛、氯丙嗪等镇静药物。

处方一 5％葡萄糖生理盐水注射液2 000~3 000mL，维生素C 1~2g，5％维生素B_1注射液10mL。用法：马、牛一次静脉注射，2次/d。猪、羊剂量酌减。

处方说明：保肝利胆。

处方二 25％葡萄糖注射液500~1 000mL。用法：马、牛一次静脉注射，2次/d。

处方说明：保肝利胆。

处方三

(1) 注射用氨苄西林0.5~2.0g，生理盐水5~10mL，0.2％地塞米松注射液1~2mL。用法：混合，一次肌内注射，1次/d，连用3~5d。

(2) 复方氯化钠注射液50~200mL，25％葡萄糖注射液50~300mL，复合氨基酸注射液20~100mL。用法：一次静脉注射，1次/d，连用3~5d。

处方说明：适用于犬，抗菌消炎，保肝利胆。

【预防】加强饲养管理，防止采食霉败饲料、有毒植物等；加强卫生防疫，防止感染，增强肝的解毒功能。

课题四　以腹痛为主的疾病

子课题一　表现腹痛且伴有腹泻的疾病

课题描述　学习本类疾病的基本知识、诊断方法、防治措施，分析临床疾病案例，参加相关疾病临床病例的诊疗训练。

病例分析　分析以下病例，根据病史和临床检查，提出初步诊断，制定治疗措施（开出处方）。

主诉：骡，3岁，饮冷水后发病，腹痛。

临床检查：该骡不安，阵发性腹痛，不时回头顾腹，后肢踢腹，间歇性的急起急卧；排稀粪水，肠音高朗如雷鸣，持续不断。口腔湿润，口、舌色淡，鼻寒耳冷。

相关知识　表现腹痛且伴有腹泻的疾病主要有肠痉挛等。

肠　痉　挛

肠痉挛又称痉挛疝、卡他性肠痉挛，中兽医称冷痛、伤水起卧等，是由于肠壁平滑肌受到异常刺激发生痉挛性收缩并以明显的间歇性为特征的一种腹痛病。临床上以肠音高朗、连续不断和间歇性腹痛为特征。多发生于马,牛和猪也有发生。

【病因】寒冷刺激是主要的发病因素,如暴饮冷水、汗后淋雨、寒夜露宿、风雪侵袭、气温骤降、采食霜冻的或冰冻的草料等。此外,发霉、腐败饲料、消化不良、胃肠道炎症、肠道寄生虫及其毒素的刺激也可引起本病。

【症状】腹痛是肠痉挛的重要症状之一,多以明显的间歇性腹痛为特征。腹痛发作时,病畜回顾腹部,前肢刨地,后肢踢腹,起卧不安,甚至卧地滚转,持续5～10min后转入间歇期。在间歇期,病畜外观上似健畜,安静站立,有的尚能采食和饮水。但经过10～30min,腹痛又发作,如此反复。有的病畜,随着时间的延长,腹痛症状逐渐减轻,间歇期越来越长,常不药而愈。

病畜口腔湿润,口色稍淡,重者,口色发白,口温偏低,耳、鼻、四肢末梢发凉。

在腹痛发作期,大、小肠肠音增强,连绵不断,有时在数步之外即可听到,偶尔出现金属音。排粪次数也相应增加,粪便很快由干变稀,但其量逐渐减少。除腹痛发作时呼吸急促外,体温、呼吸、脉搏变化不大。

【诊断】

1. 症状诊断 间歇性腹痛,口腔湿润,口色稍淡,肠音增强,排粪次数也相应增加,粪便很快由干变稀。

2. 病史诊断 病史可以提供重要诊断线索,如暴饮冷水、汗后淋雨、寒夜露宿、风雪侵袭、气温骤降、采食霜冻的或冰冻的草料等。

【治疗】

1. 治疗原则 解痉镇痛,清肠止酵。

2. 治疗措施 本病持续时间一般不长,从几十分钟至几个小时,若及时给予解痉镇痛剂(如安乃近、盐酸消旋山莨菪碱等),同时配合适当的清肠止酵,可迅速痊愈。如经治疗,症状不见减轻,腹痛加剧,全身症状随之恶化,则往往表明继发了肠变位或肠阻塞,预后慎重。

处方一 30%安乃近注射液20～40mL。用法:一次肌内注射。

处方说明:解痉镇痛。也可用盐酸消旋山莨菪碱注射液3～5mL(10mg/mL),肌内注射或水合氯醛8～15g,加水,内服。

处方二 硫酸阿托品注射液30mg。用法:一次皮下注射。

处方说明:解除平滑肌痉挛。

处方三

(1) 30%安乃近注射液30mL。用法:一次肌内注射。

(2) 人工盐200～300g,芳香氨醑30～60mL,陈皮酊50～80mL,水合氯醛8～15g,温水2 000～3 000mL。用法:混合,一次内服。

处方说明:解痉镇痛,清肠止酵,调理胃肠机能。

处方四 橘皮散:青皮15g,陈皮15g,官桂15g,小茴香15g,白芷15g,当归15g,台乌15g,细辛6g,元胡12g,厚朴20g。用法:共为末,加白酒60mL,开水冲,候温灌服。

处方说明:中兽医称肠痉挛为冷痛或伤水起卧,治以温中散寒、和血顺气为主,宜用橘皮散，同时，还可配合针治三江、姜牙、耳尖等穴或电针关元俞。

【预防】加强日常饲养管理，避免各种寒冷刺激，避免暴饮冷水、采食霜冻的草料、汗后淋雨、寒夜露宿等。加强畜舍保温措施，防止风雪侵袭。不喂发霉腐败变质的饲料，定期驱虫，可减少本病的发生。

子课题二 表现腹痛且无腹泻的疾病

课题描述 学习本类疾病的基本知识、诊断方法、防治措施，分析临床疾病案例，参加相关疾病临床病例的诊疗训练。

病例分析 分析以下病例，根据病史和临床检查，提出初步诊断，制定治疗措施（开出处方）。

病例1 主诉：3天前发现牛食欲废绝，反刍停止，排粪减少直至排粪停止。

临床检查：体温39℃，脉搏数80次/min，呼吸25次/min，鼻镜干燥，口腔臭，结膜充血，间或后肢踢腹。不停努责，排出少量胶冻样物质。胃肠蠕动音减弱，腹围增大，于右腹壁用拳头冲击触诊，有振水音。

病例2 主诉：公马，3岁，脱缰后找回，不久突然腹痛，排粪频繁，每次排出少量软粪。

临床检查：病马口腔干燥，口气奇臭，嗳气，在左侧颈静脉沟部可看到食管逆蠕动波；排粪停止，卧地滚转，急起急卧。听诊，肠音弱。

相关知识 表现腹痛且无腹泻的疾病主要有胃扩张、肠变位、肠便秘、肠臌气。

一、胃　扩　张

胃扩张是指由于采食过多及胃排空机能障碍，致使胃内积滞大量食物、气体、液体而急剧膨胀所引发的一种急性腹痛病。按病因可分为原发性胃扩张和继发性胃扩张；按内容物性状可分为食滞性胃扩张、气胀性胃扩张和液胀性胃扩张（积液性胃扩张）。本病多见于马、骡和犬。

【病因】

（1）原发性病因。多见于一次采食大量易膨胀、难消化的饲料，如小麦、大麦、玉米、豆饼等；或采食了容易发酵的青绿饲料、堆积发热变黄的青草以及发霉的草料等而发病；在过度运动后喂饮，饱食后立即运动，突然变换饲料和变换饲喂方式等情况下，机体原有的消化规律被破坏而更容易发病。

（2）继发性病因。常继发于小肠阻塞、小肠变位、幽门痉挛等疾病。

（3）犬过食精料，脾胃不和是引起胃扩张的主要原因，或由于打滚、跳跃等，犬发生胃扭转，也会发生急性胃扩张。

【症状】原发性急性胃扩张，常在采食后数小时内突然发病。病畜食欲废绝，精神沉郁，可视黏膜潮红或发绀，嗳气，有的则表现为干呕或呕吐。

病初为较轻的间歇性腹痛，很快就变成剧烈而持续的腹痛。病畜回顾腹部，快步急走，急起急卧，倒地滚转或仰卧抱胸，有时呈犬坐姿势。

病初口腔湿润，随后发黏，重症干燥，味奇臭，舌苔黄腻。肠音逐渐减弱，最后消失。呼吸迫促，但腹围变化不大，脉搏加快，脉性由强变弱。颈侧、耳根、眼周围、胸前、肘后和股内侧等出汗，甚至全身出汗。

胃管探诊：送入胃管后，从胃管排出多量酸臭气体，病畜随气体排出而转为安静，则为气胀性胃扩张；从胃管排出仅少量酸臭气体和稀糊状食糜，或无食糜排出，腹痛症状不减轻，则为食滞性胃扩张。

直肠检查：在左肾前下方可摸到膨大后移的胃后壁以及后移的脾。触摸胃壁紧张而富有弹性，为气胀性胃扩张；触摸胃壁为黏硬感，留有压痕，则为食滞性胃扩张。

继发性胃扩张，在原发病的基础上病情很快加重。大多数病畜经鼻流出少量粪水；插入胃管后，间断或连续地排出大量的具有酸臭气味、呈淡黄色或暗黄绿色液体，并混有少量食糜或黏液。随着液体的排出，病畜逐渐安静，经一定时间，腹痛又发作，再导胃，腹痛又缓解，如此反复发作。两次发作的时间间隔越短，表示小肠阻塞的部位离胃越近。病畜很快出现脱水和心力衰竭。

若胃的扩张状态不能及时解除，或由于急起急卧、卧地滚转等外力作用，可能发生胃破裂而很快死亡。

犬发生急性胃扩张时首先表现腹痛，然后腹部迅速膨大，大量流涎，干呕，呼吸困难，若不及时治疗，会很快死亡。慢性胃扩张，精神不振，食欲下降，腹部稍胀，微疼；有时呕吐，呕吐物中有泡沫和未消化的食物。

【诊断】

1. 症状诊断 胃扩张发展快，症状急剧，腹围增大，腹痛明显，腹壁触诊紧张。

2. 胃管探查 胃管探诊，可以判断胃扩张的性质，是食滞性胃扩张、气胀性胃扩张还是液胀性胃扩张。从胃管排出多量酸臭气体，病畜随气体排出而转为安静，则为气胀性胃扩张；从胃管排出仅少量酸臭气体和稀糊状食糜，或无食糜排出，腹痛症状不减轻，则为食滞性胃扩张；导胃后，腹痛减轻，经一定时间，腹痛又发作，再导胃，腹痛又缓解，如此反复发作，为液胀性胃扩张。

3. 直肠检查 在马左肾前下方可摸到膨大的胃后壁，或后移的脾。若触之胃壁坚硬，压之留痕，则为食滞性胃扩张；触之胃壁紧张而有弹性，为气胀性胃扩张；若触之有波动感，则为液胀性胃扩张。

4. 实验室检查

（1）血液检查。血沉减慢，血细胞比容升高，血清氯化物含量减少，血液碱储增多。

（2）胃液检查。液胀性胃扩张时，胃液中的胆色素呈阳性反应。方法：取胃液4~6滴加到试纸上，再滴加0.5%美蓝一滴，出现淡绿色者为阳性反应。

【治疗】

1. 治疗原则 以解除扩张状态、缓解幽门痉挛、镇痛止酵和恢复胃功能为主，强心补液、加强护理为辅。

2. 治疗措施 首先解除胃扩张状态。若为气胀性胃扩张，用胃管排除胃内气体后，再投服水合氯醛、鱼石脂药物等镇痛、止酵；若为食滞性胃扩张，可用液状石蜡等下泻；对继发性胃扩张，用胃管排出大量液体和气体，同时积极治疗原发病。

单纯性过食的患病犬，可用催吐剂如阿扑吗啡等，促使内容物吐出，也可内服泻剂，灌服液状石蜡或植物油。急性胃扩张应做急症处理,首先投送胃管或针头穿刺放气,继发性胃扩张应治疗原发病。若药物治疗无效时,可手术切开胃壁取出内容物。术后 24h 内禁食,3d 内吃流质食物,禁止剧烈运动,以后逐渐喂正常食物。

处方一 水合氯醛 15～25g,95％酒精 50mL,福尔马林 10～20mL,温水 500mL。用法:胃管排出气体以后,经胃管一次投服。

处方说明:适用于马气胀性胃扩张,镇痛、解痉、止酵,还可用鱼石脂 15～20g,95％酒精 80～100mL,温水 500mL,灌服。

处方二 液状石蜡 500～1 000mL,普鲁卡因粉 3～4g,稀盐酸 15～20mL(或乳酸 15～20mL),温水 500mL。用法:混合,一次胃管投服。

处方说明:适用于马食滞性胃扩张,普鲁卡因能抑制幽门痉挛性收缩,稀盐酸可促进幽门开放,同时借助液状石蜡的润滑作用,把内容物排入肠管。

处方三 醋香附 15g,青皮 10g,枳实 10g,山楂 20g。用法:水煎,加醋 20mL,一次灌服。

处方说明:适用于犬的原发性胃扩张,消食导滞,健脾和胃。

处方四 阿扑吗啡,每千克体重 0.08mg。用法:排除胃内气体后,一次皮下注射。

处方说明:催吐,适用于犬胃扩张。也可用 0.5％硫酸铜溶液 10～15mL 灌服。

处方五 莱菔子 10g,鸡内金 10g,陈皮 10g,木香 6g。用法:水煎至 30mL,加醋 20mL,一次灌服。

处方说明:适用于犬继发性胃扩张。

【预防】加强饲养管理,避免一次采食过多难消化,容易膨胀和易发酵的饲料,注意饲料调理,少喂勤添,防止偷食大量精料,避免过度劳役和饱食后立即使役。加强饲养管理,避免突然更换饲料和饲喂方式。

二、肠变位

肠变位又称机械性肠阻塞和变位疝,是由于肠管的自然位置发生改变,致使肠腔发生机械性闭塞和肠壁局部发生循环障碍的一组重剧性腹痛病。本病主要发生于马属动物,其次发生于牛、猪和犬。通常将肠变位归纳为肠扭转、肠缠结、肠嵌闭和肠套叠 4 种类型。

1. 肠扭转 是肠管沿其纵轴或以肠系膜基部为轴发生程度不同的扭转。肠管也可沿横轴发生折转,称为折叠。如小肠扭转、小肠系膜根部扭转、盲肠扭转或折叠、左侧大结肠扭转(图 1-8)或折叠、小结肠扭转等。

2. 肠缠结 又称肠绞窄,一段肠管与另一段肠管缠绕在一起,或肠管与肠系膜、某些韧带(如肝镰状韧带、肾脾韧带)、结缔组织索条、精索等缠绕在一起,引起肠腔闭塞不通。如空肠缠结、小结肠缠结(图 1-9)等。

3. 肠嵌闭 又称肠嵌顿,是一段肠管连同其肠系膜坠入与腹腔相通的先天性孔穴(腹股沟管、脐环)或病理性破裂孔内(大网膜、肠系膜、膈肌破裂孔等),并卡在其中使肠腔闭塞不通,引起血液循环障

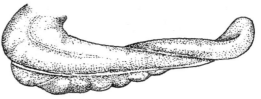

图 1-8 马左侧大结肠扭转

碍。如小肠或小结肠坠入腹股沟管、大网膜孔、肠系膜破裂孔和膈肌破裂孔内等。

4. 肠套叠 是一段肠管套入与其相邻的肠管之中，致使相互套入的肠段发生血液循环障碍、渗出等过程，引起肠管粘连、肠腔闭塞不通（图1-10）。如空肠套入空肠、空肠套入回肠、回肠套入盲肠等。

【**病因**】通常由机械性和肠蠕动增强或弛缓等因素引起。

引起腹内压增大的情况，如动物强烈运动、剧烈地跳跃、奔跑、难产、交配、过度努责、便秘、肠臌气等，偶尔将小肠或小结肠压入先天性孔穴或后天性病理孔隙而致病。

造成体位剧烈改变的因素，如突然摔倒、打滚、跳跃障碍等，使肠管剧烈移动，游离性较大的肠段（如空肠、结肠）容易发生肠缠结和肠扭转。

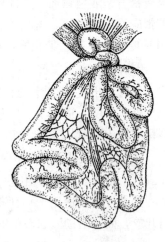

图1-9 小结肠缠结

引起肠蠕动增强或弛缓的情况，如饲喂腐败发霉和刺激性过强的饲料，冰冻的饮水和饲料，肠炎、肠道寄生虫等，使肠管异常蠕动。这些情况下，也容易发生肠缠结和肠扭转。

该病也可继发于肠痉挛、肠阻塞、肠炎等疾病。

哺乳期的仔猪，常在急剧追赶、捕捉、按压时仔猪过分挣扎或腹压过大时发生，或哺乳仔猪吃了过浓的乳汁或乳温过低，或饲料品质低劣，或结冰的饮水等，引起肠蠕动异常而发病。

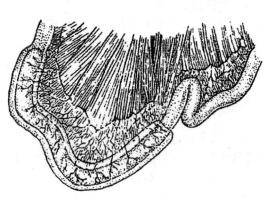

图1-10 小肠套叠

犬的肠套叠，多发生于幼龄犬，通常是由过度活跃和痉挛性的胃肠蠕动引起，因此任何引起胃肠蠕动加强的因素均有可能致病，如饮用冷水，采食冰冻饲料，肠道寄生虫，异物刺激等。

【**症状**】病畜食欲废绝，口腔干燥，肠音减弱或消失，排恶臭稀粪，并混有黏液和血液。后期停止排粪。

由间歇性腹痛转为持续而重剧的腹痛，病畜极度不安，回头顾腹，后肢踢腹，卧地，驱赶不起。在疾病后期，病畜急起急卧，仰卧滚转，即使用大剂量的镇痛药，腹痛症状也常无明显减轻。

随病情的发展，体温升高，肌肉震颤，出汗。心跳加快，脉搏细弱或不感于手，呼吸急促，结膜暗红或发绀，四肢、耳段发凉。

小肠变位时常继发胃扩张；大肠变位时常继发严重的肠臌气。严重的肠变位可以引起肠管坏死。

牛发生肠扭转时，粪中有白色胶冻样黏液，右肷部冲击式触诊，出现振水音并有压痛。

猪、犬发生肠套叠时，表现极度不安，腹痛剧烈，拱背，腹部收缩，腹壁紧张，有时前肢跪地，头抵于地面，后躯抬高。严重者突然倒地，四肢划动呈游泳状，不断呻吟。小肠套叠，常发生呕吐。犬和体形小的猪，触压腹部可摸到坚实、呈香肠状的可移动肠段。局部肠管有时发生臌气，叩诊呈鼓音。

【诊断】

1. 症状诊断 腹痛剧烈，药物镇痛常无明显效果；肠音减弱或消失，排便很快停止；全身状况重剧，病情迅速恶化。

2. 腹腔穿刺 腹腔液体量多，呈粉红色或红色。

3. 直肠检查 直肠空虚，内有较多的黏液。直肠检查时，注意判断肠管、肠系膜的位置和形状是否发生改变，以及肠系膜紧张性是否增高，触摸和牵引肠管、肠系膜时，注意判断病畜的疼痛表现。当直肠检查仍不能确定肠变位的性质时，可进行剖腹探查。

4. X 线造影检查 猪、犬肠套叠时，可见 2 倍于正常肠管的筒状软组织阴影，有的可见局部肠管臌气、积液。

【治疗】

1. 治疗原则 镇痛，尽早施行手术整复，恢复肠管位置，做好术后护理，强心、补液、防休克。

2. 治疗措施 对病畜应及时应用镇痛剂以减轻疼痛刺激。及时减压，继发肠臌气、肠积液时，应先穿刺放气、排液。还应补液、强心，服用新霉素或注射庆大霉素等抗菌药物，制止肠道菌群紊乱，减少内毒素生成，以维持血容量和血液循环功能，防止休克发生。治疗时，严禁投服泻剂。

尽早实施手术整复，并做好术后护理工作。

【预防】加强饲养管理，禁止饲喂腐败的、霉烂的、冰冻的饲料和刺激性过强的饲料，避免过度饥饿，以免刺激肠管使蠕动异常增强而引发本病。加强看管，防止因体位剧烈改变或腹腔内压过大而引发肠管位置改变。及时治疗肠痉挛、肠阻塞等病，避免继发肠变位。

三、肠 便 秘

肠便秘又称肠阻塞、便秘疝等，中兽医称为结症，是由于肠管运动机能和分泌机能紊乱，内容物滞留不能后移，致使某段或某几段肠管发生完全或不完全阻塞的一种急性腹痛病。按阻塞的部位，分为小肠阻塞和大肠阻塞。按阻塞的程度，分为完全性阻塞和不完全性阻塞。最常见于马、骡、牛、猪，治疗不及时，易造成动物的死亡。

【病因】

1. 饲养管理不当 饲喂过多的粗硬饲料，如花生蔓、甘薯蔓、麦秸、豆秸、过老的苜蓿、谷草、劣质酒糟等，由于含粗纤维及木质素较多，也不易消化；或因受潮、水浸而柔韧难以切断切碎；或吞食异物，如绳索、塑料膜、被毛等，易引起内容物长时间停滞于肠道而发生阻塞。尤其是在日粮突然改变，饱食后立即使役，或使役后立即饲喂等引起胃肠的神经调节控制失去平衡或胃肠的血液供应量相对不足，肠蠕动减弱，更易使肠内容物停滞而发生阻塞。另外，运动不足也易造成本病。

2. 饮水不足 当供水不足、久渴失饮或大量出汗时，机体缺乏水分，引起消化液分泌不足，肠内容物在肠管内后移困难，同时，由于机体的代偿机能，胃肠黏膜吸收水分的机能加强，胃肠内容物特别是肠内容物逐渐变干而形成阻塞。

3. 食盐不足 如果饲喂食盐不足或大量出汗，导致食盐和其他无机物缺乏，可引起胃肠蠕动减弱和消化液分泌减少，从而使肠内容物后移无力引发阻塞。

4. 气候突变 可使动物处于应激状态，导致植物神经功能紊乱，儿茶酚胺分泌亢进，使组织的血液通过量减少，血氧不足使胃肠平滑肌发生痉挛性收缩，引起发病。

5. 其他因素 如抢食，采食后咀嚼不充分，牙齿磨灭不整，消化不良，肠结石，肠道寄生虫侵袭等因素，都可成为促使肠阻塞发生的因素。

犬的肠便秘常因饲料中混有骨头、毛发，或因生活环境的改变，扰乱了原有的排便习惯而引起。

断乳仔猪突然饲喂纯米糠的同时又缺乏青绿饲料，妊娠母猪或分娩不久的母猪有肠弛缓等，均可引起便秘。

【**症状**】根据阻塞部位和阻塞程度不同，临床表现有差异。

1. 共有症状

（1）腹痛。结粪坚硬且完全阻塞，继发肠臌气或胃扩张、肠系膜被强烈牵引或并发肠变位等腹痛剧烈；不完全阻塞时腹痛稍轻。如小肠及小结肠由于多是完全阻塞，腹痛比大结肠阻塞时剧烈。

（2）口腔变化。初期无变化，随着疾病的发展，口色暗红，或红中带黄，或发绀，口腔黏腻甚至干燥；舌苔逐渐明显，舌苔黄厚有裂纹，口臭。病情越重病程越长，口腔变化越明显。

（3）肠音。病初肠音频繁而偏强，病畜排粪次数稍增多，后则肠音减弱甚至消失。继发肠臌气时，能听到不同程度的金属音。

（4）全身反应。眼结膜颜色变化与口色一致。不完全阻塞食欲减少，完全阻塞食欲废绝。继发肠炎、蹄叶炎、腹膜炎时，体温升高。继发胃扩张和肠臌气时，呼吸急促。病后期脉搏快而弱。如机体脱水进一步发展，可引起循环衰竭，甚至休克。

（5）直肠检查。各种不同部位的阻塞，通常可摸到结粪块在大小、形状、硬度方面均有相应的改变，但空肠和小结肠肠系膜较长，游离性大，位置多不固定，阻塞部位不易被摸到。

2. 不同部位的阻塞有不同的症状

（1）小肠阻塞。多为完全阻塞，包括十二指肠阻塞、空肠阻塞和回肠阻塞，多在采食后数小时内发病。

口腔干燥或黏滑，剧烈腹痛，食欲废绝，肠音很快消失，排粪停止，全身症状明显，常继发胃扩张，表现为鼻流粪水，颈段食管出现逆蠕动波，呼吸迫促。直肠检查，可在前肠系膜根后下方、右肾前部有横行的手臂粗细的圆柱状或块状阻塞物，为十二指肠阻塞。

若摸到的阻塞部位游离性大，并在该阻塞部位前常有部分肠段发生膨胀，为空肠阻塞。但空肠由于游离性大，故不易摸到阻塞部。

在盲肠底部内侧，摸到左右走向的香肠样硬固体，其左端可被牵动，而右端由于与盲肠相连而相对固定，同时空肠普遍膨胀，为回肠阻塞。

（2）骨盆曲阻塞。多为完全阻塞，腹痛剧烈。直肠检查，可在骨盆腔前缘下方摸到肘样弯曲的粗肠管，内有坚硬结粪块。

（3）小结肠阻塞。多为完全阻塞，从发病起就呈现剧烈腹痛，食欲废绝，口腔干燥，肠音减弱或消失，易继发肠臌气，使腹围增大，腹痛加剧。直肠检查，通常于耻骨前缘的水平线上或体中线的左侧，可触到拳头大的粪块。由于小结肠系膜长，游离性较大，位置不固定，有时不易摸到结粪肠段。特别是继发肠臌气之后，腹压增加，宜先穿肠放气再行检查。以被拉紧的肠系膜为线索，适当牵引，寻找块状或棒状结粪肠段。

（4）胃状膨大部阻塞。若为不完全阻塞，病情发展缓慢，病程较长，为3～10d；多为间歇性，腹痛症状较轻，可排少量稀粪或粪水。若为完全阻塞，症状发展快，腹痛严重，病程缩短。直肠检查，在腹腔右前方摸到随呼吸动作而略有前后移动的半球状阻塞物。

（5）盲肠阻塞。多为不完全阻塞，发展缓慢，病期长，可达10～15d，腹痛轻微。食欲明显减退，但饮欲增强，肠音减弱，尤其是盲肠音减弱明显。排粪不停止，但其量减少，排恶臭稀粪或干稀粪交替，病畜逐渐消瘦。直肠检查，盲肠内充满粗硬粪便。

（6）直肠阻塞。腹痛较轻微，举尾频频，屡做排粪姿势，但排不出粪便。全身无明显变化，后期可继发肠臌气。直肠检查，直肠黏膜水肿，有秘结的粪便。

3. 猪的肠便秘 各种年龄的猪都可发生，小猪多发，便秘部位常在结肠。病初精神不振，食欲减退，渴欲增加。腹痛，起卧不安，有时呻吟，屡呈排粪姿势，初期排出少量干燥、颗粒状的小粪球，被覆黏液或带有血丝。1～2d后食欲废绝，排粪停止，肠音减弱或消失，伴有肠臌气时，可听到金属性肠音。双手从两侧腹部触诊，体小的猪可摸到肠内呈串珠状排列的干硬粪球。十二指肠便秘时，病猪呕吐，呕吐物呈液状，有酸臭味。直肠便秘时粪块压迫膀胱，可伴发尿闭。

4. 牛的肠便秘 病初，腹痛一般较轻，但可呈持续性腹痛，患牛拱背、努责，屡呈排粪姿势，但不见排出粪便，或仅排出一些胶冻状团块。随病情发展，肠内容物发酵分解，产生毒素，使腹痛加剧，病牛喜卧，不愿起立。

若病程延长，因肠管麻痹，腹痛减弱或消失。饮食欲减退或废绝，反刍停止。鼻镜干燥，结膜呈污秽的灰红色或黄色。口腔干臭，舌苔灰白或淡黄。直肠检查，肛门干涩、紧缩，直肠内空虚，或在直肠壁上附着少量干硬的粪屑。有些病例，在便秘的前方胃肠积液，病至后期，眼球凹陷，目光无神，卧地不起，脉搏增数，可达100次/min以上，常因脱水和虚脱而死亡。

【诊断】

1. 症状诊断 根据食欲、饮欲的变化，口腔干燥，肠音减弱消失，腹痛，排粪减少或停止，易继发胃扩张、肠臌气等，可做初步判定。

2. 直肠检查 结合直肠检查肠管内的结粪块且触摸敏感，可确诊。同时还应确定是完全还是不完全阻塞，以及明确阻塞部位。必要时需做剖腹探查。

【治疗】

1. 治疗原则 治疗原则是"静、通、减、补、护"。还应注意急则治标，缓则治本的原则。

2. 治疗措施

（1）静。镇痛镇静，消除肠管痉挛，可用30%安乃近注射液（20～40mL）、2.5%氯丙嗪注射液（8～16mL）、20%硫酸镁注射液（80～100mL）、水合氯醛（15～25g）等。

（2）通。即疏通肠管，是治疗肠阻塞的根本措施和中心环节。常用的方法有药物泻法、直肠破结法、手术破结法以及灌肠法。

药物泻下法，即使用油类、盐类或刺激性泻剂，或大承气汤等，但完全阻塞时严禁使用盐类泻剂以免造成胃破裂。

直肠破结法，即经直肠壁将秘结的部位捏软或捏碎。根据阻塞部位不同，可使用按压法

（适合于小结肠阻塞和骨盆曲阻塞）、握压法（适合于十二指肠阻塞和回肠阻塞）、切压法（适合于盲肠阻塞和胃状膨大部阻塞）、捶结法（适合于小结肠阻塞和骨盆曲阻塞）、掏取法（适合于直肠阻塞）。

手术破结法，即切开阻塞部位周围腹壁，然后隔肠按压破结，若结粪坚硬，可向肠内的结粪块注入温盐水或5％碳酸氢钠液，待其软化后再行按压。

灌肠法或深部灌肠法，即向直肠内灌入1％温盐水或肥皂水，既可软化积粪，又可补充水分和刺激肠蠕动。适合于大肠阻塞。

(3) 减。即排气排液减轻肠内压，及时用胃管导出胃内积液或穿肠放气，或给予止酵的药物，如鱼石脂、酒精，以解除胃肠臌胀状态，降低腹内压，改善血液循环。

(4) 补。补液强心，维护心血管功能，纠正脱水与失盐，调整酸碱平衡，缓解自体中毒。用复方氯化钠注射液1 000～1 500mL、5％葡萄糖注射液2 000～3 000mL、5％碳酸氢钠注射液1 000mL，静脉注射。

(5) 护。加强护理，对病畜适当进行牵遛运动，同时应防止急剧滚转和摔伤，避免肠破裂和诱发肠变位。

3. 处方

(1) 马属动物肠便秘。

处方一 液状石蜡1 000～2 000mL，水合氯醛15～25g，鱼石脂10～15g，95％酒精50mL。用法：加适量水，经胃管一次投服。

处方说明：适用于小肠阻塞，小肠阻塞禁用盐类泻剂。小肠阻塞极易继发胃扩张，应及时用胃管排出胃内酸臭气体。

处方二 硫酸钠200～300g，液状石蜡500～1 000mL，水合氯醛15～25g，芳香氨酊30～60mL，陈皮酊50～80mL。用法：加适量水，经胃管一次投服。

处方说明：适用于大肠阻塞。

处方三 硫酸钠300～500g，大黄末60～80g，常水5 000～6 000mL。用法：溶解后一次灌服。

处方说明：适用于大肠便秘。

处方四 发面（发酵的面粉）500～1 000g。用法：加适量温水，调成糊状，一次灌服。

处方说明：用于治疗顽固性的盲肠阻塞、胃状膨大部阻塞，效果良好。

处方五 大承气汤：大黄60g（后下），芒硝300g（冲），厚朴30g，枳实30g。用法：水煎取汁，一次灌服。

处方说明：大承气汤，泻热攻下，消积通肠，常用于马属动物的大结肠阻塞（以痞、满、燥、实为特点），如再加槟榔和油类泻剂则效果更佳。还可用当归苁蓉汤等。

(2) 牛肠便秘。

处方一 温肥皂水1 500～3 000mL。用法：灌肠。

处方说明：适用于结肠便秘。

处方二

(1) 硫酸镁400～600g，液状石蜡1 000mL，常水3 000mL。用法：一次灌服。

（2）10%氯化钠注射液500mL。用法：静脉注射。

（3）5%葡萄糖生理盐水2 000mL，复方氯化钠注射液1 500mL，10%安钠咖注射液20mL。用法：静脉注射。

处方说明：促进肠管内容物的排出，增强胃肠的蠕动力量，强心补液。

（3）犬肠便秘。

处方一 温肥皂水100~200mL。用法：深部灌肠，1次/d，连用2~3次。

处方说明：软化粪便，促进肠管内容物的排出。

处方二 液状石蜡10~20mL。用法：一次灌服，1次/d，连用2~3次。

处方说明：泻下，促进肠管内容物的排出。

处方三 胃蛋白酶15g，胰酶15g，淀粉酶20g，焦三仙50g，郁李仁15g。用法：共研末混于日粮内服。

处方说明：适用于消化不良引起的便秘。

处方四 大承气汤加减：大黄15g（后下），芒硝40g（冲），厚朴3g，枳实3g，青木香5g，木香3g。用法：共研末混于日粮内服，或水煎后灌服。

处方说明：泻下。

【预防】加强饲养管理，不要过多饲喂和长期饲喂不易消化的饲料，青饲料、粗饲料、精饲料要合理搭配，避免日粮突然改变和误食异物等。给予充足清洁的饮水，适当运动。

四、肠 臌 气

肠臌气又称肠臌胀、气结，是由于采食了大量易发酵饲料或肠消化机能紊乱，肠内容物产气旺盛，肠道排气过程不畅或完全受阻，气体积聚于肠管内，导致肠管臌胀的一种腹痛病。临床特征是腹围膨大，腹痛剧烈，呼吸困难，病程短急。按病因可分为原发性和继发性肠臌气。

【病因】

1. 原发性肠臌气 主要是采食了大量容易发酵的饲料所致，如幼嫩苜蓿、豌豆、三叶草、青燕麦、蔫青草、堆积发热的青草以及玉米、大麦等。

初到高原地区的马、骡往往易发生肠臌气。一般认为与气压低、氧气不足和过劳等引起的应激有关。

2. 继发性肠臌气 常继发于肠阻塞、大肠变位、慢性消化不良等疾病。

【症状】原发性肠臌气发病较快，多在采食后2~4h内发生。病畜腹部迅速膨大，肷窝平满或突起，腹壁紧张，叩诊呈鼓音。

病初呈间歇性腹痛，随着肠管膨胀的加剧，很快转为持续性的剧烈的腹痛。后期因肠管极度臌胀而逐渐陷于麻痹，腹痛减轻甚至消失。

初期肠音增强，高朗连绵，并带有明显的金属音，以后则减弱甚至消失。排粪稀软，次数多而量少，以后排粪停止。

口腔黏膜病初湿润，后逐渐变为干燥，可视黏膜发红，甚至发绀。呼吸加快，严重者呈现呼吸困难，甚至窒息。心率增快，脉搏减弱，体表静脉充盈。体温正常或稍高。

直肠检查，腹压增高，入手困难。可先穿刺放气再行检查。

继发性肠膨气与原发性肠膨气症状相同，为进一步查明继发性肠膨气的原因，应进行直肠检查或结合腹腔穿刺综合判定。若穿刺液混浊呈微红色甚至深红色，白细胞数增多，含有大量蛋白质时，可怀疑为肠变位引起的肠膨气。

【诊断】

1. 症状诊断　根据腹痛，腹围膨大或突起，肠音高朗，叩诊呈鼓音等特点可做出诊断。

2. 病史诊断　有采食易发酵饲料的病史，如苜蓿、堆积发热的青草等。

诊断时，要对原发性膨气和继发性膨气加以鉴别。

【治疗】

1. 治疗原则　治疗原则是排气减压，镇痛解痉和清肠止酵。

2. 治疗措施　根据膨气程度采取相应处理。对膨气不严重的病例，可用镇痛解痉剂、缓泻止酵剂。对腹围显著胀大、呼吸急促的严重肠膨气，应立即穿肠排气，放气后应用镇痛解痉剂、缓泻止酵剂，以巩固疗效。放气时，除用盲肠穿刺和直肠内放气外，还可对膨气严重的肠管进行穿刺放气。为预防继发腹膜炎，常在穿肠放气后，用青霉素 240 万～360 万 IU，0.25％盐酸普鲁卡因注射液 20～40mL，溶于生理盐水注射液 500mL 中，腹腔注射。

此外，应注意心功能、自体中毒和脱水等变化，进行必要的对症治疗。

继发性肠膨气，在采取穿肠排气、镇痛等急救措施的同时，应尽快确定和治疗原发病。

处方一

(1) 30％安乃近注射液 20～40mL。用法：一次皮下注射。

(2) 人工盐 200～300g，鱼石脂 15～25g，常水 3 000～5 000mL。用法：一次灌服。

处方说明：镇痛解痉，清肠止酵。肠膨气严重时应及时配合穿肠排气。

处方二　浓茶水 1 000～1 500mL，白酒 150～250mL。用法：一次灌服。

处方说明：镇痛解痉，止酵。

处方三　丁香散：丁香 30g，木香 20g，藿香 20g，青皮 22g，陈皮 22g，玉片 15g，生二丑 25g，厚朴 60g，枳实 15g。用法：共为细末，开水冲调，加植物油 300mL，灌服。

处方说明：中兽医称肠膨气为气胀或气结，治以消胀破气，宽畅通便为主，宜用丁香散。

【预防】加强饲养管理，避免采食过多容易发酵的饲料，不喂霉变的饲料，草料摊开不堆沤。及时治疗肠阻塞、肠变位等原发病。

技能训练一　肠穿刺技术

【应用】常用于肠膨气时的紧急排气治疗，也可用于向肠腔内注入药液。

【准备】套管针或静脉注射针头。

【部位】盲肠穿刺部位在右侧肷窝的中心，即距腰椎横突约 1 掌处；或选在肷窝最明显的突起点。结肠穿刺部位在左侧腹部膨胀最明显处。

【方法】操作要领同瘤胃穿刺。盲肠穿刺时，可向对侧肘头方向刺入 6～10cm；结肠穿刺时，可向腹壁垂直刺入 3～4cm。其他按瘤胃穿刺要领进行。

【注意事项】参照瘤胃穿刺。

技能训练二 灌肠技术

【应用】灌肠是向直肠内注入大量药液、营养液、温水、肥皂水等，直接作用于肠黏膜，使药液、营养液被吸收或排出宿粪，以及除去肠内分解产物与炎性渗出物，达到疾病治疗的目的。

【准备】

(1) 大动物于柱栏内站立保定，用绳子吊起尾巴，中、小动物于手术台上侧卧保定。

(2) 灌肠器、塞肠器（分木质塞肠器与球胆塞肠器）、投药唧筒及吊桶等。

木质塞肠器：呈圆锥形，长15cm，中间有直径2cm的小孔，前端钝圆，直径6~8cm，后端呈平面，直径10cm，后端两边附着两个铁环，塞入直肠后，将两个铁环拴上绳子，系在笼头或颈部套包上。

球胆塞肠器：在球胆上剪两个相对的孔，中间插入1根直径1~2cm的胶管，然后用胶密闭剪孔，胶管两端各露出10~20cm，塞入直肠后，向球胆内打气，胀大的球胆堵住直肠膨大部，即自行固定。

灌肠溶液：一般用微温水、微温肥皂水、1%温盐水、甘油或2%小苏打溶液（小动物用）。消毒、收敛用溶液有3%~5%单宁酸溶液、0.1%高锰酸钾溶液、2%硼酸溶液等。治疗用溶液根据病情而定，营养溶液可备葡萄糖溶液、淀粉浆等。

【方法】

1. 一般方法 将灌肠液盛于漏斗（吊桶）内，将漏斗举起或将吊桶挂在保定栏柱上。术者将灌肠器的胶管另一端，缓缓插入肛门直肠深部，溶液即可慢慢注入直肠内，边流边向漏斗（吊桶）内倾注溶液，直至灌完，并随时用手指刺激肛门周围，使肛门紧缩，防止注入的溶液流出。灌完后拉出胶管，放下尾巴。

2. 深部灌肠 主要应用于马的肠结石、毛球及其他异物性大肠阻塞等。灌肠之前，先用1%~2%盐酸普鲁卡因溶液10~20mL进行后海穴封闭（用10~20cm长的封闭针头，与脊柱平行地刺入该穴约10cm深），使肛门与直肠弛缓之后，将塞肠器插入肛门固定，然后将灌肠器的胶管插入木质塞肠器的小孔到直肠内（或与球胆塞肠器连接），高举漏斗或吊桶，溶液即可注入深部直肠内，也可用压力唧筒注入溶液，一次平均可注入10~30L溶液。灌完后，为防止注入溶液逆流，可将塞肠器保留15~20min后再取出。

3. 中小动物灌肠 使用小动物灌肠器，将橡胶管一端插入直肠，另端连接漏斗，溶液倒入漏斗内，即可流入直肠。也可使用100mL注射器连接胶管注入溶液。

【注意事项】

(1) 直肠内存有宿粪时，应掏出宿粪，再进行灌肠。

(2) 防止粗暴操作，以免损伤肠黏膜或造成肠穿孔。

(3) 溶液注入后由于排泄反射，易被排出。为防止排出，用手压迫尾根肛门，或于注入溶液的同时，以手指刺激肛门周围，也可按摩腹部。较好的办法是用塞肠器压迫肛门。

子课题三 表现腹部有压痛的疾病

课题描述 学习本类疾病的基本知识、诊断方法、防治措施，分析临床疾病案例，参加相关疾病临床病例的诊疗训练。

病例分析 分析以下病例，根据病史和临床检查，提出初步诊断，制定治疗措施（开出处方）。

病例1 主诉：一头5岁母牛，开始时精神沉郁，食欲不振，逐渐消瘦，几天后食欲废绝，便秘。

临床检查：呼吸困难，眼窝凹陷，步态小心，排尿正常，瘤胃蠕动音减弱，腹壁紧张。直肠检查，直肠内蓄积有恶臭粪便，腹腔穿刺有少量浓稠液体。

病例2 主诉：牧羊犬，4月龄。近一段时间，精神不振，食欲下降，食后常发生呕吐，饮水次数增多，粪便颜色呈黑色。

临床检查：病犬消瘦，食欲废绝，可视黏膜苍白，神情不安，按压腹部（尤其剑状软骨附近更明显）敏感，疼痛。粪便呈黑色油状。粪便潜血检查，呈强阳性反应。X线造影检查，胃黏膜出现起皱、突起、增厚。

相关知识 表现腹部有压痛的疾病主要有胃溃疡、皱胃炎、腹膜炎、腹腔积液等。

一、胃溃疡

胃溃疡是一种胃黏膜形态学的缺损和周围组织的炎性反应，导致胃肠消化机能障碍，以及神经活动、物质代谢过程极度紊乱的疾病。胃溃疡多发生于各种年龄的猪，多见于集约化猪场饲养的猪和大群饲养的猪。

【病因】

（1）饲喂缺乏纤维的配合饲料的猪，胃溃疡发病率较高。

（2）采食霉变饲料、长期饲喂过冷或过热饲料、饲料中维生素E和硒缺乏或含铜量过高等易发病。

（3）应激因素。如感染、中毒、创伤、紧张、驱赶、拥挤、环境卫生不良、车船运输以及食物缺乏等。应激反应导致胃酸分泌过多，局部黏膜被胃酸和胃蛋白酶消化，由此引起胃溃疡的发生和加重病理变化的发展。

【症状】轻度胃溃疡无明显可见症状，只有在屠宰后才能看到其胃溃疡的病理变化。急性病例，胃出血导致食欲废绝，衰弱，贫血，排出黑色沥青样或松馏油样粪便，体温下降，呼吸急促，腹痛不安，可视黏膜苍白，多在数小时或几天内死亡。

慢性病例，食欲减退，腹痛，蜷腹，拒绝按压腹部。粪便时干时稀，呈暗褐色。有时呕血，生长发育不良，消瘦。继发胃穿孔时，突发剧烈腹痛，不安，腹壁肌肉因疼痛而呈痉挛性收缩，触之如木板样；腹腔穿刺可抽出淡黄色液体，多因急性腹膜炎而休克死亡。

【诊断】

1. 症状诊断 轻症无明显可见症状，生前诊断较困难。重症病例通过食欲减退，体重下降，贫血，皮肤和可视黏膜苍白，排出黑色沥青样或松馏油样粪便可做出初步诊断。

2. 剖检诊断 溃疡主要在胃的无腺区，也可见于胃底部和幽门区，早期的病变是胃食管区上皮表面出现皱纹、突起、不规则且粗糙，很容易被揭起。进一步发展引起局部充血、出血以及形成大小、数量不等、形态不一的糜烂斑点、溃疡。胃内有凝血块、新鲜血液和纤维素渗出物；肠管内也常有新鲜血液。慢性胃溃疡的特有病变是有时可见胃食管区被纤维组织完全代替，突出于胃内。若发生胃穿孔，腹腔内有酸臭的胃液流入，并混有食糜。

3. 实验室诊断

（1）粪便潜血检查。粪便潜血检查呈阳性。

（2）X线造影检查。胃黏膜出现皱纹、突起、增厚。

【治疗】

1. 治疗原则 加强护理，消除病因，保护胃黏膜，抗酸止酵，消炎止血，镇静止痛。

2. 治疗措施 首先应除去致病因素，给予富含纤维素和容易消化的饲料，避免刺激和兴奋。为减轻疼痛刺激，防止溃疡恶化和发展，可用安乃近、阿托品、山莨菪碱等；为中和胃酸，防止胃黏膜受胃酸侵蚀，保护胃黏膜，可用氧化镁、碳酸钙、硅酸镁、氢氧化铝和碱式硝酸铋等，必要时，用液状石蜡或植物油清理胃肠；止血用安络血、维生素K、酚磺乙胺、云南白药等；防止继发感染用抗生素或磺胺类药物；贫血用硫酸亚铁、氯化钴、维生素B_{12}等药物。

处方一 氧化镁30～80g，碱式硝酸铋3～5g。用法：内服，3次/d。

处方说明：中和胃酸，保护胃黏膜。

处方二 复方胃舒平（复方氢氧化铝）1～2片，硫糖铝0.5～1.0g，生胃酮30～70mg。用法：喂食后2～3h口服，3次/d，连用5～10d。

处方说明：保护胃黏膜。严重出血病例可用5%安络血注射液5～20mL，肌内注射，2～3次/d。

【预防】保持环境卫生，定期防疫和驱虫，减少或避免应激因素，配合饲料中纤维素含量不宜过低，饲料不能磨得过细，饲料应储藏于干燥的地方且不受真菌污染。

二、皱胃炎

皱胃炎是指各种原因所致的皱胃黏膜及黏膜下层的炎症。按病程分为急性和慢性，按病因分为原发性和继发性两种。临床上以严重的消化机能紊乱为主要特征。皱胃炎多见于犊牛和老龄牛，体质较差的牛也容易患该病。

【病因】

1. 原发性皱胃炎 多见于饲料品质不良或饲养管理不当等因素。如饲喂粗硬饲料、腐败饲料、冰冻的饲料或长期饲喂糟粕、粉渣等。饲喂不定时，不定量，时饱时饥，突然变更饲料，或由放牧突然转为舍饲，劳役过度，过度紧张，长途运输等，都会引起消化机能障碍而导致皱胃炎发生。

2. 继发性皱胃炎 常继发于前胃疾病、肠道疾病、肝疾病、营养代谢疾病、寄生于皱胃的寄生虫病（如血矛线虫病）和某些传染病（如牛沙门氏菌病、牛病毒性腹泻等）。

【症状】

1. 急性病例 病畜精神沉郁，食欲减退或废绝，反刍减少或停止，空嚼、磨牙；鼻镜干燥。结膜潮红、黄染，口舌黏腻，被覆浓稠唾液，口腔干臭，有的伴发糜烂性口炎。瘤胃收缩力减弱，瘤胃轻度臌气。触诊右腹部皱胃区，病畜疼痛不安（压之不痛，去压则疼痛明显），躲闪。便秘，粪呈球状，表面被覆多量黏液，间或腹泻。部分病例表现腹痛不安，卧地哞叫。个别表现视力减退，具有明显的神经症状。病的末期，病情急剧恶化，全身衰弱，伴发肠炎，心率增快，脉搏微弱，精神极度沉郁，最后呈现昏迷状态。

2. 慢性病例　表现为长期消化不良，异嗜。口腔黏膜苍白或黄染，口腔内唾液黏稠，舌苔白，散发干臭味。瘤胃收缩无力，便秘，粪便干硬，呈球状。病的后期，病畜衰弱，贫血，腹泻。

【诊断】本病特征不明显，临床诊断困难。根据消化障碍，触诊皱胃区敏感，可视黏膜黄染等症状，可以做出初步诊断。

【治疗】

1. 治疗原则　清理胃肠，抑菌消炎，对症治疗。

2. 治疗措施　急性真胃炎，发病初期，禁食1~2d，以后逐渐给予青干草和麸皮粥。对犊牛，在禁食期间，喂饮口服补液盐或生理盐水，再给少量牛乳，逐渐增量。对衰弱病畜，应强心、补液，维持代谢的基本需要。

重症病例，在及时使用抗生素的同时，应注意强心、补液。病情好转时，可服用陈皮酊、复方龙胆酊等健胃剂。为清理胃肠道有害内容物，内服油类或盐类泻剂。

慢性病例，应着重改善饲养和护理，注意消积导滞、健胃止酵，增进治疗效果。

处方一　四环素500万U，地塞米松20mg，10%葡萄糖500mL，5%葡萄糖氯化钠2 000mL。用法：静脉注射，3次/d。

处方说明：适用于病情严重的病例，防止继发感染，增进新陈代谢，改善全身机能状态。

处方二

（1）液状石蜡500~1 000mL。用法：一次灌服。

（2）磺胺脒50~70g，小苏打50~80g。用法：分3次投服，首次剂量为总量的1/2，以后每次投服剂量为总量的1/4，2次/d。

处方说明：抗菌消炎，清理胃肠。

处方三　保和丸：焦三仙200g，鸡内金30g，延胡索30g，川楝子50g，厚朴40g，大黄50g，青皮30g，陈皮30g，莱菔子50g，甘草30g。用法：水煎，一次灌服（牛）。

处方说明：中兽医认为真胃炎是胃气不和，食滞不化，应以调胃和中，导滞化积为主，宜用保和丸。

【预防】加强饲养管理，合理搭配饲料，不喂腐烂变质、霉败的饲料、冰冻的饲料及粗硬的饲料，饲喂定时定量。做好畜舍卫生，尽量避免各种不良因素的刺激和影响。及时治疗原发病，防止继发皱胃炎。

三、腹　膜　炎

腹膜炎是在致病因素作用下，引起腹膜局限性或弥漫性炎症。按病因可分为原发性腹膜炎和继发性腹膜炎；按病程可分为急性腹膜炎和慢性腹膜炎。临床上以腹壁疼痛和腹腔积液、有炎性渗出液为特征。各种家畜和家禽都可发生，以马和牛最常见。

【病因】

1. 原发性腹膜炎　通常是由于受寒、感冒、过劳或某些理化因素的影响，机体防卫机能降低，抵抗力减弱，受到大肠杆菌、沙门氏菌、链球菌和葡萄球菌等条件致病菌的侵害而发生。

2. 继发性腹膜炎 多由腹壁的创伤、腹腔与胃肠的穿刺或手术感染所致，或者由胃肠及其他脏器破裂或穿孔引起；也见于胃肠、肝、子宫及膀胱等器官炎症的蔓延。此外，某些传染病（如出血性败血症、猪丹毒等）、寄生虫病（如肝片吸虫病、棘球蚴病等）也可继发本病。

【症状】

1. 马急性弥漫性腹膜炎 病马精神沉郁，食欲废绝，体温升高，结膜发绀，腹痛，病马表现摇尾，前肢刨地，回头顾腹，时起时卧。常低头拱背站立，腹壁紧张，腹围紧缩，不愿走动，强迫行走时，则举步谨慎，当转弯或卧地时，则表现格外小心。触诊腹部，病马躲避或抵抗。口色暗红，舌苔黄腻，口干、臭。病初肠音增强，后减弱或消失。尿量少，浓稠色深。心率增快，心音减弱。呼吸浅快，为胸式呼吸。腹腔大量积液时，叩诊呈水平浊音。直肠检查，直肠内蓄有恶臭粪便，腹膜敏感。胃、肠穿孔性者可摸到渗出液中有饲料或粪渣。

2. 马急性局限性腹膜炎 仅表现腹壁局部敏感，腹肌紧张，全身症状不明显。

3. 马慢性腹膜炎 症状轻微，表现慢性胃肠卡他症状，消化不良，发生顽固性腹泻，逐渐消瘦。体温有时升高。有时继发腹水，腹部膨大。直肠检查，可触到腹膜面粗糙，腹膜与其他器官或器官之间互相粘连。

牛除以上症状外，还表现食欲减退或废绝，瘤胃蠕动音减弱或消失，并有轻度臌气，便秘。

【诊断】

1. 症状诊断 根据腹壁敏感，腹肌紧缩，呼吸浅表，呈胸式呼吸，直肠检查腹膜敏感等可做成初步诊断。但应与胃肠炎、牛创伤性网胃炎、肠变位、肝硬化等疾病进行鉴别。

2. 腹腔穿刺 腹水量增多，颜色改变，浑浊，甚至恶臭以及细胞成分和比例发生变化。

3. 剖检诊断 腹膜充血、潮红、粗糙。腹腔中有混浊的渗出液，其内混有纤维蛋白絮片。腹膜壁面覆盖有纤维蛋白膜，腹膜和腹腔各器官互相粘连或愈合。胃肠破裂或穿孔所引起的腹膜炎，腹腔内有食糜或粪便；化脓性腹膜炎，有脓性渗出物；腐败性腹膜炎，有恶臭的渗出物；血管严重损伤时，渗出物中有大量红细胞；膀胱破裂引起的腹膜炎，则有尿液。

慢性腹膜炎，结缔组织增生，纤维蛋白机化，形成带状或绒毛状的附着物，并与邻近的内脏器官粘连。

4. 实验室检查 白细胞总数增多，嗜中性粒细胞比例增大，核左移。

5. 特殊检查 腹部 X 线检查，可见肠腔普遍胀气，并有多个小气液面等肠麻痹征象。

【治疗】

1. 治疗原则 加强护理，消炎止痛，制止渗出，对症治疗。

2. 治疗措施 加强护理，使动物保持安静。最初 2～3d 应禁食，经静脉给予营养药物，随病情好转，逐步给予流质食物和青草。如果是由腹壁创伤或手术创伤引起的，则应及时进行外科处理。

抗菌消炎，应用抗生素或磺胺类药物；止痛，用安乃近、盐酸吗啡、水合氯醛等。

制止渗出，可应用氯化钙、葡萄糖酸钙等；为改善血液循环，增强心脏机能，可及时应用安钠咖、毒毛花苷 K 等药物。

根据个体症状表现，采取相应对症治疗措施。对于肠臌气的家畜，可内服鱼石脂等药物；对便秘的家畜，可使用缓泻剂，或进行灌肠；腹腔渗出液量较多时，进行腹腔穿刺排液

（如果渗出液浓稠，可行腹壁切开），排液后，应用生理盐水加入无刺激性的抗菌药物，彻底洗涤腹腔。

处方一 青霉素 480 万 IU，链霉素 300 万 U，0.25% 普鲁卡因注射液 300mL，生理盐水 500~1 000mL。用法：牛、马一次腹腔注射，注射前加温至 37℃ 左右。

处方说明：抗菌消炎，镇痛。

处方二

(1) 10% 氯化钙溶液 100~150mL，20% 安钠咖 10~20mL，生理盐水 2 000mL，头孢噻呋钠 2g。用法：一次混合，静脉注射。

(2) 30% 安乃近注射液 20~40mL。用法：静脉注射。

处方说明：抗菌消炎，镇痛，制止渗出，强心补液。

处方三 林格氏液 500~1 000mL，0.2% 地塞米松注射液 2~5mL，先锋霉素 1~2g，25% 维生素 C 注射液 2~4mL。用法：一次静脉注射，1 次/d，连用 2~3d。

处方说明：抗菌消炎、维持酸碱平衡（适用于犬）。

处方四 青霉素 600 万 IU，水杨酸钠 10~20g，40% 乌洛托品注射液 50~100mL，20% 安钠咖 10~20mL，生理盐水 2 000mL。用法：静脉注射，1 次/d。

处方说明：腹腔积液较多时，先用静脉注射针头腹腔穿刺，排出腹腔渗出液后，用生理盐水洗涤腹腔，再静脉注射上述药物。

【预防】平时避免各种不良因素的刺激和影响，防止腹腔及骨盆腔脏器的破裂和穿孔；直肠检查、灌肠、导尿、难产助产、子宫整复、胎衣剥离以及子宫内膜炎的治疗等要谨慎操作；去势、腹腔穿刺以及腹壁手术均应按照操作规程进行，防止腹腔感染。

四、腹腔积液

在生理状态下，动物的腹腔内含有少量液体，主要起润滑作用。病理状态下，腹腔内液体增多，称为腹腔积液或腹水。它不是独立的疾病，而是伴随于诸多疾病的一种病征。按其形成的原因及性质，可分为漏出液性腹腔积液和渗出液性腹腔积液。临床上以腹围增大，触诊腹壁有波动为特征。各种家畜都可发生，犬、猫多发。

【病因】漏出性腹腔积液为非炎性积液，可见于肾病、慢性间质性肾炎、重度营养不良、慢性心力衰竭、肿瘤压迫引起淋巴回流受阻、肝硬化等。

渗出性腹腔积液为炎性积液，见于各种原因引起的弥漫性腹膜炎，如细菌性腹膜炎、内脏器官破裂或穿孔引起的腹膜炎等。

【症状】除引起腹腔积液的原发病所特有的临床症状外，最明显的症状是腹部外形发生变化，腹下部两侧对称性膨胀，状如蛙腹。当动物体位改变时，腹部的形态也随着改变，腹部的最低处即膨起。腹部叩诊呈水平浊音，腹部冲击式触诊，可感到回击波或振水音。腹腔穿刺有多量液体流出。此外，由于腹水压迫膈肌，常表现呼吸困难，体温变化因原发病不同而情况不一，漏出液性腹腔积液，体温一般正常。

【诊断】

1. 症状诊断 腹围增大，腹部两侧对称性臌胀下垂，叩诊呈水平浊音，触诊有波动或振水音。

2. 实验室检查　通过腹腔穿刺液检查，鉴别腹腔积液的性质。漏出液为淡黄色透明液体或稍混浊的淡黄色液体，相对密度低于 1.018，一般不凝固，蛋白总量在 25g/L 以下，黏蛋白定性试验（Rivalta 试验）为阴性反应。细胞计数，常小于 $100×10^6$ 个/L。细菌学检查为阴性。

渗出液为深黄色混浊液体（但因病因不同，也可呈现红色、黄色等），相对密度高于 1.018，蛋白总量在 30g/L 以上，黏蛋白定性试验为阳性。细胞计数，常大于 $500×10^6$ 个/L。细菌学检查，可找到病原菌。

【治疗】

1. 治疗原则　积极治疗原发病，对症治疗。

2. 治疗措施　首先注重原发病治疗。为促进积液的吸收和排出，应用强心药和利尿药，如安钠咖、洋地黄、双氢克尿噻、醋酸钾等。积液量大时，应进行腹腔穿刺，排出腹腔积液，一次排液量不可过大，以防发生虚脱。穿刺排出腹腔积液仅仅是治标的措施，治疗的关键在于去除病因，治疗原发病。

处方一

（1）25% 葡萄糖注射液 200mL，10% 氯化钙注射液 10mL，20% 安钠咖注射液 2mL。用法：一次静脉注射，1 次/d，连用 3d。

（2）速尿（呋塞米），每千克体重 2～5mg。用法：口服，2 次/d，连用 3d。

处方说明：适用于犬，强心、利尿，促进积液的吸收和排出。

处方二　五皮饮：大腹皮 20g，茯苓皮 15g，桑白皮 20g，陈皮 10g，白术 10g，二丑 15g。用法：水煎取汁 90mL，按每千克体重 5mL 的用量，深部灌肠，1 次/d。

处方说明：用于腹腔渗出液较多的病犬。

技能训练　腹腔穿刺术

【应用】采取腹腔积液供实验室检验，以辅助诊断胃肠破裂、膀胱破裂、肠变位、内脏出血、腹膜炎等疾病；或用于排出腹腔的积液和洗涤腹腔及注入药液。

【准备】套管针或 16～20 号长针头，腹腔洗涤剂，如生理盐水、0.1% 雷佛奴尔溶液、0.1% 高锰酸钾溶液等，还需用输液瓶。

【部位】牛、羊在脐与膝关节连线的中点；马在剑状软骨突起后 10～15cm，腹白线两侧 2～3cm 处为穿刺点；犬在脐至耻骨前缘的连线上中央，腹白线旁两侧。

【方法】大动物站立保定，小动物平卧位或侧卧位保定，术部剪毛消毒。术者右手持套管针（或针头）垂直皮肤刺入 3～4cm，当阻力消失而有空虚时，表明已刺入腹腔内，左手把持套管，右手拔去内针，即可流出积液或血液。放液后拔出穿刺针，术部涂擦碘酊。

洗涤腹腔时，马属动物在左侧肷窝中央，牛、鹿在右侧肷窝中央，小动物在肷窝或两侧后腹部。右手持针头垂直刺入腹腔，连接输液瓶胶管或注射器，注入药液，再由穿刺部排出，如此反复冲洗 2～3 次。

【注意事项】

（1）刺入深度不宜过深，以防刺伤肠管。

（2）穿刺位置应准确，保定要安全。

（3）放液时不宜过急，应用拇指间断堵住套管口，间断地放出积液，如针孔堵塞不流时，可用内针疏通，直至放完为止。

课题五　以腹泻为主的疾病

课题描述　学习本类疾病的基本知识、诊断方法、防治措施，分析临床疾病案例，参加相关疾病临床病例的诊疗训练。

病例分析　分析以下病例，根据病史和临床检查，提出初步诊断，制定治疗措施（开出处方）。

病例1　主诉：母牛，3岁，发病已4d，精神沉郁，食欲废绝，反刍减少，腹泻。

临床检查：病牛精神不振，口腔干燥，气味恶臭，舌苔黄厚，鼻镜干燥；体温40.8℃，脉搏75次/min，排糊状稀粪，粪便中混有黏液和少量血液，听诊瘤胃音弱，肠音增强。

病例2　主诉：黑白花犊牛，36日龄，体重80kg左右，该犊牛出生后第34d开始发病，病因可能是犊牛过多吮食牛乳。病初排出粥状水样粪便，精神沉郁，食欲减少，后期食欲废绝，呼吸加快。

临床检查：病牛精神沉郁，头低耳聋，眼球凹陷，被毛粗糙，皮肤弹性下降，鼻镜干燥。体温39.8℃，心跳110次/min，呼吸58次/min。尾根部有粪便污染，腹部听诊肠音增强，有轻度腹痛表现。

病例3　主诉：犬吃死老鼠后发病，出现呕吐，其呕吐物有蒜臭味，在暗处有磷光。同时腹泻，粪中混有血液，在暗处也见发磷光。

临床检查：该犬衰弱，脉数少而节律不齐，黏膜呈黄色，尿色也呈黄色，并出现蛋白尿、红细胞和尿管型；粪便呈灰黄色。

相关知识　以腹泻为主的疾病主要有胃肠炎、幼畜消化不良、磷化锌中毒等。

一、胃肠炎

胃肠炎是胃肠表层黏膜及深层组织的重剧性炎症。由于胃和肠的解剖结构和生理功能密切相关，胃和肠的疾病容易相互影响。胃和肠的炎症多同时发生或相继发生，按其炎症性质可分为黏液性、化脓性、出血性和纤维素性胃肠炎；按其病程经过可分为急性胃肠炎和慢性胃肠炎；按其病因可分为原发性胃肠炎和继发性胃肠炎。胃肠炎是畜禽常见的多发病，以马、牛、猪、犬最为常见。

【病因】

1. 原发性胃肠炎　常见于下列因素：饲料品质不良，如腐烂变质、粗硬而不易消化、霜冻、堆积发热、混有泥沙等；饲养管理不当，突然更换饲料，饲喂不及时，不定时不定量，饮水不洁；误食有毒植物，或灌服浓度高、刺激性或腐蚀性强的的物质，如酸、碱、重金属、水合氯醛等，刺激胃肠道；食入尖锐异物，损伤胃肠黏膜，后被链球菌、金色葡萄球菌等感染；滥用抗生素，导致肠道的菌群失调而引起二重感染；畜舍卫生条件差、车船运输、过劳、过度紧张、气候骤变等，使动物机体处于应激状态。

2. 继发性胃肠炎　常继发于各种病毒性传染病（猪瘟、猪传染性胃肠炎、犬细小病毒性胃肠炎、犊牛病毒性肠炎、羔羊出血性毒血症、鸡新城疫等）、细菌性传染病（沙门氏菌病、巴氏杆菌病、副结核等）、寄生虫病（球虫病、蛔虫病等）及一些内科疾病（肠变位、便秘、幼畜消化不良、创伤性网胃炎等）的过程中。

【症状】

1. 急性胃肠炎 病畜精神沉郁，食欲废绝，口腔干燥，气味恶臭，舌苔重；反刍动物反刍减少或停止，鼻镜干燥。

腹泻是胃肠炎的主要症状，表现为不断排稀软、粥状以至水样的恶臭或腥臭粪便，粪内常混有数量不等的黏液、血液、脓液及坏死组织碎片。腹泻时间持续较长的患畜，尽管有痛苦的努责，并无粪便排出，呈现里急后重现象。肠音初期增强，后期减弱或消失。

脱水体征明显，全身症状重剧。体温升高至40℃以上，心率、呼吸增快，眼结膜呈暗红色或发绀，皮肤干燥、弹力减退，眼球凹陷，肚腹卷缩，尿少色浓，血液浓稠色暗。随着病情恶化，病畜精神高度沉郁，体温降至正常温度以下，四肢厥冷，出冷汗，脉搏微弱甚至脉不感于手，昏睡或昏迷。

2. 慢性胃肠炎 病畜精神不振，衰弱，消瘦，食欲减少，或有异嗜现象，喜食泥土、墙壁和粪、尿。轻微腹痛，便秘与腹泻交替，肠音不整。体温、脉搏、呼吸常无明显改变。病程数周至数月不等，最终因衰弱而死。

【诊断】

1. 症状诊断 根据临床症状，口腔干、臭，腹泻、腹痛，里急后重，粪便含有黏脓液、血液及脱落的肠黏膜，消化障碍等，可做初步诊断。

2. 实验室检查 对传染病、寄生虫病引起的继发性胃肠炎或怀疑中毒时，应采取血、粪、尿及可疑饲料，做相应的实验室检查，以进一步确诊。

【治疗】

1. 治疗原则 加强护理，抗菌消炎，适时缓泻和止泻，纠正脱水与酸中毒，对症治疗。

2. 治疗措施 加强护理，病初可禁食数日。随着病情和食欲的好转，可给予炒面糊或小米汤、麸皮粥等，逐渐给予易消化的饲草、饲料和清洁饮水。

抗菌消炎，抑制肠道内致病菌增殖，消除胃肠炎症过程，是治疗急性胃肠炎的根本措施，适用于各种病型，应贯穿于整个病程，可依据病情和药物敏感试验，选用抗菌消炎药物。临床上，常选用抗生素、磺胺类药物、喹诺酮类药物。

根据腹泻程度及粪便性状，适时进行缓泻和止泻。对于肠音弱，排粪迟缓，粪干、色暗、混有大量黏液、气味腥臭者，为促进胃肠内容物排出，缓解自体中毒，应采取缓泻措施；当病畜粪稀如水，频泻不止，基本无腥臭气味时，应予以止泻，以防止机体因持续腹泻而致严重脱水。

扩充血容量，纠正酸中毒，常使用糖盐水、复方氯化钠注射液、右旋糖酐、5%碳酸氢钠溶液等。补液数量应根据脱水程度而定。

对症治疗，为了维护心脏功能，可应用安钠咖、毒毛花苷K等药物；腹痛明显的，可肌内注射30%安乃近等；胃肠道出血时，可用10%氯化钙、安络血等。当炎症已基本消除时，可应用各种健胃剂，以促进胃肠机能恢复。

处方一

(1) 硫酸钠100～300g，鱼石脂15～20g，95%酒精30mL，碳酸氢钠40g，常水

3 000mL。用法：一次灌服。

(2) 磺胺甲基异噁唑20g。用法：一次口服，2次/d，首次剂量适当增加，连用3～5d。

处方说明：抗菌消炎、缓泻止酵、纠正酸中毒。羊、猪剂量酌减，抗菌消炎还可选用环丙沙星、诺氟沙星、庆大霉素等药物。如有条件，最好先做药敏试验。

处方二 丁胺卡那霉素注射液300万U，10%氯化钾注射液100mL，5%葡萄糖生理盐水2 500mL，5%碳酸氢钠注射液500mL，25%葡萄糖注射液1 000mL。用法：静脉注射。

处方说明：抗菌消炎、扩充血容量、纠正酸中毒、维持电解质平衡。

处方三 庆大霉素注射液160万U。用法：一次瓣胃注射。

处方说明：配合强心补液，用于顽固性腹泻。

处方四 郁金散：郁金15g，黄芩10g，大黄15g，乌梅20g，诃子10g，黄柏10g，白芍10g，黄连6g，栀子10g，罂粟壳6g。用法：水煎取汁，候温，一次灌服。

处方说明：胃肠炎中兽医称肠癀，治以清热解毒、消癀止痛、活血化瘀为主。宜用郁金散，还可用白头翁汤（白头翁72g，黄连36g，黄柏36g，秦皮36g）。

【预防】加强饲养管理，注意饲料品质，不用粗硬、霉败饲料喂家畜。加强饲料的检查，避免误食有毒、有刺激性的物质，避免饲料和饲喂方式的突然变更。注意饮水和圈舍卫生。定时定量饲喂。防止各种应激因素的刺激。做好畜禽传染病的预防接种和定期驱虫。

二、幼畜消化不良

幼畜消化不良是哺乳期幼畜胃肠消化机能障碍的统称。临床主要特征是消化机能障碍和不同程度的腹泻。根据临床症状和疾病经过，分为单纯性消化不良和中毒性消化不良两种。前者主要表现为消化与营养的急性障碍和轻微的全身症状，后者主要表现为严重的消化障碍，明显的自体中毒和重剧的全身症状。本病多发于哺乳期的幼畜，以羔羊、犊牛、仔猪发病率最高，幼驹也可发病。

【病因】

1. 由妊娠母畜饲养不良引起 妊娠母畜饲养不良，特别是妊娠后期营养物质不足，可使母畜营养代谢发生紊乱，一方面影响胎儿正常生长发育，造成刚出生的幼畜体质虚弱，吮乳反射出现较晚，抵抗力低下，胃肠道消化机能降低；另一方面，由于母畜初乳中蛋白质、脂肪含量低，维生素、溶菌酶等物质缺乏，从初乳中得不到足够的免疫球蛋白，导致幼畜抗病力低，则易发生消化不良。

2. 由哺乳母畜饲养不良引起 哺乳母畜饲料中营养物质不足，如矿物质、维生素、微量元素缺乏等，可使营养代谢紊乱，影响胎儿的正常发育，使幼畜生长发育不良，体质衰弱，抵抗力低下，进而导致消化道机能障碍。此外，当母畜患乳房炎等慢性疾病时，母乳中含有各种病理产物和病原微生物，幼畜食后极易发生消化不良。

3. 由幼畜饲养管理和护理不当引起 新生幼畜不能及时吃到初乳或食入的量不够，或哺乳的量不够而舔食污物，或人工哺乳的代乳品配制不当，不定时不定量，以及哺乳期幼畜补饲不当等，均可引起幼畜消化机能紊乱，导致发病。各种应激因素的影响，如畜舍潮湿、通风不良、卫生不良、过度拥挤和气温突变等，也可导致幼畜发病。

4. 中毒性消化不良 多数因为单纯性消化不良治疗不当，肠内容物发酵、腐败，导致自体中毒而引起。

【症状】

1. 单纯性消化不良　病畜精神不振，喜躺卧，食欲减退，体温一般正常或偏低。主要表现为腹泻，犊牛多排粥样或水样粪便，粪便呈深黄色、黄色或暗绿色，混有黏液和泡沫，并有轻度臌气和腹痛现象；羔羊的粪便多呈灰绿色，混有气泡和白色小凝块；仔猪的粪便稀薄，呈淡黄色，含有黏液和泡沫，有的粪便呈灰白色或黄白色干酪样；幼驹的粪便稀薄，混有气泡及未消化的凝乳块或饲料残渣。肠音高朗，脉搏、呼吸加快。若腹泻不止时，则导致被毛粗乱无光泽，皮肤干皱，眼窝凹陷，异嗜，贫血，逐渐消瘦，生长发育缓慢。

2. 中毒性消化不良　全身症状重剧，病畜精神沉郁，食欲废绝，全身无力，躺卧于地，全身震颤，对外界各种刺激反应降低。剧烈腹泻，常表现为排粪失禁，粪便内含有大量黏液和血液，并呈恶臭、腥臭或腐败臭气味。体温升高，心音减弱，心率增快，呼吸浅快，皮肤弹性降低，眼窝凹陷。病至后期，体温多下降，四肢及耳尖、鼻端厥冷，终至昏迷而死亡。

【诊断】根据精神不振、喜躺卧、腹泻、脱水等症状可做出诊断。诊断时，要注意以下两点：

1. 单纯性消化不良与中毒性消化不良的区别　主要根据粪便性状和精神、食欲、体温、循环等全身状态进行鉴别诊断。单纯性消化不良，全身症状轻微；中毒性消化不良，呈现明显的自体中毒和重剧的全身症状。

2. 幼畜消化不良与特异性病原体引起的腹泻进行鉴别诊断　幼畜消化不良通常不具有传染性，对于犊牛，应与轮状病毒病、冠状病毒病、细小病毒病、犊牛副伤寒、球虫病等相鉴别；对于羔羊，应与羊副伤寒、羔羊痢疾等相鉴别；对于猪，应与猪瘟、猪传染性胃肠炎、猪副伤寒等相鉴别；对于幼驹，应与幼驹大肠杆菌病、马副伤寒等相鉴别。

【治疗】

1. 治疗原则　加强护理，除去病因，促进消化，防止肠道感染，恢复胃肠功能以及对症治疗。

2. 治疗措施　首先，将患病幼畜置于干燥、温暖、清洁的畜舍内，为缓解胃肠道的刺激作用，可施行饥饿疗法。禁乳（禁食）8～10h，此时可喂饮适量的盐酸水溶液（氯化钠5g，33%盐酸1mL，凉开水1 000mL）或温红茶水、口服补液盐等；加强母畜的饲养管理，给予全价日粮，改善乳汁质量，保持乳房卫生。

为排出胃肠内有毒物质，对腹泻不严重的犊牛，可应用油类泻剂或盐类泻剂进行缓泻；为制止肠内发酵、腐败过程，可选用乳酸、鱼石脂等防腐制酵药物。清除胃肠内容物后，适量给予稀释乳或人工初乳（鱼肝油10～15mL，氯化钠10g，鸡蛋3～5个，温鲜牛乳1 000mL，混合搅拌均匀）。饲喂人工初乳时要稀释，开始时以1.5倍稀释，以后为1倍稀释，犊牛、幼驹每次饮用500～1 000mL，羔羊、仔猪50～100mL，5～6次/d。

为促进消化，给予胃液、人工胃液（胃蛋白酶10g，稀盐酸5mL，加适量的B族维生素和维生素C，加水1 000mL）、胃蛋白酶、乳酶生等，灌服。对于单纯性消化不良，疗效显著。

当腹泻不止时，可选用鞣酸蛋白、碱式硝酸铋等药物。

防止脱水，保持水盐代谢平衡，可进行口服补液、静脉或腹腔注射补液。

抑菌消炎，防止肠道感染，可选择使用抗微生物药物。如链霉素、卡那霉素、庆大霉素、头孢噻吩、磺胺脒、磺胺-5-甲氧嘧啶等。

处方一 胃蛋白酶10g，稀盐酸5mL，维生素B_1和维生素C适量，常水1 000mL。用法：犊牛、幼驹30~50mL/次，羔羊、仔猪10~30mL/次，灌服，2~3次/d。

处方说明：促进消化。对于单纯性消化不良，也可单独使用胃蛋白酶（犊牛、幼驹1 600~4 000IU）或乳酶生（犊牛、幼驹10~30g）内服。

处方二 口服补液盐：氯化钠3.5g，氯化钾1.5g，碳酸氢钠2.5g，葡萄糖20g，加水至1 000mL。用法：口服，犊牛500~1 000mL，羔羊、仔猪50~100mL。

处方说明：补液。

处方三 参苓白术散：党参15g，白术10g，茯苓10g，甘草9g，山药10g，白扁豆15g，莲肉9g，薏苡仁10g，砂仁10g，桔梗10g。用法：水煎服，1剂/d，连服3~4剂。

处方说明：参苓白术散主治脾胃虚弱，食少粪稀，肺气不足。

【预防】加强妊娠母畜饲养管理，保证母畜日粮中有足够的营养物质，适时增喂富含蛋白质、脂肪、矿物质及维生素的优质饲料。改善卫生条件，畜舍应保持温暖、干燥、清洁，及时更换垫草，饲具要清洁卫生，经常刷拭皮肤，保持乳房的清洁，并保证适当的舍外运动。保证新生幼畜能尽早地吃到足够量的初乳。人工哺乳应定时、定量。

三、磷化锌中毒

磷化锌中毒是动物摄入磷化锌毒饵而引起的以中枢神经和消化系统功能紊乱为主要特征的中毒性疾病。各种动物均可发生，常见于犬、猫、猪和家禽。

【病因】磷化锌作为杀虫剂和灭鼠药已有较长的历史，化学名为二磷化二锌，纯品是暗灰色带光泽的结晶，有类似大蒜臭味，对鼠有一定引诱力，常同食物配制成毒饵以杀灭鼠，动物常因摄入该诱饵而发生磷化锌中毒。磷化锌露置于空气中，会散发出磷化氢气体，在酸性溶液中则散发更快，散发出来的磷化氢气体有剧毒，不仅可毒杀鼠类，而且也对人和动物有毒害作用。

【症状】一般于摄入毒饵后15min至4h出现症状。病畜食欲废绝，继而发生呕吐和腹痛，牛、羊可出现瘤胃臌气。其呕吐物有蒜臭味，在暗处有磷光。腹泻，粪中混有血液，在暗处也可见磷光。患病动物迅速衰弱，呼吸困难，脉数减少而节律不齐，黏膜呈黄色，尿色也呈黄色，并出现蛋白尿、红细胞和尿管型；粪便呈灰黄色，病至后期，阵发性痉挛，共济失调，虚弱无力，卧地不起，最后因缺氧、抽搐、衰竭、昏迷而死亡。

【诊断】

1. 症状诊断 腹痛、腹泻、呕吐、呼吸困难及呕吐物、呼出气体和胃内容物带大蒜臭味等症状，即可初步诊断。

2. 病史诊断 有误食毒饵或磷化锌污染饲料的病史。

3. 病理诊断 剖检可见全身各组织充血、水肿和出血。肺、肝、肾明显充血。肺间质水肿，气管内充满泡沫状液体，胸膜下出血；肝肿大，质地脆弱，呈黄褐色；肾肿胀，柔软、脆弱；胃肠道黏膜充血、出血和脱落，胃内容物有蒜味的特异臭气，在暗处可见磷光。

【治疗】目前尚无特异解毒疗法。如能早期发现，可灌服1%硫酸铜溶液，既能催吐，又可与磷化锌形成不溶性的磷化铜，阻滞吸收而降低毒性；还可用0.1%高锰酸钾溶液洗胃，可使磷化锌氧化为磷酸盐而失去毒性；也可口服活性炭，然后灌服硫酸钠、液状石蜡等导泻；镇静可用安定或苯巴比妥。配合强心、补液和应用糖皮质激素等预防休克，必要时可静脉注射葡萄糖酸钙，以减轻肺水肿。

处方一

（1）1‰硫酸铜溶液25～50mL。用法：一次灌服。

（2）50％葡萄糖注射液20～30mL，5％氯化钙10mL，10％安钠咖注射液5～10mL。用法：一次静脉注射。

处方说明：适用于猪、犬。

处方二

（1）0.1％高锰酸钾溶液适量。用法：洗胃。

（2）硫酸钠10～20g，常水适量。用法：配成6％～8％的溶液，一次灌服。

（3）50％葡萄糖10～25g，25％甘露醇100～200mL，地塞米松注射液0.25～1.00g，维生素C 0.1～0.5g。用法：静脉注射。

处方说明：适用于犬，泻下还可用液状石蜡，但禁用硫酸镁。

【预防】加强对灭鼠药的保管和使用，包装磷化锌毒饵的袋子禁止装饲料或饲草，投放毒饵后，应及时清除未被采食的残剩毒饵，并对中毒死鼠妥善处理。凡制订和实施灭鼠计划时，均需在设法提高对鼠类的杀灭功效的同时，确保人和动物的安全。

单元二

以呼吸道症状为主的疾病

课题一　表现喘、咳嗽、流鼻液、发热的疾病

课题描述　学习既有呼吸系统症状，又有发热的几种常见病的基本知识、诊断方法及治疗措施，分析临床疾病案例，参加相关疾病临床病例的诊疗训练。

病例分析　分析以下病例，根据病史和临床检查，提出初步诊断，制定治疗措施（开出处方）。

主诉：某奶牛场一头高产奶牛，食欲废绝，反刍停止，口渴。

临床检查：体温升高至42℃，呼吸加快，精神沉郁。皮肤温度不均匀，耳鼻端发凉，鼻镜发干，鼻孔流出黏液样鼻液。

相关知识　表现喘、咳嗽、流鼻液、发热的疾病主要有感冒、支气管肺炎、大叶性肺炎等。

一、感　冒

感冒是由于寒冷作用的刺激，机体的防御机能降低，引起以上呼吸道炎症为主的急性热性全身性疾病。临床以咳嗽、流鼻液、羞明流泪、体温升高为特征。

本病无传染性，以幼、弱动物多发，同时以早春和晚秋气温突变季节多发。

【病因】最常见的病因是寒冷的作用。如厩舍的条件差，贼风侵袭；使役家畜出汗后淋雨；长途运输；家畜应激因素等。

此外，营养不良，过劳等都可使机体抵抗力降低，致使呼吸道内常在的条件性病原菌得以大量繁殖而引起本病。

【症状】发病急，患畜精神沉郁，食欲减退或废绝，体温升高，皮温不整，耳尖和鼻端发凉。眼结膜潮红或轻度肿胀，羞明流泪，有分泌物。咳嗽，病初流浆液性鼻液，随后转为黏液或黏脓性鼻液。呼吸加快，肺泡呼吸音粗糙，并发支气管炎时，则出现干性或湿性啰音。心跳加快。

牛、羊还呈现前胃弛缓症状。猪感冒时，多高热恶寒，喜钻草堆。

病程较短，多取良性经过，如不及时治疗时，幼畜易继发支气管肺炎或其他疾病。

【诊断】根据受寒病史，体温升高，皮温不均，流鼻液，流泪，咳嗽等症状可以诊断。但要与流行性感冒相区别，流行性感冒表现为体温突然升高达40～41℃，全身症状较重，

传播迅速，有明显的流行性，往往大批发生。

【治疗】

1. 治疗原则 以解热镇痛为主，适当抗菌消炎。

2. 治疗措施 患畜多休息，多给饮水，适当添加精料。解热镇痛可使用安乃近、氨基比林等，防止感染可用抗生素和磺胺类药物。

处方一 牛、马，氨基比林注射液40mL，柴胡注射液40mL。用法：肌内注射，2次/d，连用3d。猪、羊，安乃近注射液5～10mL。用法：肌内注射，1～2次/d。

处方二 30%安乃近30mL、清开灵注射液40mL。用法：肌内注射，2次/d，连用2d。

处方三 氧氟沙星每千克体重5mL。用法：肌内注射，2次/d，连用3d。

二、支气管肺炎

支气管肺炎是指个别的肺小叶或几个肺小叶的炎症，故也称为小叶性肺炎。通常于肺泡内充满由上皮细胞、白细胞和血浆组成的卡他性炎性渗出物，故又称之为卡他性肺炎。

【病因】通常是由支气管炎症蔓延，然后波及所属肺小叶引起肺泡炎症和渗出现象，导致小叶性肺炎。分原发性和继发性两种。

原发性病因：必须满足支气管屏障机能破坏和病原微生物毒力增强这两个条件才能发生支气管肺炎。因此，机体抵抗力的下降是主要原因。

继发性病因：继发于传染病，如仔猪流感、鸡的传染性支气管炎、猪肺疫和弓形虫病等。也可以继发于奶牛子宫内膜炎、乳房炎等，若为化脓性细菌感染引起的败血症时，血液内的病原菌通过血流到达肺部引起支气管肺炎。

【症状】咳嗽多为弱咳，单声，初为短而干咳，后变成长而湿咳，并且疼痛性逐渐减轻。鼻液初为浆液性，后期为脓性，有恶臭。同时有精神沉郁，食欲废绝等全身反应。体温升高1～2℃，牛一般体温升高到39.5～41℃，呈弛张热型。初次体温升高很快就下降，每当炎症蔓延到新的肺小叶时就会有体温升高，而小叶的炎症消退时体温下降。伴随着炎症的蔓延，发炎的小叶越多，呼吸越浅越困难，呼吸频率增加。

听诊病灶处肺泡呼吸音减弱，随着病情发展，由于炎性渗出物阻塞了肺泡和细支气管，空气不能进入，从而肺泡呼吸音消失，可能听到支气管呼吸音（如捻发音），而在健康部位肺泡呼吸音亢进。

【病理变化】主要病变在尖叶、膈叶和心叶。发炎的小叶肿大呈灰红色或灰黄色，切面有很多大小不一的实变病灶。病灶周围的肺组织有不同程度的肺气肿。

【诊断】体温升高，呈弛张热。叩诊有散在的浊音。浊音区周围有过清音。听诊有捻发音。此时，肺泡呼吸音减弱或消失。X线检查，出现散在的局灶性阴影。

【治疗】

1. 治疗原则 加强护理，注意营养。抑菌消炎，祛痰止咳，制止渗出和促进炎性渗出物的吸收和排除，尽量保持安静，以免呼吸加快而炎症扩散。

2. 治疗措施 首先将患畜置于通风良好、光线充足、温暖的厩舍中。给予易消化的饲料及清洁的温水。抗菌消炎，可选用抗生素或磺胺类药物，有条件的可在治疗前取鼻分泌物做细菌的药敏试验，以便对症用药。咳嗽频繁、分泌物黏稠时，可选用溶解性祛痰剂。剧烈频繁的咳嗽、无痰干咳时，可选用镇痛止咳剂。制止渗出，可选用氯化钙、安钠咖等药物。

处方一 牛、马，青霉素400～600万IU，猪、羊，50万～100万IU，链霉素2～4g，溶于10～20mL注射用水中。用法：肌内注射或气管内注射，2次/d。也可选用氨苄青霉素，按说明用。

处方二 可用5％氯化钙注射液，大家畜200mL。用法：静脉注射。也可用10％葡萄糖酸钙注射液，按说明用。同时，配合使用氢化可的松或地塞米松。

处方三 5％碳酸氢钠注射液200mL。用法：静脉注射。

处方四 治疗犬、猫等宠物的肺炎时，为提高代谢机能和疗效，可用ATP和辅酶A等药物。

三、大叶性肺炎

大叶性肺炎是指整个肺叶发生的急性炎症过程，由于其炎性渗出物为纤维素性物质，故又称为纤维素性肺炎。

【病因】本病的病因可分传染性和非传染性两种。传染性的大叶性肺炎见于牛、羊和猪的巴氏杆菌病，以及由铜绿假单胞菌、大肠杆菌、坏死杆菌、链球菌等引起的肺部感染。非传染性的大叶性肺炎，因感冒、受寒或各种原因机体抵抗力下降时，呼吸道内的肺炎球菌等条件性病原菌大量繁殖而发病。大叶性肺炎又是一种变态反应性疾病。

【发病机制】条件性致病菌，如肺炎球菌、巴氏杆菌等通过呼吸、血液循环或淋巴径路到达肺中大量繁殖引起典型的或非典型病理过程。

侵入肺的微生物，通常开始于深部组织中存留并繁殖，如在肺的前下部尖叶和心叶。在该部微生物迅速繁殖并沿着淋巴、支气管周围及肺泡间隙的结缔组织扩散，引起肺间质的炎症；并由此进入肺泡并扩散进入胸膜。

细菌毒素和炎症组织的分解产物被吸收后，影响延髓的体温中枢调节机能，可引起动物机体的全身性反应，如高热、心脏血管系统紊乱、呼吸困难、休克等。

大叶性肺炎多发生在一侧或双侧肺前下部尖叶和心叶。多取定性经过，可分为以下4个时期。

充血渗出期：肺毛细血管扩张充血，肺泡上皮肿胀脱落，同时大量浆液、纤维蛋白、白细胞和红细胞渗出，沉积于细支气管和肺泡内，使肺体积膨胀增大，接着渗出物发生凝固，肺组织呈深红色，密度增加，逐渐进入肝变期。本期病程短，为1～2d。

红色肝变期：蓄积于支气管和肺泡内的大量纤维蛋白、红细胞和白细胞等渗出物发生凝固，使肺泡组织致密如肝样，加之渗出物中含有大量红细胞，病灶呈红色。

灰色肝变期：以后由于毛细血管充血减弱或消失，红细胞逐渐进入溶解或消失，支气管和肺泡内含有大量的白细胞和网状纤维团块，所以外观呈灰色或灰白色。其实，各种肝变期的发展，通常在肺的不同部位是不同时进行的，因此，切面呈现颜色深浅不一的大理石样外观，但灰色肝变期的肺坚固性比红色肝变期小。此后逐渐进入溶解吸收期。本期病程3～5d。

溶解吸收期：凝固于支气管和肺泡内的纤维蛋白，在白细胞和组织液中所形成的蛋白溶解酶的作用下溶解液化，部分被吸收，大部分通过咳嗽随痰排出体外。随着渗出物不断地被排出和吸收，肺泡组织逐渐被空气所充满，受损的肺泡细胞和支气管上皮不断增生修复，肺组织逐渐恢复正常。

【症状】本病的前驱症状不明显，病初，体温突然升高达 40～41℃，呈稽留热型，一直维持到溶解期开始，6～9d 以后降温到常温。

病畜精神沉郁，战栗，乏力，头低耳聋，四肢张开，食欲减退或废绝。牛反刍停止，鼻镜干燥，泌乳停止，喜卧，常卧于病侧；猪钻入垫草中，鼻面干燥，皮温不均，耳尖和鼻端发凉。可见干咳、疼痛性咳嗽，气喘，呼吸困难。呈混合性呼吸困难，呼吸频率可达 60 次/min。结膜潮红并轻度黄染。

发病后 2～3d 流鼻液，呈铁锈色（红色肝变期），后变成脓性。这是由于红细胞中的血红蛋白在酸性的肺炎环境中分解为含铁血红素。如果这种渗出物在后期继续流出，是说明疾病处于进行性发展阶段。

脉搏初期增数，体温每升高 1℃，脉搏每分钟增加 6～8 次，同时出现大脉和强脉。后期因心力衰竭而脉象变为细弱而快，体温下降至常温时脉搏也逐步恢复正常。

血液学变化主要是白细胞总数增多，淋巴细胞比例下降，单核细胞消失，而嗜中性粒细胞增多。

呼吸系统的检查：

胸部叩诊，胸壁有痛感，充血期因肺泡壁紧张而含气量多，出现过清音。肝变期因肺泡不含空气，出现浊音。可持续 3～5d。此浊音区马出现在肘突的后上方，弧形向上，高度可达胸部叩诊区的中 1/3 以上，故称为弓形浊音区。牛的浊音区除在肘后大面积出现外，也常在肩前出现。

肺部听诊，病初充血渗出期因支气管黏膜充血肿胀而出现肺泡呼吸音增强，初为干啰音（捻发音），后转为湿啰音（水泡音），吸气时更明显。肝变期，病变部肺泡呼吸音消失而出现支气管呼吸音，临近的健康肺部则呼吸音增强。溶解期，由于渗出物逐渐被溶解、液化和排出，支气管呼吸音逐渐消失，又出现啰音（湿啰音明显，捻发音较轻），而肺泡呼吸音逐渐增强，直至各种啰音消失（湿啰音逐渐被捻发音替代，最后捻发音也消失）后，肺泡呼吸音恢复正常。

【病理变化】大叶性肺炎发展阶段不同，出现不同的肉眼变化。

充血渗出期，肺部体积略大，呈深红色，弹性降低，切面湿润，割取小块放在水中，半浮半沉。

红色肝变期，肺部体显著积增大，组织致密，坚实，表面和切面均呈暗红色，像大理石。剪取一块放在水中，立即下沉。

灰色肝变期，肺部外观呈灰色或黄色，坚固性比红色肝变期小。

【诊断】根据本病的典型经过，呈稽留热型，铁锈色鼻液，叩诊时大面积弓形浊音区，听诊出现湿啰音、捻发音和支气管呼吸音，白细胞增多，淋巴细胞减少，单核细胞消失，而嗜中性粒细胞增多等可以诊断。

【治疗】

1. 治疗原则 抑菌消炎，止咳，制止渗出，促进炎性渗出物的吸收，对症治疗，加强护理。

2. 治疗措施 首先应将病畜置于通风良好，清洁卫生的环境中，供给优质易消化的饲草料。选用抗生素抗菌消炎，制止渗出和促进吸收，可静脉注射 10%氯化钙溶液或葡萄糖酸钙溶液。促进炎性渗出物吸收可用利尿剂，体温过高可用解热镇痛药。剧烈咳嗽时，可选用止咳祛痰药。严重的呼吸困难时可输入氧气。心力衰竭时用强心剂。

处方一 青霉素 100 万～150 万 IU，链霉素 150 万～200 万 U，注射用水 10～20mL。用法：马、牛一次肌内注射，2 次/d。

处方二

（1）阿莫西林每千克体重 4～7mg，硫酸丁胺那霉素每千克体重 5～7.5mg，注射用水 10～20mL。用法：分别肌内注射，2 次/d。

（2）地塞米松，马 2.5～5mg/次，牛 5～20mg/次，猪、羊 4～12mg/次，犬 0.25～1mg/次。用法：分两次静脉注射，连用 2～3d。

处方说明：本方用于大叶性肺炎的治疗，除土霉素外，也可用大剂量的青霉素、四环素等抗生素。应用抗生素的同时，静脉注射氢化可的松或地塞米松，降低机体对各种刺激的反应性，有助于控制炎症发展。

处方三

（1）10% 磺胺嘧啶钠液 150mL，40% 乌洛托品 50mL，10% 氯化钙 100mL，10% 安钠咖 20mL，10% 葡萄糖 1 000mL。用法：大家畜一次静脉注射，连用 5～7d。

（2）碘化钾，马、牛 5～10g，或碘酊，马、牛 10～20mL（猪、羊酌减）。用法：加在流体饲料中灌服，2 次/d。

处方说明：本方用于大叶性肺炎的治疗，具有防治脓毒血症及制止渗出和促进吸收的作用，碘化钾可防止渗出物消散太慢而引起机化。

处方四 先锋霉素Ⅳ 150～200mg，盐酸麻黄碱 5～15mg。用法：犬一次口服，2 次/d，连用 3d。

处方五 清瘟败毒散：石膏 120g，犀角 6g（或水牛角 30g），黄连 18g，桔梗 24g，淡竹叶 60g，甘草 9g，生地 30g，山栀 30g，丹皮 30g，赤芍 30g，元参 30g，知母 30g，连翘 30g。用法：水煎，马、牛一次灌服。

麻杏石甘汤：麻黄 24g，杏仁 30g，石膏 90g，甘草 24g，芦根 60g，茅根 60g，黄芩 45g，大青叶 30g，双花 30g，蒌仁 30g，木通 24g。用法：水煎，马、牛 1 次灌服。

处方说明：体温过高时，可用解热镇痛药，如复方氨基比林、安痛定注射液等。剧烈咳嗽时，可选用止咳祛痰药。严重的呼吸困难时可输入氧气。心力衰竭时用强心剂，如安钠咖等。当渗出物不易消散，可用碘制剂，碘化钾，马、牛 5～10g；或碘酊，马、牛 10～20mL（猪、羊酌减）灌服，2 次/d，但不能持续用。

课题二　表现喘、咳嗽、流鼻液、发热不明显的疾病

课题描述 学习有呼吸系统症状而无明显发热表现的几种疾病的基本知识、诊断方法及鉴别诊断要点、治疗措施，并参加病例分析和诊疗训练。

病例分析 分析以下病例，根据病史和临床检查，提出初步诊断，制定治疗措施（开出处方）。

主诉：一头奶牛出现咳嗽，食欲废绝，反刍停止，口渴。

临床检查：初期短而干咳，3～4d后表现为湿咳而延长，常从鼻腔流出浆液性或黏液性鼻液。听诊肺部时，有湿啰音。体温39.5℃，呼吸增速。

相关知识 表现喘、咳嗽、流鼻液、发热不明显的疾病主要有鼻炎、喉炎、支气管炎、肺气肿、胸膜炎、腹腔积液、安妥中毒。

一、鼻　炎

鼻炎是鼻腔黏膜的炎症，主要病变为鼻腔黏膜充血、肿胀，临床上以频发喷鼻、流鼻液为特征。鼻液有浆液、黏液和脓液3种。按病因可分为原发性和继发性；按病程可分为急性和慢性。各种动物皆可发生。临床上以原发性卡他性鼻炎多见，多发于马、犬、猫等。

【病因】

1. 原发性鼻炎 由受寒感冒、吸入刺激性气体和化学药物等引起。畜舍通风不良或密度过大、吸入氨气、农药或烟雾等刺激性气体、胃管使用不当、吸入草粉尘埃、羊鼻蝇蛆寄生和受寒感冒等原因引起鼻腔黏膜的抵抗力下降，鼻腔内的条件性常在菌和吸入鼻腔的病原微生物，趁机繁殖，使鼻黏膜发生炎症变化。

2. 继发性鼻炎 见于一些传染病，如流感、牛恶性卡他热、猪萎缩性鼻炎、传染性胸膜肺炎、马鼻疽、马腺疫等。此外，咽炎、喉炎等邻近器官的炎症蔓延也可引起鼻炎。

【症状】

1. 急性鼻炎 打喷嚏、流鼻液、摇头、擦鼻部，犬、猫抓挠面部。鼻黏膜充血肿胀，敏感性增高。鼻液初期为浆液性，继发细菌感染后变为黏液性，鼻黏膜炎性细胞浸润后则出现黏液脓性鼻液，最后逐渐减少、变干，呈干痂状附着于鼻孔周围。由于鼻腔变窄，小动物呼吸时出现鼻狭窄音或鼾声，严重者张口呼吸或发生吸气性呼吸困难。

2. 慢性鼻炎 病程长，症状时轻时重，鼻黏膜增生肥厚，或因溃疡愈合形成疤痕，表面凹凸不平。犬慢性鼻炎可引起窒息或脑病；猫慢性化脓性鼻炎可引起鼻骨肿大、鼻梁皮肤增厚及淋巴结肿大。

【诊断】根据鼻黏膜充血肿胀、打喷嚏和流鼻液，而体温、脉搏、呼吸及食欲、精神状态无明显变化，即可做出诊断。

【治疗】

1. 治疗原则 除去病因，消除炎症。

2. 治疗措施 将病畜置于温暖、通风良好的厩舍内。轻者，不经治疗自愈。重症病例，可用温生理盐水等液体冲洗鼻腔，然后涂以青霉素或磺胺软膏。鼻黏膜严重充血肿胀时可用可卡因肾上腺素溶液滴鼻，或用麻黄碱滴鼻液喷入鼻腔。对有体温升高等全身症状明显的患畜，应及时给予消炎。

处方一

(1) 生理盐水1份，1%碳酸氢钠溶液1份。用法：混合后洗涤鼻腔，1～2次/d。

(2) 磺胺软膏。用法：冲洗后涂于鼻腔内。

处方说明：本方用于一般性鼻炎的治疗。根据病情特点，冲洗液也可选用2%～3%硼酸溶液，1%磺胺嘧啶钠溶液，1%明矾溶液，0.1%鞣酸溶液或0.1%高锰酸钾溶液等。冲洗后可涂以青霉素或磺胺软膏，也可向鼻腔内撒入青霉素或磺胺类粉剂。

处方二 0.1%盐酸肾上腺素溶液2mL，青霉素80万IU，链霉素200万U，蒸馏水500mL。用法：洗涤鼻腔。也可用温生理盐水溶液冲洗干净后，再注入庆大霉素。

二、喉　　炎

喉炎是喉黏膜及黏膜下组织的炎症。临床上以剧烈咳嗽、喉头敏感、肿胀、疼痛为特征。依其炎症性质分为卡他性喉炎和纤维蛋白性喉炎。各种家畜均可发病。

【病因】

1. 原发性喉炎 主要是受寒感冒引起。此外，吸入有害气体、尘埃、霉菌、麦芒等时刺激喉部而引起炎症，长期剧烈咳嗽等也可引发。

2. 继发性喉炎 多由邻近器官的炎症引起，如鼻炎、咽炎、气管炎等。与一些传染病如鼻疽、流感、犬瘟热、呼吸道卡他等疾病伴发。

【症状】主要表现为剧烈的咳嗽，声音短促强大，以后则变为湿而长的咳嗽，病程较长，声音嘶哑。患畜可流浆液性、黏液性或脓性鼻液。当喉头疼痛时，患畜头向前伸，避免向两侧转动。触诊喉部，患畜表现敏感，引起剧烈咳嗽。听诊喉部气管，有大水泡音或喉头狭窄音。一般都伴有体温稍升高，下颌淋巴结肿大的症状。

喉头触诊特别敏感时，一般表现为吸气性呼吸困难，喉头有喘鸣音。随着吸气困难加剧，呼吸频率减慢，可视黏膜发绀，体温升高，脉搏加快。

【诊断】根据喉部肿胀、敏感、咳嗽、发音嘶哑、吸入性呼吸困难和听诊喉部有干啰音等，即可做出初步诊断，犬、猫等宠物可做喉镜检查确诊。

【治疗】

1. 治疗原则 除去病因，消除炎症，缓解疼痛。

2. 治疗措施 将病畜置于温暖、通风良好的厩舍内，供给优质松软或流质的食物和清洁饮水。缓解疼痛主要采用喉头或喉囊封闭。频发咳嗽时，应内服止咳祛痰药物，如氯化铵、复方甘草片等。

处方一

（1）0.25%普鲁卡因20～30mL，青霉素80万～160万IU。用法：混合后，马、牛于喉头周围封闭性注射。

（2）青霉素200万IU，链霉素2g，注射用水20mL。用法：牛、马一次肌内注射，2次/d。

（3）氯化铵15g，杏仁水35mL，远志酊30mL，温水500mL。用法：马、牛一次内服。处方说明：本方用于喉头敏感、频繁咳嗽的急性喉炎。

处方二

（1）人工盐20～30g，茴香粉50～100g。用法：马、牛一次内服。

（2）鱼石脂软膏，用法：涂于喉部皮肤。

（3）10%磺胺嘧啶钠溶液，马、牛100mL。用法：静脉注射，2次/d。

处方说明：本方用于喉炎的治疗。

三、支气管炎

支气管炎是支气管黏膜表层和深层的炎症。临床上以咳嗽、流鼻液与不定型热为特征。各种家畜均可发生，尤以幼年畜禽易发。如雏鸡、幼犬等。根据病程分为急性和慢性两种；根据发炎部位可分支气管炎、细支气管炎和弥漫性支气管炎。本病多发生于老年体弱家畜，气候突变的秋冬早春较多发。

【病因】 分原发性和继发性两种。

原发性病由寒冷刺激加细菌感染而引发，如犬、猫洗澡后受凉；吸入刺激性气体或灌药不当等原因导致异物进入气管内。

继发性病由某些传染病、寄生虫病而引发，如肺丝虫病、猪蛔虫病、牛气管比翼虫病、流感、马腺疫、禽传染性支气管炎、口蹄疫、羊痘等。邻近器官的炎症可蔓延到支气管而使其发炎。

【症状】

1. 急性支气管炎 初期有短而痛的干咳，后变为长而无痛的湿咳。病初流浆液性鼻液，后变为黏液性或黏液脓性鼻液，咳嗽后流出量更多。胸部听诊肺泡呼吸音增强，可听到各种啰音，支气管黏膜肿胀并有黏稠的渗出物时，为干性啰音；支气管内有大量的稀薄的渗出物时，为湿性啰音。全身症状轻微，体温升高0.5℃左右，一般持续2~3d后下降。呼吸、脉搏稍有增数。

2. 细支气管炎 全身症状较明显，精神沉郁，食欲减退或废绝，体温升高1~2℃，脉搏增数，呼吸高度困难，结膜呈蓝紫色，有时咳嗽。胸部听诊肺泡音增强，可听到干性啰音和小水泡音。胸部叩诊比正常清朗。继发肺气肿时，呈过清音，肺叩诊区域后移。X线检查，肺纹理增强，无病灶阴影。

3. 慢性支气管炎 病程长，病情不定，时轻时重，常发干咳，尤其是在运动、采食、夜间或早晨气温较低时，咳嗽较多。胸部听诊可长期听到啰音。后期，由于支气管黏膜增厚，支气管管腔变狭窄，呼吸困难明显。

4. 腐败性支气管炎 除具有急性支气管炎症状外，全身症状重剧，呼出的气体恶臭，流污秽不洁有恶臭的鼻液。

【诊断】

1. 急性支气管炎 全身症状轻，频发咳嗽，流鼻液，肺部出现干性或湿性啰音，叩诊一般无变化。

2. 慢性支气管炎 病程长，长期咳嗽，常拖延数月甚至数年。听诊肺部有干性啰音，极易继发肺气肿。

【治疗】

1. 治疗原则 止咳祛痰，消除炎症。

2. 治疗措施 止咳祛痰可用咳必清、必咳平、易咳净、氯化铵片等。犬、猫可内服复方甘草片、急支糖浆、止咳糖浆等。频咳且分泌物较少时可用镇痛止咳剂，如内服磷酸可待因、盐酸吗啡、杏仁水。平喘可用盐酸氯丙那林、硫酸沙丁胺醇等。消炎可用广谱抗生素，如氨苄青霉素、头孢类等药物，有条件通过药敏试验选用抗生素效果更佳。如有病毒感染，可用抗病毒药。

处方一

（1）青霉素，马、牛每千克体重 4 000～8 000IU，羊、猪、犬每千克体重 1.0 万～1.5 万 IU。注射用水适量。用法：肌内注射，2 次/d，连用 2～3d。

（2）青霉素 100 万 IU，链霉素 100 万 U，1%普鲁卡因溶液 15～20mL。用法：将抗生素溶于普鲁卡因内，直接向气管内注射，1 次/d。

（3）氯化铵，马、牛 10～20g，猪、羊 0.2～2.0g。用法：口服，1～2 次/d。

处方说明：本方用于咳嗽频繁、支气管分泌物黏稠的急性支气管炎患畜的治疗。

处方二

（1）10%磺胺嘧啶钠溶液，马、牛 100～150mL，猪、羊 10～20mL。用法：一次肌内注射或静脉注射，1～2 次/d。

（2）复方樟脑酊，马、牛 30～50mL，猪、羊 5～10mL。用法：口服，1～2 次/d。

处方说明：本方用于分泌物不多，但咳嗽频繁且有疼痛反应的急性支气管炎患畜的治疗。

处方三

（1）四环素，每千克体重 5～10mg，5%葡萄糖溶液 500mL。用法：一次静脉注射，2 次/d。

（2）碘化钾，马、牛 5～10g，猪、羊 1～2g，蜂蜜 50g。用法：拌于 500g 饲料中饲喂。

处方说明：本方用于慢性支气管炎的治疗。

处方四

（1）氨苄青霉素 0.2～1.6g，注射用水 1～3mL，地塞米松 1.5～12mg。用法：犬一次肌内注射，2 次/d，连用 3～4d。

（2）氯化铵 0.2～1g，用法：犬一次口服，2 次/d，连用 3～4d。

处方五　紫苏散：紫苏 25g，荆芥 25g，防风 25g，陈皮 25g，茯苓 25g，桔梗 25g，姜半夏 20g，麻黄 15g，甘草 15g，生姜 30g，大枣 10 枚。用法：共研末，马、牛（猪、羊酌减）一次开水冲服。

处方说明：适用外感风寒。

处方六　款冬花散：款冬花 30g，知母 30g，浙贝母 30g，桔梗 30g，桑白皮 30g，地骨皮 30g，黄芩 30g，金银花 30g，杏仁 20g，马兜铃 24g，枇杷叶 24g，陈皮 24g，甘草 12g。用法：共研末，马、牛（猪、羊酌减）一次开水冲服。

处方说明：适用于外感风热。

四、肺气肿

肺气肿是肺泡内充满大量气体，导致肺泡过度扩张，呼出时气体残留于肺泡内的一种疾病。其临床特点是突然出现高度呼吸困难，流含气体的鼻液，听诊有捻发性啰音，叩诊有高朗的清音，叩诊界后移等。主要见于马、犬、猪、牛。

【病因】重度劳役、过度奔跑、长期挣扎和鸣叫等紧张性呼吸，是引起急性弥漫性肺气肿的主要原因。特别是老龄或体弱的动物，由于肺泡壁弹性降低，更易发生。除此之外，慢性支气管炎、各种肺炎，病情重剧而频繁咳嗽也能引起肺气肿。

【症状】主要症状是呼吸困难，黏膜发绀，呼吸次数增加，出现明显的腹式呼吸，叩诊呈广泛性过清音，叩诊界后移。听诊有捻发音，X线检查肺视野透明，膈肌后移。

【诊断】根据以上症状及检查结果，不难做出诊断。

【治疗】

1. 治疗原则 治疗原发病、缓解支气管痉挛、抗菌消炎及维护心脏功能，有条件可以供氧。

2. 治疗措施 将患畜置于温暖、通风的环境。为缓解呼吸困难，可用麻黄碱、阿托品类药物。

五、胸 膜 炎

胸膜炎是伴有渗出液与纤维蛋白沉积的胸膜炎症。

【病因】

（1）外伤性胸膜炎，如交通事故、犬之间打斗咬伤胸部、枪弹透创及穿刺感染等。

（2）继发性胸膜炎，如肺炎、心包炎、肺结核、胸部肿瘤及脓毒血症。

【症状】发病初期精神沉郁、食欲不振、体温升高 2℃ 以上。呼吸浅表而快，因胸部有水或有粘连，听诊可有拍水音和摩擦音。胸部叩诊，动物躲闪、敏感。当有大量渗出时，液体积聚于胸腔，压迫肺，可见有呼吸困难，结膜发绀。

慢性胸膜炎，表现反复发热，呼吸急促。若胸膜有广泛性粘连和胸膜增厚时，听诊肺泡音弱或无，叩诊时有大面积浊音区。

【诊断】根据临床症状，血液检查及 X 线检查可以确诊。

患畜呈腹式呼吸，胸壁触诊疼痛、敏感。叩诊有水平浊音，听诊有摩擦音。胸腔穿刺可有大量黄色易凝固的渗出液，血液检查白细胞总数明显增高，嗜中性粒细胞数量增加，核左移现象明显，淋巴细胞数量相对减少。透视检查，可见胸腔有液体，随呼吸运动液体有波动。

【治疗】

1. 治疗原则 抑菌消炎，制止渗出，促进炎性渗出物的吸收。

2. 治疗措施 消炎，制止炎性渗出。

处方

（1）消炎选用先锋霉素、氨苄青霉素等。

（2）制止渗出可用 10% 葡萄糖酸钙注射液。

（3）消除胸水，可用呋塞米等利尿剂，也可用胸腔穿刺法将胸水抽出。

六、安妥中毒

安妥（α-萘基硫脲）是一种无臭味的结晶粉末，是一种强力灭鼠药。对动物的毒性较大，中毒后使毛细血管渗透性增加，导致血浆大量进入肺组织，引起肺水肿、胸膜炎、胸腔积液，并引起肝、肾脂肪变性和坏死，我国已不正式生产，很少使用。

【病因】误食毒饵或吞食毒死鼠类。

【症状】临床以呕吐、口吐白沫，继而腹泻、咳嗽、呼吸困难、精神沉郁、黏膜发绀、鼻孔流出泡沫状血色黏液为特征。由于呼吸困难，患畜多采取犬坐姿，脉速弱，低温，12h 后，可能因缺氧死亡。

【诊断】安妥的中毒症状有呕吐、口渴、吞咽困难、嗜睡，重者呼吸困难、黏膜紫绀、抽搐、昏迷，为胸膜炎、胸腔积液、肺水肿所致，并有肝、肾功能损伤。根据呼吸困难、黏膜紫绀、咳粉红色泡沫痰等肺水肿的临床表现可做初步诊断。

【治疗】安妥中毒无特效解毒药，可采取催吐、洗胃、导泻、补液、利尿的方法，以综合对症治疗为主。

处方一

(1) 硫酸铜 0.1～0.5g，常水适量。用法：配成1％浓度内服。

(2) 巴比妥 0.05～0.10g，用法：一次肌内注射。

处方二

(1) 0.1％高锰酸钾溶液适量。用法：洗胃。

(2) 硫酸镁，犬 10～20g，常水适量。用法：配成6％～8％的浓度，一次灌服。

处方说明：导泻禁用油类泻剂，以免促进毒物吸收。

(3) 50％葡萄糖 10～25mL，25％甘露醇 100～200mL，地塞米松注射液 0.25～1.00mg，维生素C 0.1～0.5g。用法：静脉注射（犬）。

处方说明：解除肺水肿，减少支气管分泌物，增加抗休克作用。

处方三 半胱氨酸每千克体重 100mg。用法：静脉注射。

处方说明：半胱氨酸能降低安妥的毒性。

技能训练　胸腔穿刺术

【应用】用于胸腔积液的诊断和治疗。

【准备】套管针或 10～16 号长针头，胸腔洗涤剂（生理盐水、0.1％雷佛奴尔溶液、0.1％高锰酸钾溶液等），输液瓶。

【部位】牛、羊穿刺部位在右侧第六肋间、左侧第七肋间、肘关节水平线上或胸外静脉上方 2～3cm 处。

【方法】取站立保定，穿刺部剪毛、消毒。左手将穿刺部皮肤稍向前移动，右手持连接胶管的 10～16 号长针头，沿肋骨前缘垂直刺入 3～4cm，然后连接注射器抽取胸腔积液，术后消毒。注意不能抽得太快。

【注意事项】

(1) 刺入深度不宜过深，防止伤及心脏、肺。

(2) 穿刺位置应准确，保定要安全。

(3) 排液和注入洗涤剂时应缓慢进行。

(4) 如遇有出血，应充分止血。

课题三　表现呼吸困难且伴有可视黏膜颜色改变的疾病

课题描述 主要学习亚硝酸盐中毒及氢氰酸中毒的知识、诊疗方法及预防方法。

病例分析 分析以下病例，根据病史和临床检查，提出初步诊断，制定治疗措施

（开出处方）。

主诉：断乳仔猪，几天前用泔水和野草一同煮沸，候温与育肥饲料混合后喂猪。早上喂的是前一天晚上煮好的猪料。后来发现猪圈内有两头猪死亡，其他同圈猪几乎全部发病。

临床检查：死亡猪皮肤发紫。另有几头病猪精神沉郁，腹胀，呈犬坐式，低声哼叫，驱赶时勉强起身，步态不稳，呼吸急促，皮肤与可视黏膜发绀，有的猪发生抽搐。

⚙ **相关知识**　表现呼吸困难且伴有可视黏膜颜色改变的疾病主要有亚硝酸盐中毒、氢氰酸中毒等。

一、亚硝酸盐中毒

亚硝酸盐中毒是植物中的硝酸盐在体外或体内转化形成亚硝酸盐，进入血液后使血红蛋白氧化为高铁血红蛋白而失去携氧能力，引起以黏膜发绀、呼吸困难为临床特征的一种中毒性疾病。多种畜禽均可发生，本病可发生于各种家畜，以猪多见，依次为牛、羊、马，鸡也可发病。俗称"猪饱潲病""烂菜叶中毒"等。

硝酸盐中毒，是一次性食入大量硝酸盐制剂引起的胃肠道炎症性疾病。

【病因】在自然条件下，亚硝酸盐系硝酸盐在硝化细菌的作用下还原为氨过程的中间产物，故其发生和存在取决于硝酸盐的数量与硝化细菌的活跃程度。家畜饲料中，各种鲜嫩青草、作物秧苗，以及叶菜类等均富含硝酸盐。在重施氮肥或农药的情况下，如大量施用硝酸铵、硝酸钠等盐类，使用除莠剂或植物生长刺激剂后，可使菜叶中的硝酸盐含量增加。在生产实践中，如将幼嫩青饲料堆放过久，特别是经过雨淋或烈日暴晒者，极易产生亚硝酸盐。猪饲料采用文火煮或用锅灶余热、余烬使饲料保温，或让煮熟饲料长久焖置锅中，给硝化细菌提供了适宜条件，致使硝酸盐转化为亚硝酸盐。反刍动物采食的硝酸盐，可在瘤胃微生物的作用下形成亚硝酸盐。动物可因误饮含硝酸盐过多的田水或割草沤肥的坑水而引起中毒。

【症状】猪的中毒病常在采食后15min至数小时发病。最急性者仅稍显不安，站立不稳，即倒地而死，故又称为"饱潲病"。多发生于精神良好，食欲旺盛者，发病急、病程短，救治困难。急性型病例除显示不安外，呈现严重的呼吸困难，脉搏疾速细弱，全身发绀，体温正常或偏低，躯体末梢部位厥冷。耳尖、尾端的血管中血液量少而凝滞，呈黑褐红色。战栗或衰竭倒地，末期出现强直性痉挛。牛自采食后1~5h发病。除呈现如中毒病猪所表现的症状外，有流涎、腹痛、腹泻，甚至呕吐等症状，但仍以呼吸困难，肌肉震颤，步态摇晃，全身痉挛等为主要症状。

【诊断】

1. 症状诊断　亚硝酸盐急性中毒的潜伏期为0.5~1.0h，3h达到发病高峰，之后迅速减少，并不再有新病例出现。这一发病规律可结合病史调查，如饲料种类、质量、调制等，提出怀疑诊断。根据可视黏膜发绀、呼吸困难、血液呈褐色、抽搐、痉挛等特征性临床症状，即可做出初步诊断。

2. 剖检诊断　病死猪的尸体腹部大多比较膨满，口鼻呈乌紫色，流出淡红色泡沫状液体。眼结膜带棕褐色。血液暗褐如酱油状，凝固不良，暴露在空气中经久仍不变红。各脏器淤血。胃肠道各部有不同程度的充血、出血，黏膜易脱落，肠系膜淋巴结轻度出血。肝、肾呈暗红色。肺充血，气管和支气管黏膜充血、出血、管腔内充满带红色的泡沫状液。心外膜、心肌有出血斑点。在牛还伴有胃肠道炎性病变。

3. 实验室诊断 毒物分析及变性血红蛋白含量测定有助于本病的诊断。

4. 特殊诊断 用美蓝等特效解毒药进行抢救治疗，疗效显著时即可确诊。

5. 鉴别诊断 急性硝酸盐中毒可根据急性胃肠炎与毒物检验做出诊断。

【治疗】

1. 治疗原则 特效解毒，催吐、下泻、促进胃肠蠕动和灌肠、输液，重症病畜还应采用强心、补液和兴奋中枢神经等支持疗法。

2. 治疗措施 特效解毒药为美蓝（亚甲蓝）和甲苯胺蓝，可迅速将高铁血红蛋白还原为正常血红蛋白而达到解毒目的。美蓝是一种氧化还原剂，其在低浓度小剂量时为还原剂，而在高浓度大剂量时，则发挥氧化作用，反使正常血红蛋白变为高铁血红蛋白，加重亚硝酸盐中毒的症状，故治疗亚硝酸盐中毒时必须严控美蓝剂量。用维生素C作为还原剂进行解毒治疗。

处方一

（1）美蓝（亚甲蓝）每千克体重1～2mg。用法：静脉注射或在深部肌肉分点注射。

处方说明：使用浓度为1%，配制时先用10mL酒精溶解1g美蓝，后加灭菌生理盐水至100mL。

（2）10%葡萄糖注射液300mL，5%维生素C注射液10～20mL，10%安钠咖注射液5～10mL。用法：混合后一次静脉注射（猪）。

处方二 甲苯胺蓝每千克体重5mg。用法：配成5%溶液进行静脉注射或肌内注射。

处方三 维生素C注射液，牛3～5g，猪0.5～1.0g。用法：静脉注射。

处方说明：以上药物解毒治疗需重复进行，同时配合以催吐、下泻、促进胃肠蠕动、灌肠等排毒治疗措施及高渗葡萄糖输液治疗。对重症病畜还应采用强心、补液和兴奋中枢神经等支持疗法。

处方四 绿豆200g，小苏打100g，食盐60g，木炭末100g。用法：研碎，加少量水调匀后一次灌服（猪），1剂/d，连用2d。

其他疗法：

（1）剪耳放血与泼冷水治疗，对轻症病畜有效。

（2）市售蓝墨水，猪：40～60mL/头，分点肌内注射，同时肌内注射安钠咖，在偏远乡村应急解毒抢救有一定疗效。

（3）家禽：灌服0.1%高锰酸钾溶液10～50mL。

（4）中药疗法：雄黄30g，小苏打45g，大蒜60g，鸡蛋清2个、新鲜石灰水上清液250mL，将大蒜捣碎，加雄黄、小苏打、鸡蛋清，再倒入石灰水，灌服，2次/d。

二、氢氰酸中毒

氢氰酸中毒是家畜采食富含氰苷的青饲料植物，在体内水解生成氢氰酸，引起以呼吸困难、震颤、惊厥为特征的中毒性疾病。本病主要见于牛和羊，马、猪和犬也可发生。

【病因】主要由采食或误食富含氰苷或可产生氰苷的饲料所致。

1. 木薯 木薯的品种、部位和生长期不同，氰苷的含量也有差异，10月以后，木薯皮中氰苷含量逐渐增多。

2. 高粱及玉米　新鲜幼苗均含有氰苷，特别是再生苗含氰苷更高。

3. 亚麻籽　含有氰苷，榨油后的残渣（亚麻籽饼）可作为饲料；土法榨油中亚麻籽经过蒸煮，氰苷含量少，而机榨亚麻籽饼内氰苷含量较高。

4. 豆类　海南刀豆、犬爪豆等都含有氰苷。

5. 蔷薇科植物　桃、李、梅、杏、枇杷、樱桃的叶和种子中含有氰苷，当喂饲过量时，均可引起中毒。马、牛内服桃仁、李仁、杏仁等中药过量也可发生中毒。

【症状】家畜严重中毒者，在数分钟至2h内死亡，人食入过量的苦杏仁后多数在1～2h内出现症状，而动物大量食入木薯后一般0.5h即出现症状。

中毒病畜开始表现兴奋不安，站立不稳，全身肌肉震颤，呼吸急促，可视黏膜鲜红，静脉血液也呈鲜红色。短时间内出现极度呼吸困难，心动过速，流涎，流泪，异常排粪、排尿，后肢麻痹而卧地不起，肌肉自发性收缩，甚至发展为全身性抽搐，出现前弓反张和角弓反张。后期全身极度衰弱，体温下降，眼球颤动，瞳孔散大，张口呼吸，终因呼吸麻痹而死亡。症状出现后2h以上的动物大多可恢复。

【诊断】

1. 症状诊断　根据采食生氰植物的病史，发病突然且病程进展迅速，黏膜和静脉血鲜红，呼吸极度困难，神经肌肉症状明显，体温正常或偏低等，即可做出初步诊断。

2. 剖检诊断　早期血液为鲜红色，凝固不良，尸体也为鲜红色，尸僵缓慢，不易腐败。延迟死亡的慢性病例血液则为暗红色，血凝缓慢。胃内容物有苦杏仁味，胃与小肠黏膜充血、出血，心内外膜下出血。气管内有泡沫状液体，肺充血、水肿。实质器官变性。

3. 实验室诊断　氢氰酸定性与定量检验是确定诊断的依据。由于氢氰酸易挥发损失，故取样和检测应及时、尽快进行，一般采集可疑植物和瘤胃内容物、肝、肌肉等样品。肝和瘤胃内容物应在死后4h内采集，肌肉样品取样不超过20h，所有样品必须密封，或浸泡在1%～3%氯化汞溶液中送检。检验结果分析，以氢氰酸含量在可疑饲料（植物）中超过200mg/kg，瘤胃内容物中超过10mg/kg，肝达1.4mg/kg以上，肌肉浸液含0.63mg/L时即可确定为氢氰酸中毒。

4. 特殊诊断　用特效解毒药及时抢救，若疗效显著则可验证诊断。

5. 鉴别诊断　临床上应与急性亚硝酸盐中毒、硫化氢中毒、尿素中毒等疾病相鉴别。

【治疗】

1. 治疗原则　应尽早应用特效解毒药，同时配合排毒与对症、支持疗法。

2. 治疗措施　特效疗法，首选亚硝酸钠或大剂量美蓝与硫代硫酸钠进行特效配伍解毒。促进毒物排出与防止毒物吸收可选用或合用以下催吐、洗胃和口服中和、吸附剂。中毒严重者配合对症和支持疗法，根据循环系统与呼吸机能状态，进行兴奋呼吸（尼可刹米）、强心（樟脑、安钠咖）；注射升血压药（肾上腺素），可防治应用亚硝酸盐引起的低血压；静脉注射大剂量的葡萄糖溶液，在支持治疗的同时，还能使葡萄糖与氰离子结合生成低毒的腈类。

处方一

（1）亚硝酸钠，马、牛2g，猪、羊0.1～0.2g，注射用水适量。用法：一次静脉注射。
处方说明：配成5%的亚硝酸钠应用。

（2）硫代硫酸钠，马、牛5～10g，猪、羊1～3g，注射用水适量。用法：一次静脉注射，配成10%的硫代硫酸钠应用。

处方说明：先注射亚硝酸钠，数分钟后，再静脉注射硫代硫酸钠，1h后可重复应用一次。

处方二 亚硝酸钠3g，硫代硫酸钠15g，蒸馏水200mL。用法：一次静脉注射。

处方说明：注射前必须过滤消毒。用于牛。

处方三 亚硝酸钠1g，硫代硫酸钠2.5g，蒸馏水50mL。用法：一次肌内注射。

处方说明：注射前必须过滤消毒。用于猪、羊。

处方四

（1）亚甲蓝，每千克体重2.5~10mg，注射用水适量。用法：一次静脉注射。

处方说明：使用浓度为1%，配制时先用10mL酒精溶解1g亚甲蓝，后加灭菌生理盐水至100mL。

（2）硫代硫酸钠，马、牛5~10g，猪、羊1~3g，注射用水适量。用法：一次静脉注射，配成10%的硫代硫酸钠应用。

处方说明：先注射亚甲蓝，数分钟后，再静脉注射硫代硫酸钠，1h后可重复应用一次。

（3）0.1%高锰酸钾溶液1 000~2 000mL。用法：牛洗胃。

处方说明：用于中毒的初期，重症配以强心、补液。

处方五

（1）1%硫酸铜或吐根酊20~50mL，用法：内服。

处方说明：催吐。适用于猪、犬。

（2）10%亚硫酸铁10~15mL。用法：内服。适用于猪、犬。

处方六

（1）0.5%高锰酸钾溶液适量，或3%双氧水适量。用法：洗胃。

（2）10%亚硫酸铁80~100mL，活性炭，猪、羊15~50g，牛、马250~500g。用法：内服。

技能训练 亚硝酸盐中毒检验

1. 高铁血红蛋白定性检查

（1）立即取患畜末梢血液滴于玻片上，放置5min后颜色由紫褐色转变为红色。

（2）取患畜的静脉血2mL于试管内，加入5%氰化钾液数滴，其紫褐色血液变为鲜红色，证明血液中有高铁血红蛋白。

2. 二苯胺法检验亚硝酸盐 其方法是，取二苯胺0.5g，溶于20mL水中，然后加入浓硫酸至100mL，贮于有色瓶中。检验时取样1~2滴，滴于白瓷板上，加入试剂2~3滴，如显蓝色，表示有硝酸盐；若呈绿色，表示有亚硝酸盐。

课题四 表现呼吸困难且伴有神经症状的疾病

课题描述 学习以出现呼吸困难和神经症状的疾病基本知识，棉籽饼粕和菜籽饼粕中毒的诊断和治疗，以及预防的相关技术。

🔍 **病例分析** 分析以下病例，根据病史和临床检查，提出初步诊断，制定治疗措施（开出处方）。

主诉：某鸡场共饲养蛋鸡92只，为降低成本，自己配制饲料，将棉籽粕比例从3%提高到7%。蛋鸡产蛋停止。

临床检查：5～7d后，产软壳蛋的数量逐步增加，产出不成形的蛋黄，饮水量增加，食欲不振，精神沉郁，出现啄癖，之后产蛋停止。采食量下降，约10d开始出现瘫痪。

⚙️ **相关知识** 表现呼吸困难且伴有神经症状的疾病主要有棉籽饼粕中毒、菜籽饼粕中毒等。

一、棉籽饼粕中毒

棉籽饼粕中毒是家畜长期或大量摄入榨油后的棉籽饼粕，引起以出血性胃肠炎、全身水肿、血红蛋白尿和实质器官变性为特征的中毒性疾病。本病主要见于犊牛、单胃动物和家禽，少见于成年牛和马属动物。

【病因】单纯以棉籽饼长期饲喂畜禽，或在短时间内大量以棉籽饼作为蛋白质补饲时易发生棉籽饼中毒。尤其冷榨生产的棉籽饼，不经过炒、蒸的机器榨油的棉籽饼，其游离棉酚含量较高，更易引起中毒。棉花植株的叶、茎、根和籽实中含较多的棉酚，用未经去毒处理的新鲜棉叶或棉籽作为饲料，长期饲喂猪、牛，或让放牧家畜过量采食也可发生中毒。

以棉籽饼为饲料的哺乳期母畜，其乳汁中含有多量棉酚，也可引起吮乳幼畜患病。当饲料缺乏维生素A、钙、铁，或青绿饲料不足，或过度劳役时，动物对棉酚的敏感性增加，容易发生中毒。

【症状】本病的潜伏期较长，中毒的发生时间和症状与蓄积采食量有关。各种动物出现共同症状为食欲减退，体重下降，虚弱，呼吸困难，心功能异常，对应激敏感，以及钙磷代谢失调引起的尿石症和维生素A缺乏症。

犊牛：食欲降低，精神萎靡，体弱消瘦，行动迟缓乏力，常出现腹泻，黄疸，呼吸急促，流鼻液，肺部听诊有明显的湿啰音，视力障碍或失明，瞳孔散大。

成年牛、羊：食欲下降，反刍稀少或废绝，渐进性衰弱，四肢浮肿，严重时腹泻，排出恶臭、稀薄的粪便，并混有黏液和血液甚至脱落的肠黏膜，心率加快，呼吸急促或困难，咳嗽，流泡沫性鼻液，全身性水肿，可视黏膜发绀，共济失调，直至卧地抽搐，孕畜流产。部分牛、羊可发生血红蛋白尿或血尿，公畜易出现尿结石症。

猪：精神沉郁，食欲减退甚至废绝，呕吐，粪便初干而黑，后稀薄色淡，甚至腹泻，尿量减少，皮下水肿，体重减轻，日渐消瘦。低头拱腰，行走摇晃，后躯无力而呈现共济失调，严重时搐搦，并发生惊厥。呼吸急促，心跳加快，心律不齐，体温升高，可达41℃，喜凉怕热，常卧于阴湿凉爽处。有些病例出现夜盲症，育肥猪出现后躯皮肤干燥和皲裂，仔猪常腹泻、脱水和惊厥，可很快死亡。

马：以间歇性腹痛为主要症状，并常发生便秘，粪便上附有黏液或混有血液。尿液呈红色或暗红色，有典型的红细胞溶解现象。

家禽：食欲下降，体重减轻，双肢乏力欠活泼。母鸡产蛋变小，孵化率降低，蛋黄膜增厚，蛋黄呈茶色或深绿色，不易调碎、调匀，煮熟后的蛋黄坚韧有弹性，称"橡皮蛋"或"硬黄蛋"，蛋白呈粉红色。

犬：精神萎靡，发呆，厌食，呕吐，腹泻，体重减轻。后躯共济失调，心跳加快，心律不齐，呼吸困难，进而嗜睡和昏迷。最后因肺水肿、心力衰竭和恶病质而死亡。

【诊断】

1. 症状诊断 根据长时间大量用棉籽饼或棉籽作为动物饲料的病史，结合呼吸困难、出血性胃肠炎、血红蛋白尿和全身水肿等症状可做出初步诊断。

2. 剖检诊断 全身皮下组织呈浆液性浸润，尤其以水肿部位明显，胸、腹腔和心包腔内有红色透明或混有纤维团块的液体。胃肠道黏膜充血、出血和水肿，猪肠壁溃烂。肝淤血、肿大、质脆、色黄，胆囊肿大、有出血点。肾肿大，被膜下有出血点，实质变性，膀胱壁水肿，黏膜出血。肺充血、水肿和淤血，间质增宽，切面可见大小不等的空腔，内有多量泡沫状液体流出。心脏扩张，心肌松软，心内外膜有出血点，心肌颜色变淡。淋巴结水肿、充血。鸡胆囊和胰腺增大，肝、脾和肠黏膜上有蜡质样色素沉着。

3. 实验室诊断 饲料中游离棉酚含量的测定有助于确诊，一般认为，猪和小于4月龄的反刍动物日粮中游离棉酚的含量高于100mg/kg，即可发生中毒，成年反刍动物对棉酚的耐受量较大，但日粮中游离棉酚的含量应小于1 000mg/kg。

血液学检查：红细胞数和血红蛋白减少，白细胞总数增加，其中嗜中性粒细胞增多，核左移，淋巴细胞减少。

4. 鉴别诊断 本病应注意与以下疾病相鉴别：具有心脏毒性的离子载体类抗生素（如莫能菌素、拉沙里菌素）中毒、氨中毒、镰刀菌产生的霉菌毒素中毒、某些具有心脏毒性的植物中毒、硒缺乏、铜缺乏、肺气肿、肺腺瘤等。

【治疗】

1. 治疗原则 消除病因，排出胃肠内毒物，灭活棉酚色素。

2. 治疗措施 尚无特效解毒药物，病畜应立即停喂含有棉籽饼或棉籽的日粮，禁止在棉地放牧。同时进行导胃、洗胃、催吐、下泻等，排除胃肠内毒物，以及使棉酚色素灭活而解毒。对胃肠炎、肺水肿严重的病例进行抗菌消炎、收敛和阻止渗出等对症治疗。

处方一

（1）0.03%高锰酸钾溶液适量，或5%的碳酸氢钠液适量，或3%过氧化氢（加水稀释10~20倍）适量。用法：反复洗胃。

处方说明：洗胃后可灌服多量5%碳酸氢钠溶液。

（2）硫酸钠50~100g，健胃散5~10g。用法：混合后加适量温水一次投服。

处方说明：猪可用硫酸镁60~120g，人工盐10~20g，混合后加适量温水投服。

处方二 硫酸钠或硫酸镁，牛、马300~800g，猪、羊50~100g。用法：加水适量灌服。

处方说明：进行缓泻。

处方三 5%氯化钙注射液20mL，40%乌洛托品注射液10mL。用法：一次静脉注射（猪）。

处方四

（1）硫酸亚铁，猪1~2g，牛7~15g。用法：口服。

(2) 10%～50%葡萄糖溶液500～1 000mL，或10%葡萄糖酸钙溶液500～1 000mL，复方氯化钠注射液500～1 000mL，20%安钠咖注射液10～20mL，维生素C注射液1～3g，维生素D注射液2.5万～10万IU，维生素A注射液5～10mL。用法：静脉注射（马、牛）。

二、菜籽饼粕中毒

菜籽饼粕中毒是动物长期或大量摄入油菜籽榨油后的副产品，由于含有硫葡萄糖苷的分解产物，引起肺、肝、肾及甲状腺等器官损伤的中毒病，临床上以急性胃肠炎、肺气肿、肺水肿和肾炎为特征。常见于猪和禽类，其次为牛和羊。

【病因】

1. 硫葡萄糖苷 硫葡萄糖苷（简称硫苷）广泛存在于十字花科、白花菜科、金莲花科、番木瓜科、大戟科等植物中。

白菜型油菜、芥菜型油菜和甘蓝型油菜，均为高芥酸、高硫葡萄糖苷含量的"双高"品种。油菜植株的各部分都含有硫葡萄糖苷，以种子中的含量最高，其他部分较少，顺序为种子＞茎＞叶＞根。不同类型油菜种子中，硫葡萄糖苷的含量也不相同。

2. 硫葡萄糖苷降解物 主要有异硫氰酸酯（ITC）、硫氰酸酯、恶唑烷硫酮（OZT）、腈等。

3. 芥子碱 含量1%～1.5%，易被碱水解生成芥子酸和胆碱；芥子碱有苦味，影响适口性。鸡采食菜籽饼后，芥子碱转化为三甲胺，由于褐壳蛋系鸡缺乏三甲胺氧化酶而积聚，每克蛋中含量超过1μg时，就会产生鱼腥味。

4. 其他有害成分 菜籽外壳中的缩合单宁含量为1.5%～3.5%，也影响菜籽饼的适口性。菜籽饼中还含有2%～5%的植酸，以植酸盐的形式存在，在消化道中能与二价和三价的金属离子结合，主要影响钙、磷的吸收和利用。

【症状】菜籽饼与油菜中毒的综合征一般表现为4种类型，即消化型：以精神委顿，食欲减退或废绝，反刍停止，瘤胃蠕动减弱或停止，明显便秘为特征；泌尿型：以血红蛋白尿、泡沫尿和贫血等溶血性贫血为特征；呼吸型：以肺水肿和肺气肿等呼吸困难为特征；神经型：以失明（"油菜目盲"）、狂躁不安等神经症状为特征。

动物中毒后表现为食欲废绝，不安，流涎，腹痛，便秘或腹泻，粪便中混有血液。痉挛性咳嗽，呼吸困难，鼻中流出粉红色泡沫状液体。尿频，尿液呈红褐色或酱油色，尿液落地时可溅起多量泡沫。可视黏膜发绀，耳尖及肢体末端冰凉，体温降低，脉搏细弱，全身衰竭，最后虚脱而死。

猪急性中毒除有上述症状外，常伴有视觉障碍、狂躁等神经症状。

牛急性中毒时，表现兴奋不安，乱奔乱撞。继而四肢痉挛、麻痹，站立不稳而倒卧，体温升高，脉搏快而弱，很快衰竭死亡。牛的亚急性与慢性中毒病例，表现为不同程度的肺水肿和肺气肿，呼吸极度困难，呼吸加快，张口呼吸，有的出现皮下气肿，体温升高不定，难以痊愈。

另外，幼龄动物还表现生长缓慢，甲状腺肿大。孕畜妊娠期延长，新生仔畜死亡率升高。病畜由于感光过敏而表现背部、面部和体侧皮肤红斑、渗出及类湿疹样损害，家畜因皮肤发痒而不安、摩擦，会导致进一步的感染和损伤。有些病例还可能伴有亚硝酸盐或氢氰酸中毒的症状。

【诊断】

1. 症状诊断　根据病史调查，结合贫血、呼吸困难、便秘、失明等临床症状即可初步诊断。

2. 剖检诊断　胃肠黏膜斑状充血、出血，内容物有菜籽饼残渣。心内外膜出血，血液稀薄、呈暗褐色，凝固不良。肺表现严重的破坏性气肿，伴有淤血和水肿。肝实质变性、斑状坏死，胆囊扩张，胆汁黏稠。肾点状出血，色变黑。

3. 实验室诊断　测定菜籽饼中异硫氰酸酯含量可为确诊提供依据。

4. 鉴别诊断　本病的症状与许多疾病有相似之处，应注意鉴别诊断，如溶血性贫血型病例应与其他病因所致溶血性贫血症相区别；牛的急性肺水肿和肺气肿病要与牛再生草热、肺丝虫病、霉烂甘薯中毒等相鉴别；感光过敏性皮炎伴随肝损害病例应与其他光敏物质中毒、肝毒性植物中毒等相区别；神经型病例要与食盐中毒、有机磷中毒及其他具有神经症状的疾病相区别。

【治疗】目前没有特效治疗方法，应注意采取预防措施。

1. 限制饲喂量　菜籽饼中硫葡萄糖苷及其分解产物的含量，随油菜的品种和加工方法的不同有很大变化，我国的"双高"油菜饼粕中硫葡萄糖苷含量高达12%～18%。在饲料中的安全限量为：蛋鸡、种鸡5%，生长鸡、肉鸡10%～15%，母猪、仔猪5%，生长育肥猪10%～15%。

2. 与其他饲料搭配使用　菜籽饼与棉籽饼、豆饼、葵花籽饼、亚麻饼、蓖麻饼等适当配合使用，能有效地控制饲料中的毒物含量并有利于营养互补。

菜籽饼中赖氨酸的含量和有效性低，在单独或配合使用时，应添加适量的合成赖氨酸（0.2%～0.3%），或添加适量的鱼粉、血粉等动物性蛋白质。

处方一

（1）0.05%高锰酸钾溶液适量。用法：洗胃。

（2）蛋清、牛乳或豆浆适量。用法：一次内服（猪）。

处方二　硫酸钠35～50g，小苏打5～8g，鱼石脂1g。用法：加水100mL，一次灌服（猪）。

处方三　20%樟脑油3～6mL。用法：一次皮下注射（猪）。

处方四　甘草60g，绿豆60g。用法：水煎去渣，一次灌服（猪）。

单元三

以循环障碍为主的疾病

课题描述 学习本类疾病的基本知识、诊断方法、防治措施，分析临床疾病案例，参加相关疾病临床病例的诊疗训练。

病例分析 分析以下病例，根据病史和临床检查，提出初步诊断，指出治疗措施（开出处方）。

病例1 主诉：一成年耕牛，出现进行性消瘦，近期症状加重，两后肢集于腹下站立，精神不好，呼吸加快。

临床检查：该牛消瘦，网胃区敏感，前胃弛缓，精神沉郁，体温升高到40～41℃，呼吸浅表、快速，结膜发绀，颌下及胸前水肿，两侧静脉怒张，心音弱，有心包拍水音。

病例2 主诉（病史）：肉鸡场突然出现死亡鸡，有些精神不振的鸡腹部膨大，呈水袋状，触压有波动感，腹部皮肤变薄发亮。

临床检查：剖检死鸡，可见肝充血肿大，严重者皱缩、变厚、变硬，表面凹凸不平。

相关知识 以循环障碍为主的常见疾病主要有心包炎、心肌炎、心力衰竭、外周循环障碍、肉鸡腹水综合征等。

一、心 包 炎

心包炎是心包囊腔脏层（浆膜）和壁层（纤维）炎性疾病的总称。按病程有急性和慢性之分。按性质可分为浆液性、纤维蛋白性、化脓性和腐败性等类型。其临床特征包括心区疼痛、心包摩擦音、心包拍水音、心浊音区扩大以及充血性心力衰竭。本病可发生于各种动物，尤其多见于牛和猪。

【病因】

1. 创伤性心包炎 创伤性心包炎是心包受到机械性损伤而引起。牛主要是从网胃内有金属异物刺伤引起，是创伤性网胃炎的一种主要并发症。马属动物多由火器弹片直接穿透心区胸壁，刺伤心包或胸骨和肋骨骨折，由骨断端损伤心包而引起。此外，牛犄角顶撞胸壁创伤等也可导致本病。

2. 非创伤性心包炎 多由某些传染病、败血症、毒血症等继发引起。例如，马的心包炎伴发于马传染性胸膜肺炎、马腺疫、上呼吸道感染等；羊的心包炎发生于巴氏杆菌病、衣原体病和支原体病等；猪的心包炎主要见于猪丹毒、猪肺疫、猪瘟、支原体性肺炎、链球菌感染、仔猪病毒性心包炎等；犬的心包炎见于结核病、肿瘤等疾病。一些内科病、维生素缺乏症、矿物质代谢疾病等都可诱发心包炎。

【症状】

1. 创伤性心包炎 患畜呈现顽固性前胃弛缓，行走小心，有时不安，磨牙，呻吟。食欲时好时坏、异嗜，反刍次数下降，无力或停止。瘤胃蠕动不定，反复轻度膨胀，患牛逐渐消瘦。触诊剑状软骨处和网胃区，可能出现疼痛反应，如避让、呻吟。心包炎固有症状是心区疼痛。

全身症状加重，精神沉郁，呆立不动，头下垂，颈直伸，眼半闭，前肢向前伸展，肘突外展，背拱起，两后肢集于腹下，避免运动，强行驱赶时，下坡困难、站立时企图保持前高后低。肩胛、肘突部、臀部肌肉有时震颤。

眼结膜初期充血、潮红，静脉淤血时，有时黄染。心跳初期快而强，以后减弱，压诊心区有疼痛反应。

听诊：初期心音增强、心包液增多→心音减弱，有时不易听到，心率增加，水牛60～80次/min，可听到心包摩擦音或拍水音或金属音。

叩诊：心区浊音界增大，有腐败性气体时，在浊音界上方可出现鼓音或浊鼓音。1～2周后，心腔变小→静脉回流受阻→静脉压增高（46.7～82.7kPa）。

呼吸浅表、疾速，腹式呼吸明显，即使轻微运动也易出现呼吸急促。后期若继发胸膜肺炎时、伴有咳嗽和啰音。

消化系统：先便秘、后腹泻，排粪过程有痛感，患畜消瘦，脱水严重。皮肤弹性下降，眼窝下陷。

体温：初期上升至39～40℃，个别可达41～42℃，热型有稽留热或弛张热（与感染不同病原或毒素有关）。后期可降至正常以下，体温与脉搏呈现分离现象（即体温下降脉搏上升）为本病主要特征。

血液变化：急性心包炎时，白细胞数剧增，可达25 000个/mL以上，嗜中性粒细胞比例大，常伴有核左移。慢性时血象不规则。

X线检查：病初肺纹理正常，心膈角尖锐而清晰，心膈间隙模糊不清，有时可见刺入异物的致密阴影；中期肺纹理增粗，心界不清，心膈角模糊不清，间隙消失；晚期纹理增粗模糊，心界消失，心包扩大，心膈角变钝或消失。

2. 非创伤性心包炎 临床症状多轻微，一般表现原发病症状。

【诊断】临床上根据心包摩擦音与拍水音的示病症状，可以建立诊断。如未发现上述症状时，可根据心区压痛反应，心区浊音扩大，静脉怒张，垂皮水肿等症状，以及特殊检查做出诊断。

【治疗】

1. 治疗原则 血源感染的心包炎，应针对原发病，兼顾心包炎，施行磺胺-抗生素疗法。创伤性心包炎多无救治希望，采取手术疗法，除手术治疗外，可试用心包穿刺法。

2. 治疗措施

处方一 抗菌消炎。青霉素100万～200万IU，链霉素100万～200万U，胃蛋白酶10万～20万IU。

处方说明：以10～20号的20cm长针头，在左侧第四至第六肋间与肩胛关节水平线相交点做心包穿刺，放出心包液，并注入混合药液。

处方二 防腐消炎。0.1%雷佛奴尔溶液1 000mL，青霉素100万～200万IU，0.25%

普鲁卡因溶液 100mL。

处方说明：心包穿刺放出心包液后用 0.1％雷佛奴尔溶液冲洗，然后注入青霉素、0.25％普鲁卡因混合药液。

二、心 肌 炎

心肌炎是伴发心肌兴奋性增强和心肌收缩机能减弱为特征的心脏肌肉炎症。本病单独少有发生，常继发于各种传染病、脓毒败血症、中毒性疾病等。按病程可分为急性和慢性；按病变范围可分为局灶性和弥漫性；按病因又可分为原发性和继发性；按炎症的性质又可分为化脓性和非化脓性两种；临床上以急性非化脓性心肌炎常见。

【病因】

1. 急性心肌炎 某些传染病（猪丹毒、炭疽、传染性胸膜炎、口蹄疫、结核、布鲁氏菌病）；某些寄生虫病（如焦虫病）；各种中毒（如夹竹桃中毒，汞、砷、磷、铜、有机磷农药中毒，磺胺类药物中毒，抗生素过敏）。

2. 慢性心肌炎 风湿、过劳或继发心内膜炎或急性心肌炎之后。

【发病机制】致病因子→心肌→心肌炎症→刺激传导系统→心肌兴奋性↑，随后心肌变性→心脏收缩减弱。心肌收缩力↓（冠状动脉供血不足、心肌受损）→心排血量↓→动脉血压↓→血流缓慢→末梢水肿、静脉淤血、呼吸困难。

心排血量↓（代偿）→心率↑→心脏本身耗氧量↑→收缩更无力→心排血量进一步↓→全身及心脏本身血液循环障碍→代偿能力丧失→代偿性心力衰竭→各组织器官缺氧、肌肉无力、易疲劳、心肌不能排空（压出）回流血液→血回流受阻→门脉循环及肝、肺、胃肠、肾全身淤血。门脉循环障碍→肝淤血、肝机能紊乱→糖、脂肪、蛋白质代谢障碍、肝屏障功能↓，胆红素代谢障碍形成胆红素-尿胆素性混合型黄疸→可视黏膜黄染。血中间接胆红素和尿胆素↑。肺淤血→肺静脉血回流受阻→呼吸困难、伴发肺充血和肺水肿。胃肠淤血→胃肠运动分泌机能紊乱→消化吸收功能障碍。

肾淤血→血流量减少、肾小球滤过量↓→尿量↓→醛固酮↑→Na^+重吸收↑→水、钠潴留→全身水肿。

体循环淤血→黏膜发绀、静脉怒张、出现显著对称性淤血水肿和体腔积液。

心肌炎症成为异物刺激→异常节律→前期收缩。心肌炎症→疼痛→运动时发生阵发性心跳加快。

【症状】初期心悸亢进、心音高朗，稍做运动心跳迅速加快，即使运动停止，也持续较长时间。

以心肌变性为特征的心肌炎：多以心力衰竭为主，表现为脉搏增速（马 80～120 次/min）和交替脉（一时快一时慢）。第一心音伴有混浊或分裂；第二心音显著减弱，多伴有缩期杂音，其原因为心脏扩张、房室孔相对关闭不全。

在心脏失代偿时：黏膜发绀，呼吸高度困难，体表静脉怒张，颌下、垂皮、四肢末端水肿。

脉搏：初期呈紧张充实，随病情发展，心跳与脉搏不相对应，心跳强而脉搏弱，少数呈分离现象，严重时出现期前收缩、节律不齐。

重症患畜，精神高度沉郁，食欲废绝，全身虚弱无力，战栗，步态不稳、神志不清。

心电图变化：急性心肌炎初期无多大变化，与健康者相似，只由于心肌兴奋性升高，R

波增大，收缩及舒张的间隔缩短，T波↑以及P-Q和S-T间期缩短。

急性心肌炎严重期：R波↓变钝，T波↑以及缩期延长，舒张期缩短，使P-Q和S-T间期延长。P波——心房兴奋。Q波——心室兴奋开始。P-Q——兴奋心房传到心室所需时间。QRS——心室由静息状态进入兴奋状态所发生的负电位。S-T——心室由兴奋到无电位差。T波——心室复极化过程（有的区域复极化，有的区域未极化，故产生电位差）。

【诊断】

1. 症状诊断 静脉怒张、摩擦音、拍水音等。

2. 病史诊断 是否同时伴有急性感染或中毒病病史。

3. 剖检诊断 初期：局限性充血、浆液和白细胞浸润。心肌脆弱、松弛、无光泽、心腔扩大。中后期：心肌纤维变性——混浊肿胀、颗粒变性和脂肪变性。心肌组织坏死、坏死处增生形成疤痕、心肌硬化。心肌多呈苍白色、灰红色或灰白色不等。局限性心肌炎：心肌病变部分与健康部分相互交织，沿心冠横切心脏时，其切面为灰黄色斑纹，即虎斑心。

4. 实验室诊断 应用心功能试验，即首先测定患畜安静状态下的脉搏次数，而后令其步行5min，再测其脉搏数。患畜突然停止运动后，甚至2～3min以后，其脉搏仍会增加，经过较长时间才能恢复原来的脉搏次数。

【治疗】

1. 治疗原则 减轻心脏负担，增强心肌营养，提高心肌收缩力。针对原发病，应用抗生素和磺胺类药物。病初，不宜用强心剂，以免心脏兴奋，可在心区部冷敷。

2. 治疗措施 患畜应充分休息，给予多次饮水，饲喂易消化有营养和维生素丰富的饲料，避免过度的兴奋和运动。同时应注意对原发病的治疗，可应用磺胺类药物、抗生素和血清等特异性疗法。

处方一

（1）25%葡萄糖液500～1 000mL，维生素C 2～4g，20%安钠咖溶液10～20mL。用法：马、牛一次静脉注射，每天1次。

（2）青霉素240～320万IU，链霉素200～400万U，注射用水30mL。用法：每8h肌内注射1次。

说明：本方用于细菌感染性心肌炎。在发病初期，心搏动亢进时，不宜用强心剂，可在心区施行冷敷。本病不可使用洋地黄强心。方中的抗菌药物也可选用其他抗生素或磺胺类药物。

处方二

（1）20%安钠咖注射液，马、牛用量为10～20mL，用法：皮下注射，每6h重复一次。

（2）ATP 300～500mg，辅酶A 1 500mg，细胞色素C 300mg，维生素B_6 1g，10%葡萄糖液500mL。用法：大家畜一次静脉注射。

（3）氢化可的松400～500mg，10%葡萄糖溶液500mL。用法：大家畜每日1次，静脉注射，连用1周。

说明：本方用于中毒性心肌炎。也可使用地塞米松10～20mg，加于5%～10%的葡萄糖液中静脉注射。

注：当患畜黏膜发绀和高度呼吸困难时，可进行氧气吸入或静脉注射0.3%双氧水葡萄糖溶液。当患畜尿少而明显水肿时，可内服利尿素进行消肿，马、牛用量为5～10g，或用

10%汞撒利注射液 10～20mL 静脉注射。

三、心力衰竭

心力衰竭是指心肌收缩力减弱或衰竭，使心脏排血量减少，动脉血压下降，静脉回流受阻，从而呈现全身血液循环障碍的一系列临床综合征。心力衰竭又称心脏衰弱，简称心衰。心衰是各种疾病过程中的一种并发症，也可能是一个独立的疾病。可发生于各种动物，在马、犬和牛尤为多见。

【病因】

1. 急性原发性心力衰竭 主要是过度的使役；心脏突然受到剧烈刺激（如触电）；心脏一时性负担过重（如静脉输液量过大、速度过快）。

2. 急性继发性心力衰竭 见于多种传染病、中毒病和热性病等；心脏本身的疾病。

3. 慢性心力衰竭 多继发于血液回流障碍的慢性病，如心脏瓣膜病、慢性肺泡气肿及慢性肾炎等；长期服重役。

【发病机制】

急性心力衰竭：致病因素→心跳加快加强（代偿）→加重心脏负担→心储备能量过多消耗→心机能障碍→心肌收缩力下降→心跳加快→心耗氧量增加及心室舒张期缩短，心室充盈不足→心率超正常 1.5～2 倍，心排血量反而下降→导致全身循环障碍（静脉回流受阻，肺、心脏、脑灌流量不足）→代偿→失代偿→急性心力衰竭。

慢性心力衰竭：主要以心肌增厚，心腔扩大、脉搏增数来代偿，失代偿后，引起全身静脉淤血。

过度使役时，各组织器官需血量增加，心脏则代偿性地增强心肌收缩力，脉搏增数，经常锻炼者，首先以增强心肌收缩力来代偿，缺乏锻炼者，常以增加脉搏来代偿，反而使心排血量更加下降。

【症状】

1. 急性心力衰竭

（1）轻度。病畜精神沉郁，使役中易于疲劳出汗。呼吸增数、心音和心搏动增强。脉搏在马可达 60～80 次/min，强力活动后，脉搏达 100 次/min，休息后可恢复正常，可视黏膜发绀。

（2）中度。精神沉郁，轻度活动即见气喘，肺泡呼吸音增强，结膜发绀，静脉怒张，心搏动增强，第一心音增强，脉搏增数达 80 次/min 以上，即使休息也不能完全恢复正常。

（3）重度。精神高度沉郁，食欲废绝，静脉充盈或怒张，黏膜淤血或高度淤血，结膜呈不同程度的蓝紫色。出汗，四肢末梢发凉，呼吸高度困难，肺有广泛的湿啰音，心搏动增强，第一心音响亮，第二心音微弱，脉搏达 100 次/min，有的晕厥倒地，痉挛抽搐。严重的可出现室性阵发性心动过速，临近死亡时，则可出现心室震颤或心室纤维性颤动。

左心衰竭时，很快发生肺水肿，呼吸极度困难，从鼻孔流出多量无色细小泡沫状鼻液，胸部听诊有广泛性水泡音。

右心衰竭时，除胸、腹、心包腔积液外，常引起脑、肝、肾、胃肠道淤血，呈现意识障碍、肝功能异常、尿液异常、消化不良等症状。

2. 慢性心力衰竭 病情发展缓慢，病程持久，病势弛张。病畜精神沉郁，食欲减退，不耐使役。呼吸困难，尤以运动时明显。可视黏膜发绀，甚至体表静脉怒张。常发心性水肿，于垂皮、腹下、四肢末梢出现对称性捏粉样肿胀，无热无痛。心音尤其是第二心音减弱，脉细数，往往出现心内杂音和心律失常。

【诊断】

1. 症状诊断 心率加快，第一心音增强，第二心音减弱，心内杂音、结膜发绀、呼吸困难、肺部啰音等。

2. 病史诊断 是否过重劳役、治疗用药不当、惩戒过严、训练量过大，有无感染或中毒病史。

3. 剖检诊断 心肌充血、脆弱、无光泽，心腔扩大，心肌纤维肿胀、变性。心肌增生、坏死。

【治疗】

1. 治疗原则 加强护理，减轻心脏负担，减慢心率和矫正心律，增强心肌收缩力。

2. 治疗措施 首先将患畜安静厩舍内充分休息，给予柔软易消化的饲料，以减少机体对心脏排血量的要求，减轻心脏负担。对于呼吸困难、静脉淤血严重的患畜，酌情放血，放血后静脉注射25%葡萄糖溶液，增强心机能，改善心肌营养。为最大限度地减轻心室的容量负荷，应限制钠盐摄入，并给予利尿剂，如双氢克尿噻等。为缓解呼吸困难，兴奋心肌和呼吸中枢，可用10%樟脑磺酸钠注射液，也可用1.5%氧化樟脑注射液。为了增强心肌收缩力，可用洋地黄类制剂。安钠咖能兴奋中枢神经和心肌，扩张冠状动脉和肾动脉，而且还有改善心肌营养和利尿的作用，因此在急、慢性心力衰竭时均可使用。此外，还可使用ATP、辅酶A、细胞色素C、维生素B_6和葡萄糖等能量合剂，针对出现的症状，给予健胃、缓泻、镇静等制剂。

处方一

(1) 20%安钠咖溶液10~20mL。用法：马、牛一次肌内注射。

(2) 25%葡萄糖溶液1 000mL，维生素C 50mL。用法：自马、牛颈静脉放血1 000~2 000mL后（贫血患畜忌放血），缓慢静脉注射药物。

说明：本方法具有减轻心脏负担，改善心肌营养，增强心脏机能的作用。适用于呼吸困难、静脉淤血严重的心力衰竭患畜。

处方二

(1) 三磷酸腺苷300~500mg，辅酶A 1 500mg，细胞色素C 300mg，维生素B_6 1g，25%葡萄糖500mL。用法：马、牛，静脉注射，每日1次，连用3~5d。

说明：本方具有加强心肌能量代谢，改善心肌营养的作用。

(2) 毒毛花苷K 1.5~3.75mg，25%葡萄糖500mL。用法：马、牛一次静脉注射，于2~4h后用小剂量重复静脉注射一次。

说明：用于慢性心力衰竭。

处方三

(1) 毛花强心丙（西地兰D）3mL，25%葡萄糖注射液1 000mL，维生素C注射液5g，ATP（三磷酸腺苷）200mg，辅酶A 500IU，5%葡萄糖生理盐水1 000mL。用法：先静脉放血1 000~2 000mL后一次静脉注射（马、牛）。

说明：贫血动物不能放血。

(2) 复方奎宁注射液15mL。用法：马、牛一次肌内注射。

说明：用于急性心力衰竭。

处方四

（1）25%葡萄糖1 000mL，胰岛素100IU，10%氯化钾注射液30mL。用法：马、牛静脉注射，每天1次，连用3～5d。

（2）10%樟脑磺酸钠注射液10～20mL。用法：马、牛一次肌内注射，1～2次/d，连用3～5d。

处方五 0.1%肾上腺素注射液4mL，25%葡萄糖注射液1 000mL。用法：马、牛一次静脉注射。

说明：用于急救。

处方六 参附汤：党参60g、熟附子32g、生姜60g、大枣60g。用法：水煎2次，候温灌服（牛、马）。牛、马每天1剂，7剂为一疗程。

处方七 营养散：当归16g、黄芪32g、党参25g、茯苓20g、白术25g、甘草16g、白芍19g、陈皮16g、五味子25g、远志16g、红花16g。用法：共为末，开水冲服，牛、马每天1剂，7剂为一疗程。

四、外周循环障碍

外周循环衰竭又称循环虚脱，指在心脏功能正常的情况下，由血管舒缩功能紊乱或血容量不足引起血压下降，低体温，浅表静脉塌陷，肌无力乃至昏迷和痉挛的一种临床综合征。由血管舒缩功能引起的外周循环衰竭，称为血管源性衰竭。由血容量不足引起的，称为血液源性衰竭。循环虚脱又称血管衰竭。

【病因】凡导致心输出量急剧下降、循环血量不足（大出血、烧伤、内出血、脱水）、血管容量增大（过敏）、中毒、感染的因素都可引起循环虚脱。急性大失血、剧烈呕吐和腹泻、重度胃肠道疾病引起的严重脱水，大面积烧伤，大肠杆菌、金黄色葡萄球菌、铜绿假单胞菌、病毒、支原体等感染，药物过敏（青霉素、磺胺类药物等），剧烈疼痛性疾病，脑、脊髓损伤和麻醉意外等也可引起。

【发病机制】

初期：各种致病因素→心机能不全→心输出量不足→血压下降→交感神经兴奋→肾上腺、去甲肾上腺分泌增强→心脏搏动增速，内脏与皮肤血管收缩→血压回升，保证脑、心脏等重要器官生命活动。

中期：毛细血管缺氧→局部组织酸中毒→进一步加剧微循环障碍→血管对儿茶酚胺反应性降低，而交感神经兴奋和肾上腺释放更多的儿茶酚胺以维持血管收缩。缺氧→组织细胞大量释放5-羟色胺→毛细血管扩张、微循环血容量增加→有效循环回心血量及心排血量显著下降→组织细胞缺氧加剧→毛细血管淤血缺氧→血管通透性升高，血压下降，循环血量进一步减少→循环虚脱加重。

后期：循环虚脱加重→酸性产物大量堆积体内→严重酸中毒→外周血pH降低。酸性血+细菌、毒素、内毒素、创伤以及溶血等作用→血液凝固（即DIC，弥散性血管内凝血）→造成微循环及心机能严重障碍→微循环中断衰竭→患畜脉弱欲断、有出血倾向、发生水肿、陷入昏迷状态。

【症状】

初期：病畜精神兴奋，烦躁不安，出汗。皮温不整，黏膜苍白，口干。心动过速，气喘，少尿或无尿。

中期：外周毛细血管扩张，血管容量增加，则大脑、心脏处于缺氧状态。病畜精神沉郁，意识障碍；血压下降，脉搏微弱，心音混浊；呼吸急促，站立不稳，步态踉跄。可视黏膜发绀；耳鼻、四肢温暖，全身机能状况显著恶化；随后四肢冰凉，肌肉颤抖，可视黏膜呈青灰色，无光泽；心律不齐，脉微欲绝，静脉塌陷，四肢乌紫，呼吸困难，神志不清，反射机能消失或减退，病情垂危。

后期：外周毛细血管陷于麻痹状态，血液循环停滞，血液浓缩，发生凝血，血压急剧下降，微循环衰竭。第一心音增强，第二心音微弱，甚至消失。脉搏短缺，呼吸浅表急促，后期出现呈间断性呼吸或潮式呼吸，呈现窒息状态。因血容量减少所引起的循环虚脱，结膜高度苍白，呈急性失血性贫血现象；因剧烈呕吐和腹泻引起的，皮肤弹性降低，眼球凹陷，血液浓缩，发生脱水症状；因严重感染引起的，有广泛性水肿、出血和原发性疾病的相应症状；因过敏引起的，往往突然发生强制性痉挛或阵发性痉挛，排尿排粪失禁，呼吸微弱。

【诊断】

1. 症状诊断 黏膜发绀或苍白，四肢厥冷，血压下降，少尿，心动过快，烦躁不安，反应迟钝，昏迷或痉挛等临床症状。

2. 病史诊断 有失血、失水、严重感染、过敏反应或剧痛的手术或创伤等病史。

3. 实验室诊断 颈静脉压和中心静脉压低于正常值。

【治疗】

1. 治疗原则 镇静安神，调整循环血量，改善微循环，强心利尿，防止酸中毒，保护肝，促进新陈代谢。

2. 治疗措施 首先使患畜在安静厩舍内充分休息，给予柔软易消化的饲料。用乳酸钠林格氏液作为电解质平衡液，同时给予10%低分子右旋糖酐溶液维持血容量，防治血管内凝血。为缓解呼吸困难，兴奋心肌和呼吸中枢，可用10%樟脑磺酸钠注射液，也可用1.5%氧化樟脑注射液。为了增强心肌收缩力，可用洋地黄类制剂。

处方一

（1）补充血容量、纠正酸中毒、右旋糖酐溶液100～300mL。用法：犬一次性静脉滴注。
（2）5%碳酸氢钠注射液100～150mL。用法：犬一次性静脉滴注。
（3）硫酸阿托品每千克体重0.10～0.15mg。用法：犬皮下注射。
（4）氢氯噻嗪25～50mg。用法：内服。

处方说明：当犬肾衰竭时禁止使用。

处方二

（1）生脉散。气血两虚，心悸气促，口干舌红，无力无神，治疗宜用生脉散。
（2）四逆汤。正气亏损，心阳暴脱，自汗肢冷，心悸喘促，脉微欲绝，治则应大补心阳，回阳固脱，治宜用四逆汤。

处方说明：利用中兽医辨证用药。

五、肉鸡腹水综合征

肉鸡腹水综合征又名"心衰竭综合征"或"高海拔病"，是由诸多致病因子造成的以慢性缺氧，代谢机能紊乱而引起的右心室肥大扩张、肺淤血水肿、肝肿大和腹腔大量积液为特征的综合征。该病多见于快速生长的肉用仔鸡，不同品种和日龄的鸡群都有发生，但以肉鸡多发，且多发生于生长较快的幼龄鸡，以10～30日龄最为多见。寒冷的冬季易发。近年来该病发病率呈上升趋势，发病地区不断扩大。此病在高海拔地区发病较多，但现在即使在低海拔地区发病也很普遍；该病不仅有较高的致死率，而且因降低了肉鸡的屠宰等级而影响饲养效益，对肉鸡生产的危害很大。由于它的发病原因及发病机理复杂，一旦发病，很难控制，目前尚无特效疗法，只能针对病因，采取综合防制措施，才能减少肉鸡腹水综合征的发生和带来的损失。

【病因】

由于肉鸡腹水综合征的病因很复杂，至今还未完全了解。一般认为是在各种因子的作用下，鸡处于缺氧状态，为满足对机体的供氧，往往加快肺循环和心搏次数，其结果不仅引起肺压升高，同时也增加了右心室负担，长期这样，导致右心代偿性肥大而扩张、松弛至衰竭，结果全身血液回流受阻而淤积于外周血管内，致使腹腔内器官淤血、血压升高，血中液体从肝、肾、心脏等器官表面漏出，蓄积于腹腔，从而形成腹水综合征。引起腹水的常见原因如下。

1. 遗传因素 长期以来，肉鸡的育种往往只注重生长速度，而忽视相应地改善其心肺功能，以致心肺功能不能适应机体旺盛的代谢要求，潜伏着心肺衰竭的发病倾向，易导致机体缺氧而引起腹水，如艾维茵鸡等。

2. 孵化因素 孵化后期孵化箱内缺氧，引起鸡胚肺的病理性损伤而影响肺部气体交换。肉仔鸡早期（3日龄）发生腹水综合征可能与此密切相关。

3. 饲料的营养因素 部分饲养者过分追求料肉比和生长速度，采用高能量高蛋白的颗粒饲料，有的甚至添加油脂，且不加限饲，使鸡耗氧增多而导致相对缺氧；饲料中维生素、矿物质、必需氨基酸缺乏，不能满足肉鸡正常的生长发育需要也易引起腹水。

4. 环境因素 在严寒的冬季，常为保温忽视通风，鸡舍内空气污浊，含氧量下降，积聚过量的NH_3、H_2S、CO_2等有害气体，对鸡的肺造成损伤，影响肺部气体交换而缺氧。另外，鸡舍内湿度大、鸡群密度不适宜等原因，也易引起腹水。

5. 心脏受损 心脏受损也是引起腹水综合征的原因，如食盐中毒，钠被吸收后，就会引起血液中大量水潴留。心脏收缩力加强，最终代偿性扩张、肥大、心力衰竭，便引起腹水。

6. 肝受损 如霉菌毒素中毒引发肝纤维化，肝血压升高，液体从肝表面渗出，形成腹水。

7. 其他原因 鸡患有慢性呼吸道病、大肠杆菌病、鸡白痢、曲霉菌病等；饲料霉变、食盐中毒、菜籽饼中毒、药物中毒等；这些可引起鸡心脏、肺、肝、肾的损伤，也常是腹水的诱因。

【发病机制】慢性缺氧或因需氧增加而引起的相对缺氧是引发本病的最主要因素。血液在肺进行氧和二氧化碳的气体交换，充氧后的血液从肺流入左心房，然后再流入全身，快速生长的肉鸡需要较多的氧合血液以保证正常的代谢，由于反馈作用，心脏会泵出较多的血液进入肺，肺的体积和可容纳的血液量满足不了机体对氧合血液的需要量，造成肺动脉血压升高，影响肺中氧和二氧化碳的交换，导致机体慢性缺氧。缺氧时鸡呼吸频率增加，肺功能受损，肺血管压力增高，加重心脏负担，造成心力衰竭，使肝及其他脏器血管内液体向压力低的腹腔渗透，形成腹水。

【症状】病鸡腹部膨大如水袋，触之有波动感，皮肤变薄发亮，外观呈暗褐色。病鸡站立困难，以腹部着地，呈企鹅状，行动缓慢，呈鸭步样。由于腹压增大，呼吸困难。鸡冠发紫，有时怪叫，有的腹泻，排白色、黄色或绿色稀粪。出现腹水后2d左右死亡。

【诊断】

1. 症状诊断 腹部膨大、呼吸困难和发绀等特征性临床症状。鸡食欲减退或废绝，体重减轻，生长停滞，便秘下痢交替出现。

2. 病史诊断 病鸡多表现为精神不振，步态异常，站立不稳，以腹部着地，两翅下垂，冠和肉髯发紫，呼吸困难，后腹膨大，呈青紫色。

3. 剖检诊断 腹腔积水，总液量可达 200～500mL，积液清亮透明呈淡黄色或带血色，腹水中含红细胞、巨噬细胞和淋巴细胞，腹内各处有纤维蛋白凝块；心包积液，有时呈胶冻状；心脏增大，心壁变薄，右心室明显扩张、柔软；肝充血、肿大或淤血或萎缩或硬化，实质部有圆形斑点或结节，表面常有灰白色或淡黄色胶冻样薄膜，类似蛋清物；肺显著淤血、水肿；肠道严重出血，肠管变细，内容物稀少；肾肿大、充血，有尿酸盐沉积；脾较小，皮下水肿；胸肌、腰肌、腿肌不同程度淤血；气囊混浊；盲肠扁桃体出血；法氏囊黏膜泛红；喉头气管内有黏液。

4. 特殊诊断 触诊腹部有波动感，腹上侧松弛，下侧紧张，穿刺液呈黄色，有的混有少量血液。听诊有击水声、呼吸粗粝急促，心跳加快。叩诊腹侧下部水平浊音，上部鼓音。

【治疗】

1. 治疗原则 肉鸡腹水综合征的发生是多种因素共同作用的结果。一旦病鸡出现临床症状，单纯治疗常常难以起效，多以死亡而告终。但以下措施有助于减少死亡和损失。

2. 治疗措施

（1）改善鸡群管理及环境条件。这是防制本病的关键措施。调整鸡群密度，防止拥挤；在保证室温的条件下，改善鸡舍通风条件，减少二氧化碳和氨气，使舍内有充足的氧气流通。

（2）合理搭配饲料。按照肉鸡生长需要供给平衡的优质饲料，适当降低饲料日粮的粗蛋白含量与代谢能量。按饲料配方要求配以食盐量；按科学配方，饲料中补充足量的维生素E、硒和磷，力求钙磷平衡。

（3）日粮中补充维生素C。维生素C添加量为每吨饲料 500g。

（4）控制生长速度。采用早期限饲和限制光照时间，减缓增重速度；在高海拔地区，饲养肉鸡时，要注意限制肉鸡生长速度，以减少该病的发生。

（5）合理使用药物及消毒剂，防止对心脏、肝、肺造成损伤。

（6）控制大肠杆菌等传染性疾病。

处方一　0.05%的青霉素普鲁卡因 0.2～0.3mL、1%呋塞米注射液 0.3mL。

处方说明：用针管抽取腹腔积液，注意无菌操作，然后注入 0.05%的青霉素普鲁卡因 0.2～0.3mL、1%呋塞米注射液 0.3mL，严重病例同时肌内注射 10%安钠咖 0.1mL。全群饮水中加入 0.05%维生素C，或在饲料中添加氯化钙、利尿剂、健脾利水的中药等。为防止继发感染，可在饲料中同时拌入庆大霉素等抗菌药物。

处方二　肾肿腹水消散（补肾健脾，利水燥湿）。猪苓 10g，泽泻 10g，苍术 30g，桂枝 20g，陈皮 30g，姜皮 20g，木通 20g，滑石 30g，茯苓 20g。制法：粉碎成粉末，过滤混匀即可。用法：混饲。鸡，每 100kg 饲料加本品 200～400g。

处方说明：用于鸡腹水综合征、肾炎、肾型传染性支气管炎及各种原因引起的肾肿大、尿酸盐沉淀。

单元四

以贫血、黄疸为主的疾病

课题描述 通过学习本单元疾病，掌握不同疾病的发病原因、症状特征、诊断方法、防治措施，同时分析该单元中的临床疾病案例，并参加相关疾病临床病例的诊疗训练。

病例分析 分析下面病例，根据病史和临床检查，提出初步诊断，制定治疗措施（开出处方）。

主诉：某小区5家养猪户，都属自繁自养，使用的饲料都来自正规厂家。近几年由于防控措施得当，未出现过疫情，效益可观。后来大、小猪陆续发病死亡。

临床检查：断乳仔猪精神萎靡，初期排球状干硬粪便，1d后排灰色稀便后排血便。口腔流涎，有的呕吐，呕吐物有的是饲料，有的是绿色分泌物。3d后有的仔猪开始出现神经症状，头颈弯向一侧或转圈，或头顶墙不动，或卧地不起，张口呼吸，陆续死亡。经产母猪食欲减退，腹泻，其他无变化；架子猪、育肥猪发病率也较高，突然发生水样腹泻，粪便呈灰色或灰褐色，一日至数日后减食、无力，体重迅速减轻，有时出现呕吐，死亡率较低；哺乳母猪常与仔猪一起发病，表现食欲不振，有的呕吐，体温升高，严重腹泻，泌乳减少或停止。

相关知识 以贫血、黄疸为主的疾病主要有贫血、钴缺乏症、黄曲霉毒素中毒、磺胺类药物中毒、维生素C缺乏症、双香豆素中毒、维生素K缺乏症、血小板减少症、自身免疫溶血性贫血等。

一、贫 血

贫血是指单位容积血液中的红细胞数减少、血红蛋白量含量下降和血细胞比容值低于正常水平的综合征。贫血不是独立的疾病，而是某些疾病的临床症状，以皮肤和可视黏膜苍白以及各器官由于组织缺氧而产生的机能障碍为特征。

【病因】

(1) 外伤及外科手术，使血管受到损伤，大量血液流出和反复少量出血引起失血性贫血。贫血程度与失血量一致。

(2) 某些传染病（马传染性贫血、溶血性梭菌病、猫传染性贫血）、寄生虫病（锥虫病、梨形虫病、羊及猪的支原体病、钩端螺旋体病）、中毒病（铜、铅、蛇毒中毒）及抗原抗体反应（新生幼畜溶血病、不相合血型输血）使红细胞大量溶解，引起溶血性贫血。

(3) 引起营养性贫血的原因主要是低蛋白血症，仔猪出生时，体内的铁、铜等的储存极为有限，而母猪乳汁中含铁量较少，微量元素（铜、钴）、维生素（维生素B_{12}及维生素B_6、叶酸、烟酸、硫胺素）及蛋白质缺乏、造血原料供应不足及慢性消耗性疾病引起营养性贫血。

(4) 骨髓因受放射性同位素、植物中毒、某些药物中毒和一些病毒性疾病的作用，而发生再生障碍性贫血。

【症状】

1. 共同特征　精神不振，可视黏膜苍白或黄染，呼吸、心跳加快，节律不齐。

2. 不同特征

(1) 失血性贫血。急性型病程迅速，病畜虚弱，步行踉跄。黏膜苍白，呼吸困难，心动疾速，瞳孔反射迟钝，尿失禁，出冷汗，肌肉痉挛。血压及体温急剧下降，四肢厥冷，有时发生休克，迅速死亡。慢性型病畜日益瘦弱，役用家畜易于疲劳，奶牛产乳量降低，可视黏膜苍白。下肢和胸腹下浮肿。

(2) 溶血性贫血。起病快速或缓慢，可视黏膜和皮肤呈现黄染以及全身贫血现象，往往排血红蛋白尿，粪呈暗色，体温正常或升高。

(3) 营养性贫血。病势发展缓慢，初期症状不明显，到一定程度可视黏膜苍白黄染，体温正常或略低，脉搏增数。血液稀薄，下肢和胸腹下浮肿。缺铁性贫血呈小细胞低色素性贫血，缺钴性贫血呈大细胞正色素性贫血。

(4) 再生障碍性贫血。除继发于急性放射病外，一般起病较缓，可视黏膜苍白逐渐明显，全身症状越来越重，伴有全身出血斑点。预后不良。

【诊断】

1. 病史及症状诊断　发病突然，可视黏膜及全身苍白，伴有休克，应考虑急性失血性贫血；发病快，可视黏膜苍白、黄染明显，排血红蛋白尿，应考虑溶血性贫血；病程较长，可视黏膜苍白并黄染，不排血红蛋白尿，应考虑慢性溶血和失血性贫血；发病缓慢、病程长，可视黏膜逐渐苍白、消瘦，下肢和胸腹下浮肿，应考虑营养性贫血；全身出血斑点应考虑再生障碍性贫血。

2. 剖检及实验室诊断　血液稀薄，缺铁性贫血呈小细胞低色素性贫血，缺钴性贫血呈大细胞正色素性贫血。

【治疗】

1. 治疗原则　消除病因，补给造血物质，增进骨髓造血机能，维持循环血量。

2. 治疗措施

(1) 急性失血性贫血。

处方一　外出血时，可用外科方法止血（如结扎止血）或敷以止血药。

处方二　内出血时，可选用5%安络血注射液，马、牛5~20mL，猪、羊2~4mL，肌内注射，2~3次/d；止血敏，马、牛10~20mL，肌内注射或静脉注射；4%维生素K_3注射液，马、牛0.1~0.3g，猪、羊8~40mg，肌内注射，2~3次/d；马、牛还可静脉注射10%氯化钙液100~200mL。

处方三　循环衰竭时，采用5%葡萄糖生理盐水1 000~3 000mL，加入0.1%肾上腺素3~5mL，立即静脉注射。

(2) 慢性失血性贫血。应及早发现和根治原发病，对寄生虫病引起的贫血进行阶段性驱虫。止血方法可参考急性失血性贫血。

处方一 缺铁性贫血，常用 0.1%～0.2% 硫酸亚铁水溶液内服，马、牛 2～10g，猪、羊 0.5～2g；或用硫酸亚铁，配合人工盐，制成散制剂混入饲料中喂给，大家畜开始每日 6～8g，3～4d 后逐渐减少到 3～5g，连用 1～2 周为一疗程，为促进铁的吸收，可同时用稀盐酸 10～15mL，加水 0.5～1L，投服，1 次/d。

处方二 缺钴性贫血，可用维生素 B_{12} 或直接补钴。绵羊可用维生素 B_{12} 100～300μg，肌内注射，每周 1 次，3～4 次为一疗程；也可内服硫酸钴，牛 30～70mg，羊 7～10mg，每周 1 次，4～6 次为一疗程。

处方三 缺铜性贫血，通常只口服或静脉注射硫酸铜，不必补铁。牛 3～4g，羊 0.5～1g，溶于水中灌服，每隔 5d 一次，3～4 次为一疗程。静脉注射时，可配成 0.5% 硫酸铜溶液，牛 100～200mL，羊 30～50mL。

（3）再生障碍性贫血和溶血性贫血。治疗无意义，确诊后及早淘汰。

二、钴缺乏症

钴缺乏症又称营养不良、地方性消瘦等，是由于土壤、饲料或饮水中钴含量不足，或钴的利用出现障碍而引起的代谢病。此病仅发生于绵羊、山羊和牛等反刍动物，其他动物少见。临床上以贫血、进行性消瘦、食欲减退、异嗜为特点。一年四季均可发生，但因冬季饲料单一和缺乏，往往到春季发病较多。

【病因】

1. 土壤及饲料缺钴是主要原因 土壤中钴含量低于 0.25mg/kg 时，牧草中钴含量即不能满足动物机体的需要。持续性饲喂钴缺乏的草类或稻草（每千克干重含钴量低于 0.04～0.07mg）的牛群，易发钴缺乏症。饲料中钙、铁、锰含量及土壤 pH 高会影响钴的利用。

2. 反刍动物易发钴缺乏症与其生理特点有关 反刍动物体内糖主要来自糖的异生过程，而这个过程必须有维生素 B_{12}（作为辅酶）参与，钴则为维生素 B_{12} 的成分。钴缺乏时维生素 B_{12} 合成受阻，使反刍动物能量代谢障碍，引起消瘦、虚弱。维生素 B_{12} 合成不足也直接影响瘤胃微生物的生长繁殖，从而影响纤维素的消化。

3. 钴也影响其他营养成分 钴可改善锌的吸收，小剂量钴可增强胃肠道对铁的吸收，同时加快体内铁的储存速度，使之易进入骨髓。缺钴导致维生素 B_{12} 合成减少，胸腺嘧啶合成受阻，细胞分裂终止，细胞只是体积增大而不能正常成熟，引起巨幼细胞性贫血。

【症状】缺钴地区的牛、羊食欲差，发生异嗜，贫血，消瘦，也称干瘦病。可视黏膜淡染或苍白，皮肤变薄，肌肉乏力、松弛，被毛无光泽，换毛延迟，体表鳞屑增多，流泪。流泪是疾病晚期的重要特征，泪水可使整个面部被毛黏结。奶牛产乳量下降明显，发情延迟或不孕，流产或死胎。病程可达数月至数年。

【诊断】此病的症状与很多病相似，尸体剖检也没有特征病变，诊断较为困难。若怀疑患有钴缺乏症时，试用钴制剂治疗，观察治疗效果。为了获得正确诊断，最好是对土壤、牧草进行钴含量分析，土壤钴含量低于 3mg/kg，牧草中钴含量低于 0.07mg/kg，可认为是钴缺乏。同时要注意与寄生虫病，铜、硒和其他营养物质缺乏引起的消瘦症相区别。

【治疗】

1. 治疗原则　地方性缺钴在疾病还不十分严重时，如果能移到其他地区，往往可以迅速恢复。补钴是防治本病的主要措施。

2. 治疗措施　保证日粮中钴含量为 0.07～0.11mg/kg，最简单的方法是向精料中直接添加氯化钴、硫酸钴及维生素 B_{12} 等。动物日粮中钴含量适宜值分别为牛 0.5～1.0mg/kg，绵羊 1.0mg/kg，妊娠、哺乳母猪 0.5～2.0mg/kg，禽 0.5～1.0mg/kg。

处方一　向精料里添加氯化钴或硫酸钴。氯化钴的日服治疗量/预防量分别为：成年牛 500mg/25mg，犊牛 200mg/10mg，羊 100mg/5mg，羔羊 50mg/2.5mg。

处方二　肌内注射维生素 B_1，羊每次 100～300μg，牛 1 000～2 000μg，每周 1 次，疗效更好。

三、黄曲霉毒素中毒

黄曲霉毒素中毒是动物和人采食了被黄曲霉或寄生曲霉污染并产生毒素的食物后引起的一种急性或慢性的中毒性疾病。具有严重危害性的真菌毒素主要侵害肝，导致以出血、消化机能障碍和神经症状为特征，具有致癌作用。

【病因】黄曲霉毒素（缩写 AFT）主要是黄曲霉和寄生曲霉等产生的有毒代谢产物。黄曲霉毒素并不是单一物质，而是一类结构极为相似的化合物。它们在紫外线照射下都发荧光，根据它们产生的荧光颜色可分为 B 族毒素和 G 族毒素两大类。发出蓝紫色荧光的称 B 族毒素，发出黄绿色荧光的称 G 族毒素。目前已发现黄曲霉毒素及其衍生物有 20 余种，其中除 $AFTB_1$、$AFTB_2$、$AFTG_1$ 和 $AFTG_2$ 为天然产生的以外，其余的均为它们的衍生物。它们的毒性强弱与其结构有关，凡呋喃环末端有双键者，毒性强、有致癌性。在这 4 种毒素中又以 $AFTB_1$ 的毒性及致癌性最强。所以在检验饲料中黄曲霉毒素含量和进行饲料卫生学评价时，一般以 $AFTB_1$ 作为主要监测指标。

黄曲霉毒素是目前已发现的各种霉菌毒素中最稳定的一种，在通常的加热条件下不易破坏。如 $AFTB_1$ 可耐 200℃ 高温，强酸不能破坏，加热到它的最大熔点 268～269℃ 才开始分解。毒素遇碱能迅速分解，荧光消失，但遇酸又可复原。很多氧化剂如次氯酸钠、过氧化氢等均可破坏毒素。

黄曲霉和寄生曲霉等广泛存在于自然界中，其产毒的最适条件是基质水分在 16% 以上，相对湿度在 80% 以上，温度在 24～30℃ 之间。主要污染玉米、花生、豆类、棉籽、麦类、大米、秸秆及其副产品——酒糟、油粕、酱油渣等。畜禽黄曲霉毒素中毒的原因多是采食上述产毒霉菌污染的花生、玉米、豆类、麦类及其副产品。

【症状】

1. 牛　成年牛、奶牛发生黄曲霉毒素中毒的较少，偶有发生的也多为慢性经过。该病多见于 3～6 月龄的犊牛。发病后生长发育缓慢，营养不良，被毛粗硬、逆立多无光泽，鼻镜干裂。病初食欲不振，后期废绝，反刍停止。耳尖颤搐，磨牙，呻吟，有腹痛表现，无目的地徘徊、不安，角膜混浊，出现一侧或两侧眼睛失明。伴发中度间歇性腹泻，排泄混有血液凝块的黏液样软便，里急后重，严重的常导致脱肛，最终昏迷而死亡。成年牛的症状远较犊牛为轻。奶牛除泌乳性能降低或停止外，妊娠母牛间或发生早产或流产，个别病牛还出现神经症状，如惊恐、转圈运动等。当肉牛（6～8月龄）日粮中黄曲霉毒素B含量超过0.7mg/kg时，则较快地出现生长发育迟缓，饲料报酬明显降低等现象。

2. 家禽　幼禽多呈急性经过，表现为食欲减退，体重减轻，羽翼下垂，脱毛，腹泻、便中带血。冠髯苍白，精神不振，步态不稳，共济失调，肌肉痉挛，角弓反张，很快死亡。急性中毒者，剖检可见肝肿大，弥漫性出血和坏死，肠道黏膜出血，腿、胸肌出血，肾肿大、苍白。慢性中毒者肝呈黄色，表面不平，有白色点状坏死灶。腹腔内有淡黄色积液，皮下有胶冻样物；成年禽多呈慢性经过，消瘦、贫血，生产能力下降，产蛋率和孵化率降低，死亡率升高，零星死亡。

3. 猪　急性型多见于2～4月龄的仔猪，往往无症状就突然死亡。亚急性型常发，主要表现为渐进性食欲障碍，口渴，粪便干硬呈球状，表面附有黏液和血液。可视黏膜苍白和黄染。精神沉郁，后肢无力，出现神经症状，间歇性抽搐，过度兴奋，角弓反张。慢性型多发于成年猪，表现为食欲减退，异嗜，生长发育缓慢，消瘦。可视黏膜黄染，皮肤发白或发黄，并有痒感。

【诊断】

1. 病史诊断　有采食发霉饲料的病史。

2. 症状诊断　消化障碍，胃肠炎和神经症状。肝肿大、出血、硬化、变性。

3. 剖检诊断　禽急性中毒者，剖检可见肝肿大，弥漫性出血和坏死，肠道黏膜出血，腿、胸肌出血，肾肿大、苍白。慢性中毒者，肝呈黄色，表面不平，有白色点状坏死灶。腹腔内有淡黄色积液，皮下有胶冻样物。

4. 实验室检验　血清转氨酶、碱性磷酸（酯）酶和苹果酸脱氢酶活性升高；乳酸脱氢酶活性降低，异柠檬酸脱氢酶活性接近正常。血液中尿素氮、白蛋白以及总蛋白含量降低。

【治疗】

1. 治疗原则　加强饲养管理，清理胃肠促进毒物排出，保肝解毒，防止出血。对症治疗。

2. 治疗措施　无特效疗法，应采取以下措施。

（1）停喂可疑饲料，改饲含糖类多的青饲料和高蛋白饲料，并减少或不喂含脂肪过多的饲料。加强饲养管理。轻型病牛可较快恢复。

（2）对重症病牛，要清理胃肠，促进毒物排出。

处方一　内服硫酸镁、人工盐等，饲料中加入脱霉剂，水中加入电解多维。保肝解毒，防止出血。

处方二　25%葡萄糖和维生素C，静脉注射。维生素K_3，牛、马100～300mg，猪、羊30～50mg，肌内注射。或应用20%葡萄糖酸钙注射液500～1 000mL，一次静脉注射。

处方三　心脏衰弱病例，皮下注射或肌内注射强心剂（樟脑油、安钠咖等）。为了控制继发性感染，酌情应用青、链霉素等抗生素，但切忌用磺胺类药物。用法及用量可参照霉玉米中毒的治疗。

3. 预防　预防关键在于做好饲料的防霉（为主）和去毒（为辅）两个环节性工作。

（1）饲料防霉的根本措施是控制适宜的温度和相对湿度等。在谷物收割和脱粒过程中，勿遭雨淋，并防止在场上发热发霉，做到充分通风，晾晒，使之迅速干燥（达到谷粒13%、玉米12.5%、花生仁8%以下的安全水分含量），便可防止发霉和产毒。

（2）为了防止谷类饲料在贮藏过程中霉变，可用福尔马林、环氧乙烷、过氧乙酸、二氯乙烷和溴甲烷等熏蒸。

（3）若饲料已被黄曲霉毒素等轻度污染，宜用福尔马林熏蒸（每立方米用福尔马林25mL、高锰酸钾25g加水12.5L混合），或用过氧乙酸喷雾法（每立方米用5%过氧乙酸液2.5mL喷雾），抑制霉菌生长发育。通常在温度和相对湿度适宜的条件下，黄曲霉在48h内即可产毒。可用0.1%漂白粉水溶液浸泡，使其毒素结构中的内酯环被破坏，形成香豆素钠盐（不呈现蓝紫色荧光即无毒素存在），可溶于水，再用清水冲洗。

四、磺胺类药物中毒

磺胺药物是用化学方法合成的一类抗菌药，具有抗菌谱广、疗效确切、价格便宜等优点，广泛应用于家禽球虫病、禽霍乱、鸡白痢等病的防治。磺胺类药物的治疗量接近中毒量，且鸡较敏感，所以禽类易发生磺胺类药物中毒。

【病因】

1. 用药量过大 一般来讲，磺胺类药物可按饲料量的0.1%～0.5%添加，或按饮水量的0.05%～0.3%添加，由于计算失误、称量错误等原因，导致饲料或饮水中含药量太高引起中毒。复方新诺明混饲用量超过3倍以上，即可造成雏鸡严重的肾肿大。

2. 用药时间过长 应用磺胺类药物，一个疗程3～5d，在有混合感染的情况下，症状难以控制，用药时间超过7d，可致蓄积中毒。据报道，给鸡饲喂含0.5%磺胺二甲嘧啶（SM_2）或磺胺甲基嘧啶（SM_1）的饲料8d，可引起鸡脾出血性梗死和肿胀，饲喂至第11天即开始死亡。复方敌菌净在饲料中添加至0.036%，第6天即引起死亡。

3. 搅拌不均匀 如果直接将药物混于大量饲料中，则很难混匀，使局部饲料中蓄药量过高。

4. 用法不当 例如，把一些不溶于水的磺胺类药物通过饮水法投药，水槽底部沉积了大量药物，鸡饮用后可致中毒。维生素K缺乏可以促进本病的发生。

【发病机制】鸡采食了大量磺胺类药物，进入体内，损伤骨髓，影响造血机能；损伤肾，导致排泄障碍和尿酸盐沉积。

【症状】

1. 急性中毒 主要表现为共济失调，痉挛性麻痹，肌肉无力，惊厥，瞳孔散大，暂时性视力降低，心动过速，呼吸加快，全身大汗等。单胃动物出现中枢兴奋，感觉过敏，昏迷，厌食，呕吐或腹泻等症状。牛出现运步失衡，肌肉乏力或麻痹，还会出现瞳孔散大，失明等视力障碍现象。犬、猫出现中枢神经兴奋，感觉过敏，癫痫样惊厥，昏迷，厌食，呕吐或腹泻等症状。鸡主要表现兴奋、拒食、痉挛或麻痹，鸡冠、肉髯苍白，皮下广泛出血、有时眼睑和肉髯也有出血，时间较短者为红色斑点，时间较长者为紫癜。有些病鸡出现腹泻，出血过多，死前挣扎、鸣叫。

2. 慢性中毒 主要损害泌尿和消化系统，导致功能紊乱，表现为结晶尿，血尿，蛋白尿，甚至尿闭，食欲不振，便秘，呕吐，腹泻等。慢性中毒常见于连续用药超过1周的鸡群，病鸡渴欲增加，贫血，黄疸，精神沉郁，采食下降。生长慢，羽毛蓬乱，冠、髯苍白、头部肿大呈蓝紫色，翅下出现皮疹，便秘或腹泻，粪便呈酱油色。成年鸡可见产蛋下降或产软壳蛋。

3. 剖检 皮下、肌肉广泛出血，尤其是腿、胸肌更为明显，有出血斑、点，血液稀薄如水，血凝不良。胃肠道黏膜有点状出血，肝、脾肿大、出血，胸、腹腔内有淡红色积液，肾肿大、苍白，呈花斑状，肾及肠管表面有白色、沙粒样尿酸盐沉着。

【诊断】

1. 病史诊断 有过食磺胺类药物的病史。有皮下出血和生长不良的症状。

2. 病理剖检 以广泛出血和肾尿酸盐沉积为特点。

3. 症状诊断 根据共济失调，痉挛性麻痹，癫痫样惊厥，瞳孔散大，心动过速，呼吸加快，全身大汗，厌食，呕吐或腹泻等症状做出诊断。鸡急性中毒时表现为兴奋、拒食、痉挛或麻痹，鸡冠、肉髯苍白，眼睑和肉髯也有出血。死前挣扎、鸣叫。慢性中毒时，渴欲增加，贫血，黄疸，精神沉郁，采食下降。冠、髯苍白，头部肿大呈蓝紫色，粪便呈酱油色。

4. 实验室诊断 有条件时可做血液的重氮反应试验或显微结晶对应而获得确诊。

【治疗】

1. 治疗原则 暂停用药，护肾保肝，对症治疗。

2. 治疗措施

处方一 立即停用含磺胺类药物的饲料及水，多饮清水，其他抗菌、抗球虫药也要停用。饲料中加入B族维生素和维生素K及电解多维。

处方二 饮0.1%碳酸氢钠水，3~4h后，改饮3%葡萄糖水，连饮2~3d。碳酸氢钠能促进磺胺类药物排出，减轻对肾的损害，葡萄糖能提高机体的解毒能力。

处方三 饲料中添加维生素K_3 4~8mg/kg，可减少出血，提高治愈率。

处方四 中毒严重的鸡可肌内注射维生素B_{12} 1~2mg或叶酸50~100mg。

【预防】

（1）严格掌握各种磺胺类药物的治疗剂量，使用磺胺类药物时，计算、称量要准确，搅拌要均匀，使用时间不宜太长。连续用药不能超过5d。尤其是雏鸡在使用磺胺喹啉、磺胺二甲嘧啶时更应注意。提高饲料中维生素K和B族维生素的含量，一般应按正常量的3~4倍添加。

（2）磺胺类药物与抗菌增效剂同用，可提高疗效，减少用量，防止中毒。鸡患有法氏囊病、痛风、肾型传染性支气管炎、维生素A缺乏等损害肾的疾病时，不宜应用磺胺类药物。

五、维生素C缺乏症

维生素C即抗坏血酸，缺乏时可导致以皮肤及内脏器官出血、贫血、齿龈溃疡、创伤难以愈合等为主要特征的营养代谢病，多发生于猪、犬和毛皮动物等。

维生素C广泛存在于青饲料、胡萝卜和新鲜乳汁中，松针里含量也很丰富。健康动物的肝和肾可合成自身需要的维生素C，一般不会发生缺乏症。但幼龄畜禽生长快，需要量大，易缺乏。猪体内合成的维生素C常无法满足机体需要，仍需由饲料补充。

【病因】

（1）长期饲喂缺乏维生素C的食物而不补充维生素C，如食物蒸煮过度，或食物腐败变质。食肉动物更易因此引起维生素C缺乏症。

（2）妊娠及幼龄畜对维生素C需求量较大，而又未及时补充。仔猪、犊牛在出生后一段时间，不能合成维生素C。犊牛大约到3周龄以后才开始合成。禽的嗉囊可合成少量维生素C。

（3）肠道疾病及肝疾病可影响维生素C的吸收或合成。

（4）维生素C缺乏常继（并）发于结核病、布鲁氏菌病、巴氏杆菌病、仔猪副伤寒等传染病的后期。

【发病机制】维生素C可激活一系列酶（蛋白酶、淀粉酶等）和激素（肾上腺素、皮质素），参与氨基酸、脂肪和糖的代谢；参与细胞间质中胶原和黏多糖的合成以及血液凝固和创伤愈合过程，调节造血机能和维持内皮细胞的完整性。

维生素C缺乏可引起一系列代谢紊乱，主要是胶原和黏多糖合成障碍，导致骨骼、牙齿及毛细血管壁组织的间质形成不良，再生能力降低。毛细血管间质减少，管壁空隙增大，通透性增高，导致器官、组织出血。骨骼易折断，牙齿脱落，创伤不易愈合。维生素C缺乏影响铁在肠内的转化、吸收和叶酸活性降低，影响造血功能而致贫血。此外，抗体生成和网状内皮系统机能减弱，机体抵抗力降低，极易继发和感染其他疾病。

【症状】动物体内（除灵长类外）能合成一些维生素C，因此其缺乏症发生较慢。

（1）共同症状。病初，倦怠，易疲劳，贫血。逐渐出现特征性的出血性素质——坏血病，即皮肤（尤其在背部和颈部）出血，毛囊周围点状出血，以后融合成斑片状。齿龈肿胀、出血、溃疡，牙齿松动易脱落，且在颊、舌、咽等处也发生溃疡和坏死。胃肠、肾和膀胱出血，排血便和血尿。鼻腔出血。伤口不易愈合。机体抵抗力降低，易发消化道和呼吸道疾病。

（2）不同动物维生素C缺乏症的表现。

毛皮动物：主要因母畜维生素C缺乏引起仔畜发病，常称"红爪病"。10日龄以内仔兽发病严重，且多呈窝发。新生仔兽四肢、关节肿大，爪垫肿胀发红，甚至溃疡和皲裂；吮乳能力弱，有的关节变粗，尾部水肿潮红，尾尖一节节烂掉。

犬：表现贫血，口炎，拒吃热食。

猪：表现明显的贫血和出血性素质，出血部皮肤处被毛易脱落，口腔流出大量酸臭唾液。新生仔猪脐管大出血而死亡。

牛、羊：此病较少见，无典型临床症状，主要为虚弱，胎衣滞留，齿龈肿胀、出血。犊牛和羔羊则发生关节肿胀。

禽：生长缓慢，产蛋减少，蛋壳变薄。

【诊断】

1. 症状诊断 易疲劳，贫血。逐渐出现出血性素质——坏血病，即皮肤（尤其在背部和颈部）出血，毛囊周围点状出血，排血便和血尿；伤口不易愈合。易发消化道和呼吸道疾病。毛皮动物"红爪病"。新生仔猪脐管大出血，犊牛和羔羊则发生关节肿胀。

2. 实验室诊断 本病可根据饲养管理情况、贫血、出血性素质及血、尿、乳中维生素C含量低下等综合判定，建立诊断。

【治疗】

1. 治疗原则 加强饲养管理，补充维生素C。

2. 治疗措施

处方一　静脉注射维生素C注射液或口服维生素C片，连用7～15d。

处方二　口腔溃疡的，可用0.1%的高锰酸钾、抗生素溶液、收敛药液冲洗口腔，并涂擦碘甘油或抗生素软膏。贫血时补给铁制剂。

【预防】重在加强饲养管理，多喂新鲜青绿饲草、松针叶，冬季可加胡萝卜、青贮饲料、块根等。毛皮动物、鸡和猪应按照饲养标准添加维生素C。雌性毛皮动物在妊娠后期禁止饲喂储存过久的脂肪饲料，日粮中除补加新鲜蔬菜外，每日还应添加维生素C 25mg。妊娠母猪产前一周每天服用维生素C，可预防新生仔猪脐管出血。有原发性热性病时，应注意补充维生素C，以增强机体抵抗力。

六、双香豆素中毒

双香豆素又称杀鼠灵、华法令，是一种强力抗血凝灭鼠药。犬中毒致死量为每千克体重20～50mg，猫为每千克体重5～50mg。双香豆素中毒是由动物摄入杀鼠灵而引起的以广泛性致死性出血为特征的中毒性疾病。杀鼠灵属抗凝血杀鼠药，由4-羟基香豆素和苯丙酮缩合而成，化学名为3-（α-乙酰甲基苄基）4-羟基香豆素。纯品是白色粉末，无味，难溶于水，熔点为159～161℃，一般以0.025%～0.05%的浓度做成毒饵，多次投放。

【病因】误食灭鼠毒饵，吞食被抗凝血毒鼠药毒死的鼠类而造成的二次中毒（犬、猫、猪）。华法令作为抗凝血药物，临床应用时用量过大、疗程过长，或配伍保泰松等能增强其毒性的药物，则可引起马、犬和猫中毒。

【发病机制】双香豆素由胃肠缓慢吸收，其吸收率及代谢速度因动物类别而有所差异。治疗量时，每日有15%～50%经过代谢，9d后血浆中仍可检出本品。本品可以通过胎盘屏障，并分泌于乳汁中。肝合成凝血酶原和其他凝血因子（如Ⅶ、Ⅸ和Ⅹ因子）时，需有维生素K存在，由于双香豆素的化学结构和维生素K相似，与之竞争，阻抑肝对维生素K的利用，故可干扰肝对凝血因子的正常合成，而起抗凝血作用。起效较慢但持续时间长，能降低凝血酶诱导的血小板聚集反应，为维生素K拮抗药。

【症状】

（1）出血是最主要特征。外出血表现为鼻出血、呕血、血尿、血便或黑粪。内出血发生在胸腹腔时，出现呼吸困难；发生在大脑、脊椎时，出现神经症状；发生在关节时，出现跛行。还可见关节腔内出血、皮下及黏膜下出血，皮下出血可引起皮炎和皮肤坏死，中毒量多，可见胃出血及死亡。

（2）潜伏期2～5d，主要表现为精神极度沉郁，体温升高，食欲减退，贫血，虚弱。

（3）慢性中毒表现为贫血，水肿，心力衰竭，末期可出现痉挛和麻痹。病程很长时可出现黄疸。少数可出现厌食、呕吐、腹泻、皮肤过敏反应等。

（4）病犬不能站立，精神沉郁，厌食，流涎严重，体温39.7℃，心律不齐。有心杂音，心率为60次/min；呼吸增数，63次/min。鼻镜湿润，鼻孔处有少量血液，眼结膜、口腔黏膜苍白，有多个针尖大小出血点。阴茎黏膜上有部分出血点。尿血并形成血凝块。腹泻，粪便呈黑褐色。针刺取血部位凝血时间延长，压迫止血达到23s。

【诊断】

1. 病史诊断 有用双香豆素史。

2. 症状诊断 有出血倾向，凝血时间延长，病犬尿血并形成血凝块，腹泻、粪便呈黑褐色。

3. 实验室诊断 血常规检查（犬）：白细胞 40.6×10^9 个/L，淋巴细胞 6.4×10^9 个/L，嗜中性粒细胞 31.6×10^9 个/L，红细胞 1.52×10^{12} 个/L，血红蛋白 34g/L，红细胞压积 9.7%，血小板 3×10^9 个/L。

4. 鉴别诊断 见表4-1。

表4-1 双香豆素中毒与其他类中毒的鉴别

病名	病因	全身变化	出血状态	治疗措施
有机磷农药中毒	敌百虫、乐果、敌敌畏、三硫磷、马拉硫磷等	肌肉抽搐、瞳孔缩小、流涎、腹痛、排便失禁。肠音消失、汗液淋漓、体温升高、呼吸困难、心搏急速、结膜发绀、窒息死亡	中毒轻时，在12~24h以后便血	阿托品缓慢静脉注射，当口干、瞳孔散大、呼吸平稳、心搏加快时，可停药。重者可将阿托品与解磷定配合用
有机氟中毒	氟乙酰胺（鼠药成分）	呕吐、呼吸困难、心律失常、疯跑狂叫、肌肉痉挛、口吐泡沫、昏迷抽搐、心力衰竭而死	无出血	乙酰胺（解氟灵）首次量为全天量的1/2，剩下1/2分4份，每2h注射一次。催吐和洗胃，保护消化道黏膜
安妥类灭鼠药中毒		呕吐、口吐白沫、腹泻、呼吸困难、黏膜发绀、低温，12h后缺氧死亡	鼻孔流出泡沫状血色黏液	无特效解毒药，可用催吐、洗胃、导泻、补液、利尿的方法
氯化烃类农药中毒	滴滴涕、六六六、氯丹、硫丹等	呕吐、昏迷嗜睡、腹痛便血。运动失调、狂吠、体温升高和酸中毒肌肉痉挛，缺氧致死	呕吐物含黑血，暗处可见磷光，有乙炔味	经皮肤用温肥皂水清洗，经口灌活性炭或人工盐。不可催吐。控制兴奋用地西泮和戊巴比妥，不抽搐地西泮
砒甲硝苯脲中毒	灭鼠优	呕吐、腹痛、肌肉颤抖、全身无力，之后有糖尿和失明症状，12~24h昏迷、呼吸、心力衰竭	无出血	早期催吐洗胃，烟酰胺肌内注射，此后4h肌内注射200~300mg，2周内每日3次口服烟酰胺200mg

【治疗】

1. 治疗原则 止血解毒，镇静护肝。

2. 治疗措施 病畜保持安静，尽量避免创伤，在凝血酶原时间未恢复之前不要施行任何手术，消除凝血障碍。急性严重出血的病例，恢复血容量。进行必要的对症治疗。

处方一 早期催吐和洗胃。急性中毒补血和维生素K；亚急性中毒皮下注射维生素K，直到凝血时间正常后，改为口服维生素 K_3，15~30mg，2次/d，连续4~6d。

处方二 严重出血，立即输注鲜血每千克体重10~20mL，前半段要快，后半段慢些。并用维生素 K_3 20~40mg肌内注射，以后间隔2~4h一次。12h后改为每6h一次。静脉缓慢注射维生素 K_3 50~100mg，轻症口服维生素K 44mg/次，每6h一次。

处方三 肌内注射维生素C，每6h一次，每次200mg。

七、维生素 K 缺乏病

维生素 K 缺乏病是由维生素 K 缺乏或不足所引起的一种以出血性素质为特征的营养代谢病。

【病因】

1. 原发性因素 在正常饲养和生理条件下,家畜和家禽极少发生维生素 K 缺乏病。只有畜禽长期笼养而青草供应不足时才会出现原发性病例。

2. 条件性因素

(1) 饲料中含有拮抗维生素 K 的物质。如牛草木樨中毒时,草木樨中的双香豆素与维生素 K 发生竞争拮抗作用,导致凝血障碍。此外,霉菌毒素、水杨酸等也是拮抗的物质。

(2) 肠道细菌以纤维素为主要原料合成内源性维生素 K,长期大量口服广谱抗生素,抑制肠道细菌生长,使肠道合成维生素 K_2 减少,导致肠道菌群失调,内源性合成减少。

(3) 脂溶性维生素 K 的吸收有赖于适量脂质。长期进食过少或不能进食,长期慢性腹泻、鸡球虫病导致肠道吸收维生素 K 的能力下降。液状石蜡、其他脂溶剂、轻泻剂可明显减少维生素 K 的吸收。胆道疾病(如阻塞性黄疸)因胆盐缺乏导致维生素 K 吸收不良。

3. 口服抗凝血药 如双香豆素等化学结构与维生素 K 类似物,可抑制维生素 K 参与合成活化有关凝血因子的作用。阿司匹林、磺胺类药、利福平等均为病因。

【发病机制】动物体内维生素 K 具有促进肝合成凝血酶原的作用。生理条件下,维生素 K 依赖性凝血因子在肝内合成的过程中,需进行由羧基化酶催化的羧基化反应,维生素 K_1 则是该酶促反应不可缺少的辅酶。维生素 K 缺乏时,上述凝血因子的合成、激活受到显著抑制,肝合成凝血酶原活性低或无活性未羧基化的相应蛋白质,引起各种出血表现。故当维生素 K 缺乏时,凝血时间显著延长,当对缺乏维生素 K 的动物施行外科手术或发生创伤时,常遇出血不止的现象。

维生素 K_1 于小肠远端主动转运吸收,维生素 K_2 在末端回肠及结肠被动扩散吸收,均需胆汁、胰液参加,并与乳糜微粒结合,由淋巴系统转运至全身,储存于肝、肾上腺、肺、骨髓、肾等器官,储存量不多。以葡萄糖醛酸衍生物的形式自尿中排泄。含有香豆素的抗凝剂其结构与维生素 K 十分相似,在体内与维生素 K 发生竞争,抑制维生素 K 的作用,严重地降低血液中凝血酶原的浓度,干扰凝血过程,导致血液凝固时间延长。

【症状】本病的主要症状为出血,但出血一般较轻。

(1) 皮肤、黏膜出血,如皮肤紫癜、淤斑、鼻出血、牙龈出血等。

(2) 内脏出血,如呕血、排黑色粪、尿血等,严重者可致颅内出血。外伤或手术后伤口出血不止。

(3) 仔猪维生素 K 缺乏时,表现为感觉过敏,贫血,厌食,出生后 2~3d 脐带、消化道出血,凝血时间显著延长。雏鸡缺乏维生素 K 达 2~3 周才出现症状,表现胸脯、腿、翅和腹腔等部位出现大量的出血。雏鸡由于出血及骨髓发育不全而引起贫血。种禽种蛋孵化时胚胎死亡率增加,死亡的胚胎表现出血。

(4) 马在长时间饲喂干燥而发白的干草或青草才发生维生素 K 缺乏病,仅表现某些亚临床症状。

【诊断】

1. 症状诊断　维生素 K 缺乏症是一种获得性、复合性、出血性疾病。根据皮肤、黏膜出血如皮肤紫癜、淤斑、鼻出血、牙龈出血等；内脏出血如呕血、排黑色粪、尿血等，严重者可致颅内出血等可初步诊断。

2. 实验室诊断　取淡红色尿液涂片，在显微镜下观察，发现有少量红细胞。结合临床体征并做饲料分析，确诊为维生素 K 缺乏症。

【治疗】

1. 治疗原则　加强护理，止血、纠正贫血、对症解痉、降颅压、营养支援。

2. 治疗措施　治疗相关基础疾病，多食富含维生素 K 的食物，如新鲜蔬菜。补充维生素 K，在口服维生素 K 制剂时，需同时服用胆盐。

处方一　出血较轻者，维生素 K_1 25～50mg/d，分次口服，持续半个月以上。

处方二　出血严重或有胆道疾病者，维生素 K_1 120～140mg/d，加入 250～500mL 葡萄糖溶液中静脉滴注，3～5d 后改用口服制剂。

处方三　出血严重，维生素 K_1 难以快速止血。可用冷沉淀物每千克体重 10～20IU，静脉滴注，每 4h 一次，连用 2～3d。也可输注新鲜冷冻血浆。

【预防】保证青绿饲料不间断地供应，控制磺胺类药物和广谱抗生素的使用时间及用量，及时治疗胃肠道及肝胆疾病。

维生素 K 过多也会引起中毒。不同形式的维生素 K 的毒性差异很大。维生素 K 的天然形式——叶绿醌和甲基萘醌，在高剂量的使用情况下，毒性也非常小。但合成的甲萘醌化合物则对人畜表现出一定的毒性。人、兔、犬和小鼠摄入过量维生素 K 主要表现呕吐、卟啉尿和蛋白尿；兔还出现凝血时间延长，小鼠还出现血细胞减少和血红蛋白尿。

八、血小板减少症

血小板减少症是由血小板数量减少（血小板减少症）或功能减退（血小板功能不全）导致止血栓形成不良和出血而引起的。血小板减少症是动物最常见的出血性疾病之一。伴随着大量出血或弥散性血管内凝血，继发于多种疾病。临床上以皮肤和黏膜上出现广泛的弥散性出血点或出血斑、淤血斑点等为主要特征。犬、猫时有发生。

【病因】

（1）血小板生成减少或无效死亡。包括遗传性和获得性两种，获得性血小板生成减少，是由于某些因素如药物、恶性肿瘤感染、电离辐射等损伤造血干细胞或影响其在骨髓中增殖，这些因素可影响多个造血细胞系统，常伴有不同程度贫血、白细胞减少、骨髓巨核细胞明显减少的症状。

（2）血小板破坏过多。包括先天性和获得性两种，获得性血小板破坏过多包括免疫性和非免疫性。免疫性血小板破坏过多常见的有特发性血小板减少性紫癜和药物血小板减少。非免疫性血小板破坏过多包括感染、弥散性血管内凝血、血栓性血小板减少性紫癜等。

（3）与某些自身免疫病（如自身免疫性溶血性贫血、全身性红斑狼疮等）有关。在这些疾病中，犬对包括血小板在内的某些自身组织产生抗体，这些血小板抗体除可以引起血小板寿命缩短、血小板更新加快、骨髓原核细胞出现代偿性增生外，还可使血小板成熟发生障碍，继而使血小板生成减少。

（4）某些具有细胞毒的化学药品（如氮芥、二甲磺酸丁酯、6-巯基嘌呤和环磷酰胺等）破坏生成血小板的巨核细胞。

（5）某些疾病，如白血病、再生障碍性贫血等使骨髓中肿瘤细胞浸润或正常骨髓成分丧失得不到及时补充而发生血小板减少。

（6）肉芽肿、肿瘤和梗死引起的脾肿大、功能亢进，威胁正常血小板生存，过量吞噬血小板，使血小板减少。

（7）由一些常染色体的显性遗传性疾病引起。

【症状】

（1）皮肤和黏膜突发性点状出血或斑状出血，腹部、股内侧、四肢等皮下出血，有时伴有鼻、齿龈、前眼底房和眼底出血，便血和尿血。

（2）静脉穿刺部位的皮下出血需要压迫或经过较长时间后才能止住，外伤出血时间延长。临床常规触诊后也会发生广泛性挫伤。

（3）在过度出血或伴有自身免疫性溶血性贫血时，出现贫血症状，伴有血小板减少的严重贫血病例，可能会出现皮肤黏膜苍白、虚弱、脉速和水肿症状。

【诊断】实验室检验是诊断该病的主要依据。

（1）呈现明显的血小板数减少，通常达到5万个/μL以下。血小板形态大多正常，但可见大型血小板及颗粒减少、染色过深，表示血小板更新加速，血小板聚集功能可轻度异常，血小板生存时间缩短。血块回缩不良，凝血酶原消耗不良。

（2）骨髓巨核细胞数大多增加（尤以慢性型为甚），但形成血小板的巨核细胞减少。急性型幼稚型巨核细胞比例增多，胞体大小不一，以小型多见。慢性型颗粒型巨核细胞增多，胞体大小基本正常。网织红细胞数增加，多数病猫出现多染性红细胞。

（3）血小板相关的免疫球蛋白增高，缓解期可降至正常值。白细胞数正常或稍增高，嗜酸性粒细胞可增多。

【治疗】

1. 治疗原则　消除病因，加强护理，对症治疗。

2. 治疗措施　血小板减少症的治疗随其病因和严重程度而多变，需迅速鉴别病因，若有可能应予以纠正（如与肝素有关的血小板减少症停用肝素）。由于血小板反复输注，会产生同种血小板抗体，造成疗效的降低，因而要间歇性使用，以预防上述抗体产生，若血小板减少是由于血小板消耗，则血小板输注应保留于治疗致命性或中枢神经系统出血；若由于骨髓衰竭引起的血小板减少，则血小板输注保留于治疗急性出血或严重性血小板减少。

在血小板数达到20万个/μL之前，应用强地龙松或地塞米松，经4~8周逐渐减量至停用。

【预防】

（1）禁用具有降低血小板功能的药物，如阿司匹林、保泰松等。

（2）对疑有遗传性血小板减少症的犬、猫，在选种时，应加强检测，杜绝患病后代的产生。

九、自身免疫溶血性贫血

自身免疫溶血性贫血属再生性贫血，简称自免溶贫（AIHA），是体内产生自身红细胞抗体而造成的慢性网状内皮系统溶血间或急性血管内溶血，溶血主要发生在血管内，在单核巨噬细胞系统内也可发生。依据病因分为原发性AIHA和继发性AIHA。依据自身抗体致敏红细胞的最适温度，分为温抗体溶血病和冷抗体溶血病。本病在犬常见，猪、牛、马也有发生。

【病因】引起红细胞自身抗体形成的主要原因有猫白血病病毒感染，血巴尔通体病等。原发性自免溶贫病因尚不清楚，故称特发性自免溶贫。继发性自免溶贫见于淋巴系统增生性疾病。疾病感染，包括链球菌、产气荚膜梭菌、病毒等各种微生物感染；淋巴瘤、淋巴肉瘤、白血病等恶性肿瘤以及系统性红斑狼疮、自身免疫性血小板减少性紫癜等其他自身免疫病。某些药物（青霉素、头孢菌素、磺胺类药物）和毒物（如硫代二苯胺等）、铅中毒等偶尔也可引起本病。

【症状】
（1）温抗体溶血病由温凝集型抗体（主要为IgG）所致，原发性或特发性居多，分急性和慢性两种过程。通常取慢性经过，即以慢性网状内皮系统溶血为主要病理过程。病畜在长时间内反复发热、倦怠、厌食、烦渴，可视黏膜苍白、黄染、呼吸急促、心搏过速，有时出现血红蛋白尿，呈渐进增重的进行性贫血和黄疸，腹部透视和腹壁或直肠触诊可发现脾和肝明显肿大。

（2）冷抗体溶血病即冷凝集素病，由冷凝集型抗体（多数是IgM，少数是IgG）所致，继发性的居多，通常取急性经过，或在慢性迁延性经过中出现急性发作。主要表现为浅表血管内凝血间或急性血管内溶血。突出的体征是躯体末梢部皮肤发绀和坏死。病畜在冬季或寒夜暴露于低温环境时，致敏红细胞可在浅表毛细血管内发生自凝，表现为耳尖、鼻端、唇边、眼睑、阴门、尾梢和趾垫等体躯末梢部位的皮肤发绀。局部皮肤因缺血而发生坏疽。

【诊断】本病根据临床症状，结合抗球蛋白试验，定量测定红细胞抗体的方法进行诊断。

【治疗】
1. 治疗原则 消除病因，加强护理，防治急性贫血。
2. 治疗措施 皮质类固醇疗法是自免溶贫的基本疗法。肾上腺皮质激素，口服或加入葡萄糖生理盐水中静脉注射。强的松，每千克体重1mg/d，分2次口服，也可按每千克体重1mg/d，混入葡萄糖生理盐水内缓慢静脉注射，需持续数周或数月，对特发性自免溶贫有良好的效果。如效果不明显，可改用免疫抑制药物环磷酰胺或硫唑嘌呤，或两者结合治疗，可适当配合上述糖皮质激素疗法。药物治疗无效或病情不能控制时，可考虑手术切除脾。冷凝集素病继发性的居多，主要在于根治原发病，并应注意避免持续受寒。

单元五

以排尿异常为主的疾病

课题一　表现排尿疼痛的疾病

课题描述　通过学习本单元疾病,掌握不同疾病的发病原因、症状特征、诊断方法、防治措施,同时分析该单元中的临床疾病案例,并参加相关疾病临床病例的诊疗训练。

病例分析　分析下面病例,根据病史和临床检查,提出初步诊断,制定治疗措施(开出处方)。

主诉(病史):一奶牛,食欲减退,排尿次数增多,时时翘起尾巴,阴户区不断抽动,痛苦不安。

临床检查:体温40℃,脉搏70次/min,呼吸22次/min。精神沉郁。直肠检查发现膀胱空虚,但触压敏感疼痛,躲避,不安。尿液检查,有大量红细胞、白细胞和膀胱上皮细胞。

相关知识　表现疼痛排尿的疾病主要有膀胱炎、尿道炎、尿结石等。

一、膀　胱　炎

膀胱炎是指膀胱黏膜及黏膜下层的炎症,也称尿淋漓。按膀胱炎的性质,可分为卡他性、纤维蛋白性、化脓性和出血性4种。本病多发生于母牛、犬,有时也见于马,以卡他性膀胱炎多见。临床特征为疼痛性的频尿和尿液中出现较多的膀胱上皮、脓细胞、血液及磷酸铵镁结晶。

【病因】本病主要是由非特异性细菌(如化脓杆菌、葡萄球菌、链球菌、大肠杆菌等)经过血液循环或尿路感染而致病。邻近器官炎症如子宫炎、阴道炎、肾炎、尿道炎等的蔓延,膀胱黏膜机械性或化学性刺激(如尿潴留、难产、膀胱结石、粗暴的导尿、创伤),刺激性药物(如松节油等),或某种矿物质元素缺乏,在感冒、过劳等机体抵抗力降低的情况下均可引发本病。各种有毒物质(如霉菌毒素)以及尿液在膀胱蓄积时的分解产物和体内代谢产物经尿排泄时,刺激膀胱黏膜也能导致炎症的发生。

【发病机制】各种致病因素对膀胱黏膜产生强烈的刺激,都可引起膀胱黏膜的炎症。膀胱黏膜炎症发生后,其炎性产物、上皮细胞和坏死组织等混入尿中,引起尿液成分改变,即尿中出现脓液、血液、上皮细胞和坏死组织碎片。这种质变的尿液成分成为病原微生物繁殖的良好条件,加剧炎症的发展。受到炎性产物刺激,膀胱黏膜的兴奋性、紧张性升高,膀胱收缩频繁,故病畜出现疼痛性排尿,甚至出现尿淋漓。病程进一步发展,强烈刺激,膀胱括约肌反射性痉挛，导致排尿困难或尿闭。炎性产物吸收，病畜呈现全身症状。

【症状】

1. 急性膀胱炎 排尿疼痛，尿少而频繁或呈点滴状断续流出，患畜经常呈排尿姿势。重者由于膀胱颈部黏膜肿胀或括约肌痉挛而引起尿闭时，患畜疼痛不安，后躯摇摆，蹲腰踏地。公畜阴茎频频勃起，母畜阴门频频开张。精神沉郁，体温升高，食欲废绝，直肠检查膀胱体积缩小呈空虚感。但当膀胱颈组织增厚或括约肌痉挛时，由于尿液潴留致使膀胱高度充盈。如尿闭过久则可导致膀胱破裂。

2. 慢性膀胱炎 临床上往往无明显的排尿困难，病程较长。其排尿姿势和尿液成分与急性者略同。病畜营养不良，消瘦，被毛粗乱。

【诊断】

1. 症状诊断 急性膀胱炎可根据疼痛性频尿，屡呈排尿姿势但尿少或无尿。直肠检查，膀胱充满或空虚，触压膀胱感痛，但当膀胱颈组织增厚或括约肌痉挛时，由于尿液潴留致使膀胱高度充盈。

2. 实验室诊断 卡他性膀胱炎时，尿中含有大量黏液和少量蛋白；化脓性膀胱炎时，尿中混有脓液；出血性膀胱炎时，尿中含有大量血液或血凝块；纤维蛋白性膀胱炎时，尿中混有纤维蛋白膜或坏死组织碎片，并具氨臭味。尿沉渣中见有大量白细胞、脓细胞、红细胞、膀胱上皮组织碎片及病原菌。在碱性尿中，可发现有磷酸铵镁及尿酸铵结晶。

3. 鉴别诊断 肾盂肾炎表现为肾区疼痛，肾肿大，尿液中有大量肾盂上皮细胞。尿道炎镜检尿液无膀胱上皮细胞。另外，要注意与膀胱麻痹、膀胱痉挛和尿石症相区别。

【治疗】

1. 治疗原则 消除炎症，通便止痛，对症治疗。

2. 治疗措施 首先应使病畜适当休息，饲喂无刺激性、富含营养且易消化的优质饲料，并给予清洁的饮水。对高蛋白质饲料及酸性饲料，应适当加以限制。为了缓解尿液对黏膜的刺激作用，可增加饮水或输液。

处方一 可用40%乌洛托品，牛、马50~100mL，猪、羊10~20mL，静脉注射。或用青霉素，也可与链霉素合用。病情较轻，选用一种；病情较重，几种药物联合使用。抗菌药的使用，要维持到症状消失后再停药，以免复发。内服呋喃妥因，每天每千克体重12~15mg。

处方二 对重症病例，选用1%~2%硼酸溶液，1%~2%明矾溶液，0.1%高锰酸钾溶液或0.1%雷佛奴尔溶液等，用尿导管冲洗膀胱，冲洗后将青霉素100万~200万IU加入50mL生理盐水注入膀胱，1~2次/d，效果较好。

处方三 出现全身症状时，可肌内注射抗生素或磺胺类药物。伴有肾功能不良的，忌用对肾有害的药物，以防积累中毒。尿路消毒可口服呋喃妥因、磺胺类药物或40%乌洛托品，马、牛50~100mL。

处方四 中兽医称膀胱炎为气淋。主证为排尿艰涩，不断努责，尿少淋漓。治宜行气通淋，常用八正散加减：木通30g，车前子30g，萹蓄30g，大黄30g，滑石24g，地丁30g，瞿麦30g，栀子30g，黄柏30g。水煎去渣灌服（牛、马）。

处方五 对于出血性膀胱炎，可服用秦艽散：秦艽 50g，瞿麦 40g，车前子 40g，当归、赤芍各 35g，炒蒲黄、焦山楂各 40g，阿胶 25g。研末，水调灌服。

【预防】本病预防应建立严格的卫生管理制度，防止病原微生物的感染。导尿时应严格遵守操作规程和无菌原则，避免损伤尿道及膀胱黏膜。患其他生殖、泌尿系统疾病时应及早治疗，以防蔓延。发现膀胱结石应及时处理。

二、尿 道 炎

尿道黏膜的细菌感染称为尿道感染，因主要表现为尿道黏膜的炎症变化，故也称尿道炎。其主要症状为尿频，尿痛，尿道肿胀、敏感，尿液混浊或血尿。该病多发生于雄性犬、猫。

【病因】

1. 临近器官组织炎症的蔓延 见于膀胱炎、包皮炎、阴道炎、子宫内膜炎等。

2. 其他原因 外伤，如雄性犬、猫相互咬伤或骨盆骨折。尿结石的机械刺激及药物的化学刺激。交配时过度舔舐或其他异物（如草刺等）刺入尿道等。导尿时由于导尿管消毒不彻底，无菌操作不严密，或导尿时操作粗鲁而引发尿道炎。

【症状】患病犬、猫常常表现疼痛性尿淋漓，排尿时由于炎性疼痛，使尿液呈断续状排出，此时，雄性动物阴茎频频勃起，雌性动物阴唇不断开张，严重时可见到黏液性或脓性分泌物不时自尿道口流出。尿液多于开始排出阶段混浊，其中含有黏液、血液或脓汁，有时排出坏死、脱落的尿道黏膜。频频舔舐外阴部。尿道口红肿，尿道探诊时动物表现疼痛不安，导尿管插入困难。触诊可见阴茎肿胀、敏感。

【诊断】

1. 症状诊断 疼痛性排尿，尿道肿胀、敏感，以及导尿管插入受阻，动物疼痛不安，尿液混浊。

2. 实验室诊断 尿液中存在炎性产物，但无管型和肾、膀胱上皮细胞。也可通过 X 线检查或尿道逆行造影进行诊断。

3. 鉴别诊断 尿道炎时动物的排尿姿势很像膀胱炎，但采集尿液镜检尿液中无膀胱上皮细胞。

【治疗】

1. 治疗原则 消除病因、抑菌消炎和尿道消毒。

2. 治疗措施 与膀胱炎基本相同，当尿潴留而膀胱高度充盈时，可施行手术治疗或膀胱穿刺。

处方一 清洗尿道。选用膀胱冲洗药物进行尿道冲洗，1～2次/d。冲洗的同时配合应用尿路消毒剂、磺胺类药物和抗生素。

处方二 抗菌消炎。呋喃妥因，内服按每次每千克体重 5～7mg 的量，3次/d；乌洛托品，犬每次内服 0.2～0.5g，2～3次/d，或按每千克体重 50～100mg 静脉注射。当尿液呈碱性时，可改用樟脑酸乌洛托品，每次内服 0.5g，2次/d；口服头孢羟氨苄，每次 50～100mg，2次/d。庆大霉素、青霉素和硫酸链霉素等肌内注射。

处方三 对症治疗，止血用安络血，每次 1～2mL，2次/d。若为创伤所致可修复创口。

三、尿 结 石

尿结石又称尿石病，是指由于不科学的喂养使动物体内营养物质（特别是矿物质）代谢紊乱，尿路中盐类结晶凝结成大小不一、数量不等的凝结物，刺激尿路黏膜而引起的出血性炎症和尿路阻塞性疾病。临床上以腹痛、排尿障碍和血尿为特征。本病各种动物均可发生，主要发生于公畜。

【病因】尿结石的成因不十分清楚，但普遍认为是伴有泌尿器官病理状态下的全身性矿物质代谢紊乱的结果，并与下列因素有关。

1. 高钙、低磷和富硅、富磷的饲料 长期饲喂高钙、低磷的饲料和饮水，可促进尿石形成。调查研究表明，尿石的形成也与饲料品种关系密切。例如，在产棉地区，棉饼是牛、羊的主要饲料，而长期饲喂棉饼的牛、羊，极易形成磷酸盐尿结石。有些地区，习惯用甜菜根、萝卜、马铃薯为主要饲料喂猪，结果易产生硅酸盐尿石症。某些小麦和玉米产区的家畜易患尿石症，其原因是麸皮和玉米等饲料中富含磷。

2. 饮水缺乏 人工致病试验已证实，尿石的形成与机体脱水有关。因此，饮水不足是尿石形成的重要因素，如天气炎热，农忙季节或过度使役，饮水不足，机体出现不同程度的脱水，使尿中盐类浓度增高或尿液浓稠，使尿中黏蛋白浓度增高，促使尿石的形成。

3. 维生素 A 缺乏 维生素 A 缺乏可导致尿路上皮组织角化，促进尿石形成。但实验性牛、羊维生素 A 缺乏病，未发生尿石症。

4. 感染因素 肾和尿路感染发炎时，炎性产物、脱落的上皮细胞及细菌积聚，可成为尿石形成的核心物质。

5. 其他因素 甲状旁腺功能亢进，长期周期性尿液潴留，大量应用磺胺类药物等均可促进尿道黏膜损伤。近十多年来，相继报道了鸡的肾结石和尿路结石的病例，分析其病因主要是饲养环境卫生条件差、维生素缺乏和饲喂高钙饲料。

【发病机制】尿结石形成的真正机制还不很清楚。但是，尿石的形成取决于有结石核心物质的存在，尿中保护性胶体环境的破坏，尿中盐类结晶不断析出并沉积等条件。以上各种原因，使尿液的理化性质发生改变，预防尿中溶质沉淀的保护性胶体被破坏时，尿中有大量尿石的核心物质（黏液、凝血块、脱落的上皮细胞、坏死组织碎片、红细胞、微生物、纤维蛋白和沙石颗粒等）和矿物质盐类结晶（碳酸盐、磷酸盐、硅酸盐、草酸盐和尿酸盐）产生并发生沉淀形成结石。一般认为，尿石形成于肾，随尿液转移至膀胱，并在膀胱增大体积，常在输尿管和尿道形成阻塞。尿石形成后，刺激尿路黏膜，引起阻塞部位黏膜损伤、炎症、出血，并使局部的敏感性增高。由于刺激，尿路平滑肌出现痉挛性收缩，因而病畜发生腹痛、频尿和尿痛现象。当结石阻塞尿路时，则出现尿闭，腹痛尤为明显，甚至出现尿毒症和膀胱破裂。

【症状】

1. 刺激症状 病畜排尿困难，频频做排尿姿势，叉腿，弓背，缩腹，举尾，阴户抽动，努责，嘶鸣，线状或点滴状排出混有脓汁和血凝决的红色尿液。

2. 阻塞症状 当结石阻塞尿路时，病畜排出的尿流变细或无尿排出而发生尿潴留。因阻塞部位和阻塞程度不同，其临床症状也有一定差异。

3. 肾盂结石 多呈肾盂肾炎症状，有血尿。阻塞严重时，有肾盂积水，病畜肾区疼痛，运步强拘，步态紧张。

4. 输尿管结石 病畜腹痛剧烈。直肠内触诊，可触摸到其阻塞部近肾端的输尿管显著紧张而且膨胀。

5. 膀胱结石 可出现疼痛性尿频，排尿时病畜呻吟，腹壁抽缩。

6. 尿路结石 又称"沙石淋"。公牛多发生于乙状弯曲或会阴部，公马多阻塞于尿道的骨盆中部。当尿道不完全阻塞时，病畜排尿痛苦且排尿时间延长，尿液呈滴状或线状流出，有时有血尿。当尿道完全被阻塞时，则出现尿闭或肾性腹痛现象，病畜频频举尾，屡做排尿动作但无尿排出。尿路探诊可触及尿石所在部位，尿道外部触诊，病畜有疼痛感。

直肠触诊时，膀胱内尿液充满，体积增大。长期尿闭，可引起尿毒症或发生膀胱破裂。在结石未引起刺激和阻塞作用时，常不显现任何临床症状。

【诊断】

1. 病史诊断 注重饲料成分的调查，长期饲喂高钙、低磷饲料和饮水，可促尿石形成。

2. 症状诊断 病畜排尿困难，疼痛性尿频，有血尿。病畜肾区疼痛，运步强拘，步态紧张。病畜频频举尾，屡做排尿动作但无尿排出。外部触诊，病畜阻塞部位有疼痛感。

3. 实验室诊断 犬、猫等小动物可借助 X 线影像显示阻塞部位。

4. 鉴别诊断 非完全阻塞性尿结石可能与肾盂肾炎或膀胱炎相混淆，只有通过直肠触诊进行鉴别。尿道探诊不仅可以确定是否有结石，还可判明尿石部位。

【治疗】

1. 治疗原则 消除结石，控制感染，对症治疗。

2. 治疗措施 对尿结石患畜应给予流体饲料和大量饮水，必要时可投予利尿剂，以期形成大量稀释尿，减少或防止尿中晶体物的析出。控制感染一般选用抗生素或尿路消毒药物等。

处方一 中医疗法。清热利湿，通淋排石，方用排石汤（石苇汤）加减：海金沙、鸡内金、石苇、海浮石、滑石、瞿麦、萹蓄、车前子、泽泻、生白术等。

处方二 水冲洗。将导尿管消毒，涂擦润滑剂，缓慢插入尿道或膀胱，注入消毒液体，反复冲洗。适用于粉末状或沙砾状尿石。

处方三 当尿结石严重时可使用 2.5% 的氯丙嗪溶液肌内注射，牛、马 10～20mL，猪、羊 2～4mL，猫、犬 1～2mL。

处方四 手术治疗。尿石阻塞在膀胱或尿道时，可实施手术切开，将尿石取出。对草酸盐尿结石的病畜，应用硫酸阿托品或硫酸镁内服。对有磷酸盐尿结石的病畜，应用稀盐酸进行冲洗治疗获得良好的治疗效果。

【预防】

（1）地区性尿结石。应查清动物的饲料、饮水和尿石成分，找出尿石形成的原因，合理调配饲料，使饲料中的钙磷比例保持在 1.2∶1 或者 1.5∶1 的水平。并注意饲喂维生素 A 含量丰富的饲料。

（2）磁化饮水。家畜饮水通过磁化后，pH 升高，溶解能力增强，不仅能预防尿石的形成，而且能使尿石疏松破碎而排出。将水磁化后放入水槽中，让病畜自由饮水。

（3）对家畜泌尿器官炎症性疾病应及时治疗，以免出现尿潴留。

（4）平时应适当增喂多汁饲料或增加饮水，以稀释尿液，减少对泌尿器官的刺激，并保持尿中胶体与晶体的平衡。

（5）在育肥犊牛和羔羊的日粮中加入4%的氯化钠对尿石的发病有一定的预防作用，同样，在饲料中补充氯化铵，对预防磷酸盐结石有令人满意的效果。

四、猫下泌尿道疾病

猫下泌尿道疾病（FLUTD）是指猫下泌尿道所发生的多种疾病的统称。过去该病被称为猫泌尿系统综合征（FUS）。猫下泌尿道疾病主要临床症状为尿频、排尿困难、疼痛、尿中带血、排尿行为异常等。该病多发生于1~10岁的猫，特别是2~6岁的猫，去势公猫和长毛猫易发。尿道阻塞以雄性常见，膀胱炎和尿道炎雌性多发。猫尿道结石成分90%以上是磷酸铵镁，0.5%~3%是尿酸盐和草酸盐，3%~5%是胶状物。

【病因】

（1）该病并非一种单一性的疾病，所以病因也较复杂。传染病、肿瘤、尿道受阻、尿石（小颗粒或大颗粒的结石）等都可能刺激尿道而造成该病发生。然而，在临床上很少见到因细菌或病毒所引起的猫下泌尿道疾病，反倒是结石为最常见的病因。虽然大多数病例培养不到病原体，但抗生素可控制继发感染。

（2）猫食物营养不均衡，营养代谢紊乱，特别是食物含镁过高或过度偏碱，使猫易患尿石症，此外炎性产物、脱落的上皮、血凝块、黏蛋白分泌过多等也可阻塞尿道。

（3）膀胱和尿道的一些肿瘤，如纤维瘤、血管瘤、鳞状上皮细胞癌、前列腺癌等可造成尿道狭窄、出血，甚至阻塞等。

（4）医源性因素。如导尿管探诊、冲洗，手术后留置在尿道和膀胱中的导尿管，尿道造口手术等。

（5）长期采食干粮，饮水不足，过度肥胖，缺乏运动，酸化或碱化尿液，处于应激状态等因素均可促发猫下泌尿道疾病。

（6）一些发育不良性疾病，如包茎、尿道狭窄；神经性因素，如尿道痉挛、膀胱麻痹等也可成为猫下泌尿道疾病的病因。

【症状】发病初期，患猫排尿行为异常，尿频，但每次尿量较少，甚至出现排尿困难，屡屡做出排尿姿势，但无尿排出，有的猫不在尿盆或其原来固定的地方排尿。随着病情的加重，患猫出现尿淋漓、排尿疼痛、尿中带血、甚至无尿，由于疼痛频繁舔舐尿道口。若发生尿道阻塞，病猫绝食、呕吐、脱水、电解质丢失和酸中毒，腹围膨大，腹部触诊时摸到胀大的膀胱。此时如不能及时治疗，可引起尿毒症或肾衰竭而死亡。

【诊断】根据病史和临床症状可以做出初步诊断，进一步可进行导尿管探诊、血液学检查、尿液分析、X线检查确诊。导尿管探诊是诊断猫下泌尿道疾病的一种简便易行的方法。如果探诊时，患猫紧张、挣扎不配合时，应在镇静或麻醉以后，尿道松弛的情况下进行。导尿管探诊不仅有助于诊断，并且具有一定的治疗作用。

如果患猫尚能排尿，应想法收集尿液进行尿液化验，如果患猫不能排尿时，可以进行膀胱穿刺采集尿液进行化验。化验尿液的pH，看是否有红细胞、白细胞、结晶、细菌等。必要时做X线检查，观察下泌尿道是否有结石、肿瘤或先天异常等。血液学检查有助于判断机体状况、病情及预后。

【治疗】

1. 治疗原则 疏通尿道，调节机体酸碱和电解质平衡，纠正尿毒症。抗菌消炎，防止感染。

2. 治疗措施 消除病因，加强护理，对症治疗。

处方一 导尿管冲洗法，最好是在麻醉状态下进行。尿道疏通以后，排出膀胱中潴留的尿液，导尿管应留置在尿道中1～3d，以确保尿道畅通，以免再次复发。如果阻塞物不能排除，膀胱积尿过多，可穿刺排尿，然后做尿道切开取结石或造口术。

处方二 根据结晶类型选择相应的处方食品进行治疗。对猫来说，常见的结晶类型有磷酸铵镁和草酸钙（磷酸铵镁易在碱性尿中形成，多发于青年猫；草酸钙易在酸性尿中形成，多发于老年猫）。尿道结石伴有膀胱或肾盂结石时，可使用药物溶解结石。常用的酸化尿液的药物有蛋氨酸，0.5～0.8g/d，氯化铵0.8～1.0g/d。也可在食物中加入0.5～1.0g食盐，增加猫的饮水，多排尿，从而减少尿结石的发生。

处方三 尿道疏通以后，及时进行静脉输液或皮下输液，供给能量，补充水分，调节机体酸碱平衡和电解质平衡，纠正尿毒症和肾衰竭。

处方四 抗菌消炎，防止感染。常选用的抗生素有氨苄青霉素、头孢菌素等进行肌内注射或静脉注射。

处方五 如果猫下泌尿道疾病是由肿瘤、先天性畸形引起的，应根据原发病的情况，适当施行手术或其他治疗。

【预防】造成该病发生的原因还不完全清楚，可采取以下几项措施减少该病的发生。

（1）多饮水促进尿液生成。供给新鲜清洁的饮水，但不要一次放大量饮水，最好每次放少量饮水让猫饮完再换；经常清理猫的尿盆，猫沙中大量的猫尿存在容易使猫憋尿。

（2）避免高动物蛋白饮食。高蛋白食物容易引起尿pH升高；经常鼓励猫运动或玩耍，防止肥胖，减少对猫的应激；定期去医院检查，并根据兽医的建议饲喂。

技能训练 导尿及膀胱冲洗技术

【应用】马、牛尿道炎及膀胱的治疗，或采取尿液供化验诊断。

【准备】

（1）根据动物种类备用不同类型的导尿管、注射器与洗涤器。用前将导尿管放在0.1%高锰酸钾溶液中浸泡5～15min，涂润滑剂。

（2）冲洗药液宜选择刺激或腐蚀性小的消毒、收敛剂。常用的有生理盐水、2%硼酸溶液、0.1%～0.5%高锰酸钾溶液、1%～2%石炭酸溶液、0.1%～0.2%雷佛奴尔溶液等。此外，也常用抗生素及磺胺类药物制剂的溶液。

【方法】

1. 母畜导尿及膀胱的冲洗 助手将尾巴拉向一侧或吊起。术者将导尿管握于掌心，前端与食指同长，呈圆锥形伸入阴道15～20cm（大动物），先用手指触摸尿道口，轻轻刺激或扩张尿道口，插入导尿管，徐徐推进，当进入膀胱后，则尿液自然流出。排完尿后，将导尿管外端连接洗涤器或注射器，注入冲洗药液，反复冲洗，直至排出透明药液为止。

2. 公马冲洗膀胱或导尿 先于柱栏内固定好两后肢，术者蹲于马的一侧，将阴茎拉出，左手握住阴茎前部，右手持导尿管插入尿道，徐徐推进，当到达坐骨弓附近时，则感有阻力推进困难，此时助手在肛门下方可摸到导尿管的前端，轻轻按摩辅助向上转弯，术者同时继续推送导尿管，即可进入膀胱导出尿液。冲洗方法与母畜相同。导尿或冲洗完之后，还可注入治疗药液。而后除去导尿管。

【注意事项】

（1）识别母畜尿道口有困难时，可用开膣器开张阴道，即可看到尿道口。插入导尿管时，防止粗暴操作，以免损伤尿道黏膜或造成膀胱壁穿孔。导尿管应先用0.1%～0.5%高锰酸钾溶液浸泡3～5min。

（2）公马的导尿或冲洗膀胱时，要注意人畜安全。冲洗药液的温度要与体温相等。术者手及公畜阴茎、尿道口要清洗消毒。

课题二 表现血尿的疾病

课题描述 通过学习本单元疾病，掌握不同疾病的发病原因、症状特征、诊断方法、防治措施，同时分析该单元中的临床疾病案例，并参加相关疾病临床病例的诊疗训练。

病例分析 分析下面病例，根据病史和临床检查，提出初步诊断，制定治疗措施（开出处方）。

主诉（病史）：一奶牛，食欲减退，反刍减少，弓背垂头站立，不愿走动，驱赶行走时两后肢举步不高，排尿减少，尿液呈暗红色。

临床检查：体温40.5℃，脉搏75次/min，呼吸24次/min。触诊肾区敏感疼痛。直肠检查发现肾肿大，敏感疼痛，躲避，不安。听诊第二心音增强。尿液检查，可见大量红细胞、白细胞和肾上皮细胞。

相关知识 表现血尿的疾病主要有肾炎、牛血红蛋白尿、马麻痹性肌红蛋白尿病、洋葱、大葱中毒。与此相关的疾病还有膀胱炎、尿道炎、尿结石和菜籽饼中毒等。

一、肾　炎

肾炎是肾小球、肾小管或肾间质组织发生炎症性病理变化的统称。临床上以水肿、肾区疼痛、尿量改变及尿液中含多量肾上皮细胞和各种管型为主要特征。按其病程分为急性和慢性两种，按炎症发生的部位可分为肾小球性和间质性肾炎，按炎症发生的范围可分为弥漫性和局灶性肾炎。临床上以急性、慢性及间质性肾炎多发，急性和慢性肾炎在各种家畜均可发生，以肉食动物和杂食动物多见，而间质性肾炎主要发生在牛。

【病因】肾炎的发病原因不是十分清楚，但认为与感染、毒物刺激和变态反应有关。

（1）感染因素。由于邻近器官炎症（肾盂肾炎、膀胱炎、子宫内膜炎、阴道炎等）的转移蔓延或继发于某些传染病（马腺疫、传染性胸膜肺炎、口蹄疫、猪丹毒等），或是由变态反应与中毒所致。

（2）毒物作用因素。外源性因素主要是有毒植物，霉败变质的饲料与被农药和重金属

（如砷、汞、铅、镉、钼等）污染的饲料及饮水或误食有强烈刺激性的药物（如斑蝥、松节油、石炭酸、水杨酸等）；内源性因素主要是重剧性胃肠炎症，代谢障碍性疾病，大面积烧伤等所产生的毒素与组织分解产物或代谢产物等。

（3）诱发因素。过劳、创伤、营养不良和受寒感冒均为肾炎的诱发因素。据报道，肾间质对某些药物呈现一种超敏反应，可引起药源性间质性肾炎，已知能反应的药物有二甲氧青霉素、氨苄青霉素、先锋霉素、噻嗪类及磺胺类药物。犬的急性间质性肾炎多数发生在钩端螺旋体感染之后。

（4）动物患急性肾炎后，由于治疗不当或不及时，或未彻底治愈，也可转化为慢性肾炎。

【发病机制】 病原微生物或其毒素，以及有毒物质或有害的代谢产物，经血液循环进入肾时，直接刺激或阻塞、损伤肾小球或肾小管的毛细血管而导致肾炎。

初期炎症致使肾毛细血管壁肿胀或肾小球毛细血管痉挛性收缩，导致毛细血管滤过率下降，肾小球滤过面积减少，肾小球缺血，因而尿量减少或无尿。进一步发展，水、钠在体内大量蓄积而发生不同程度的水肿。

后期由于炎症发展，肾小球毛细血管的基底膜变性、坏死、结构疏松或出现裂隙，使血浆蛋白和红细胞漏出，形成蛋白尿和血尿。由于肾小球缺血，引起肾小管也缺血，结果肾小管上皮细胞发生变性、坏死，甚至脱落。渗出、漏出物及脱落的上皮细胞在肾小管内凝集形成各种管型（透明管型、颗粒管型、细胞管型）。肾小球滤过机能降低，水、钠潴留，血容量增加；肾素分泌增多，血浆内血管紧张素增加，小动脉平滑肌收缩，致使血压升高，主动脉第二心音增强。由于肾的滤过机能障碍，机体内代谢产物（非蛋白氮）不能及时从尿中出除而蓄积，引起尿毒症。

慢性肾炎时，由于炎症反复发作，肾结缔组织增生以及体积缩小导致临床症状时好时坏，终因肾小球滤过机能障碍，尿量改变，残余氮不能完全排除，滞留在血液中，引起慢性氮质血症性尿毒症。

【症状】

1. 急性肾炎（肾小球性肾炎） 指肾实质的急性炎症病变，病畜精神沉郁，体温升高，食欲减退，消化不良，反刍紊乱。肾区敏感、疼痛，病畜不愿活动。站立时，背腰拱起，后肢叉开或集拢于腹下；强行走时，背腰僵硬，运步困难，步态强拘，小步前进；重者后肢不能充分提举而拖曳前进，尤其侧转弯困难。强力压迫肾区或行直肠触诊时，可摸到肾肿大且敏感性增高，病畜站立不安，甚至躺下或抗拒检查。第二心音增强，脉搏强硬。动脉血压可升高达29.26kPa（正常时为15.96~18.62kPa）。

病畜排尿频繁，但每次尿量少，个别病畜无尿。尿色浓暗，密度增高。尿中含有大量红细胞（血尿）或蛋白质（蛋白尿）；马患肾炎时，血液蛋白含量下降，血液非蛋白氮可达1.785mmol/L以上（正常值为1.428~1.785mmol/L）。尿沉渣检查中见有透明管型、颗粒管型、红细胞管型、上皮管型（管型尿）。重症病例，可见眼睑、颌下、胸腹下、阴囊部及牛的垂皮处发生水肿。后期病畜出现尿毒症，严重病例可伴发喉水肿、肺水肿或体腔积水。呼吸困难，嗜睡，昏迷。

2. 慢性肾炎（肾硬化） 多由急性肾炎发展而来，故其症状与急性肾炎基本相似。病初患畜全身衰弱，疲乏无力，食欲不定。血压升高，脉搏增数，硬脉，主动脉第二心音增强。继则出现食欲减退，消化不良或严重的胃肠炎症状，病畜逐渐消瘦。病至后期，于眼睑、胸腹下或四肢末端出现水肿，严重时可发生体腔积水或肺水肿。尿量不定（正常或减少），相对密度增高，蛋白质含量增加，尿沉渣中见有多量肾上皮细胞，管型（颗粒、上皮），少量红细胞和白细胞。最终导致慢性氮质血症性尿毒症，病畜倦怠，消瘦，贫血，抽搐及出血倾向，直至死亡。典型病例主要是水肿、血压升高和尿液异常。

3. 间质性肾炎　初期尿量增加，后期减少。尿中可见少量蛋白及各种细胞，有时可见透明及颗粒管型。大动物直肠检查和小动脉肾区触诊，可摸到肾表面不平，体积缩小，质地坚实，无疼痛感。

【诊断】

1. 症状诊断　少尿或无尿，肾区敏感、疼痛，血压升高，眼睑、胸腹下或四肢末端出现水肿；间质性肾炎时，直肠内触诊，肾硬固，体积缩小。

2. 剖检诊断　急性肾炎的病变为肾轻度肿大，充血，质地柔软，被膜紧张，容易剥离，表面和切面皮质部见到散在的针尖状小红点。慢性肾炎的病变肉眼可见，肾体积增大，色苍白，表面不平或呈颗粒状，质地坚硬，被膜剥离困难，切面皮质变薄，结构致密。晚期，肾缩小并发生纤维化。间质性肾炎由于肾间质增生，可见间质宽厚，肾质地坚硬、体积缩小，表面不平或呈颗粒状，苍白，被膜剥离困难，切面皮质变薄。

3. 实验室诊断　尿液中有蛋白、血细胞、管型，尿沉渣中混有肾上皮细胞等。

4. 鉴别诊断　应注意与肾病区别。肾病是由于细菌或毒物直接刺激肾，而引起肾小管上皮变性的一种非炎性疾病，通常肾小球损害轻微。临床特点为明显的水肿、大量蛋白尿及低蛋白血症，但不见有血尿等现象。

【治疗】

1. 治疗原则　消除病因，加强护理，消炎利尿及对症疗法。

2. 治疗措施　改善饲养管理，将病畜置于温暖、干燥、阳光充足且通风良好的畜舍内，给予富营养、易消化且无刺激性饲料。为缓解水肿和肾的负担，应适当限制饮水和食盐用量，充分休息，防止受寒、感冒。消除炎症，控制感染。免疫抑制疗法。抗肿瘤药物多应用烷化剂（如氮芥、环磷酰胺等），因其能抑制抗体蛋白的形成，故具有免疫抑制效应。利尿消肿，对症治疗。

处方一　青霉素，马、牛100万～200万IU，猪、羊20万～40万IU，肌内注射，每隔6～8h注射一次。链霉素，马、牛2～3g，猪、羊0.5～1.0g，肌内注射，2次/d。

处方二　呋喃妥因钠盐的疗效最为显著。马、牛0.5～1.0g，2～3次/d，肌内注射，3～5d为一疗程。或甲硝唑注射，消除感染。

处方三　醋酸泼尼松，马、牛50～150mg，猪、羊10～50mg，2次/d，内服，连续服用3～5d后，应减量1/5～1/10。氢化可的松，马、牛200～400mg，猪、羊25～40mg，分2～4次肌内注射，可连续应用3～5d。

处方四　醋酸可的松20～300mg，肌内注射或静脉注射。或地塞米松每千克体重0.1～0.2mg，肌内注射或静脉注射。

处方五　双氢克尿噻，马、牛0.5～2.0g，猪、羊0.05～0.20g，内服，1～2次/d，连用3～5d后停药。氯噻酮，马、牛0.5～1.0g，羊、猪0.2～0.4g，每日或隔日一次，内服。

处方六 醋酸钾，马、牛 10～30g，猪、羊 2～5g，内服。25％氨茶碱注射液，马、牛 4～8mL，羊、猪 0.5～1.0mL，静脉注射。

处方七 40％乌洛托品注射液 10～50mL，静脉注射，防止尿路感染。

处方八 知柏汤：黄柏 40g，知母 40g，山萸 40g，丹皮 40g，泽泻 80g，茯苓 80g。煎汤灌服。用于温脾暖胃，利水消肿，止痛。

处方九 防己散：防己 30g，黄芪 50g，白术 25g，陈皮 25g，知母 25g，黄柏 25g，苍术 25g，泽泻 25g，木通 30g，没药 15g，金银花 30g，茵陈 30g。研末冲服。用于急性肾炎。

处方十 急性肾炎采用清热利湿，凉血止血，可用秦艽散加减。慢性肾炎，燥湿利水，用平胃散与五皮饮合用，适当加减味：苍术、厚朴、陈皮各 60g，泽泻 45g，大腹皮、茯苓皮、生姜皮各 30g，水煎服。

处方十一 心脏衰弱时，可应用安钠咖、樟脑或洋地黄等强心剂；出现尿毒症时，可用 5％碳酸氢钠注射液 200～500mL，或应用 11.2％乳酸钠溶液，溶于 5％葡萄糖溶液 500～1 000mL 中，静脉注射。

【预防】加强管理，防止家畜受寒感冒。保证饲料的质量，禁喂有刺激性或发霉、腐败、变质的饲料以防中毒。避免使用有损于肾的药物。应用具有强烈刺激性和毒性的药物时，应严格控制剂量并遵守使用方法。

二、牛血红蛋白尿病

牛血红蛋白尿病是由于缺磷所导致的营养代谢病。临床特征为急性溶血性贫血、血红蛋白尿、低磷酸盐血症，发病率低，呈散发，但病死率可达 30％。3～6 胎次（5～8 岁）的高产奶牛，产后 2～4 周多发，肉牛和 3 岁以下奶牛很少发病。水牛时有发生，但症状较奶牛轻微。

【病因】

（1）长期大量饲喂低磷日粮是主要病因。产乳量高的奶牛对磷的需要量大，加上气候干旱导致饲料缺磷，有些是地方性土壤缺磷等，造成发病。磷的缺乏使红细胞的无氧糖酵解不能正常进行，产生的三磷酸腺苷（ATP）减少，而三磷酸腺苷可维持红细胞膜正常的生理功能。磷缺乏时，红细胞膜变脆，细胞变圆，严重时发生溶血，排血红蛋白尿。

（2）采食油菜、甜菜渣、萝卜、甘蓝等含磷低并多含有皂苷类物质的饲料，可造成溶血。铜的缺乏也是一个诱因。

（3）水牛血红蛋白尿与泌乳关系不密切，主要是缺磷造成的，干旱和寒冷可能是重要的诱因。

【症状】突然排出淡红色的尿液是主要特征，2～3d 内尿色逐渐加深，呈暗红或棕褐色，短时间内伴发黄疸，产乳量下降，排尿次数增加，尿量增多，心搏动增强，可能有贫血性杂音，颈静脉怒张和波动，粪便干硬，有的腹泻；最后全身衰弱、卧地不起。若能耐过 3～5d，则可恢复，但身体末梢部位（耳尖、趾、尾尖和乳头等）发生坏死。

【诊断】

1. 病史及症状诊断 根据发病的季节性（寒冷冬季）、地区性、发病牛的年龄及生理阶段诊断。临床特征是排红色尿液（血红蛋白尿）和贫血。红色尿液也见于血尿，注意鉴别。

2. 实验室诊断 检查可见血液红细胞数、血红蛋白含量和血细胞比容值均低，红细胞大小不一，血清无机磷含量明显降低。血红蛋白尿的特点是尿潜血阳性，但尿沉渣检查不见红细胞，血尿镜检可见红细胞。

3. 鉴别诊断 见表5-1。

表5-1 具有血红蛋白尿症状的常见疾病鉴别

疾病名称	共同症状	流行病学	鉴别要点
梨形虫病	血红蛋白尿、贫血	由蜱传播，8—9月多发	高热，血涂片可见红细胞内虫体
钩端螺旋体病		有季节性，由鼠类传播	鼻、唇黏膜及皮肤坏死，短期发热
牛蕨类植物中毒		春季蕨类植物发芽时多发	可视黏膜淤斑性出血，鼻孔、肠道及泌尿生殖道向外流血，凝血不良
慢性铜中毒		长期摄入过量铜	突然出现血红蛋白尿、黄疸
溶血性贫血		某些传染病、中毒、抗原抗体反应	发病快，可视黏膜苍白，黄染不明显

【治疗】

1. 治疗原则 尽快补磷，输液，补充血容量。

2. 治疗措施

处方一 静脉注射20%磷酸二氢钠（NaH_2PO_4），一次300~500mL，1~2次/d；一般在用药1~2次后红尿消失。结合皮下注射磷酸二氢钠，能较长时间维持有效血磷浓度，剂量也和静注相同，但切勿用磷酸氢二钠、磷酸二氢钾和磷酸氢二钾。

处方二 补充富磷饲料，如麸皮、米糠、骨粉、花生饼等，骨粉120~180g，2~3次/d，连续饲喂5~7d，结合静脉注射磷酸二氢钠，则可加速痊愈。

处方三 对贫血严重的病牛可输血，并补充维生素A和复合维生素，以促进造血功能。

【预防】保证饲料的全价，在冬春季节，可每天给牛补喂麸皮500~1000g或50g骨粉。含磷量低的饲料（如萝卜、甘蓝等）每天控制在5~10kg。

三、马麻痹性肌红蛋白尿病

马麻痹性肌红蛋白尿病又称氮尿症、劳累性横纹肌溶解病。主要是由于糖代谢紊乱、肌乳酸大量蓄积而引起的以肌肉变性、后躯运动障碍和肌红蛋白尿为特征的一种营养代谢性疾病。患马通常有2d或2d以上的时间被完全闲置，而在此期间日粮中谷物成分不减，当突然恢复运动时则发生本病。以壮年、营养良好的马多发，母马发病率大于公马。

【病因】

（1）马休闲期间，饲喂过多的富含糖类饲料，使得大量肌糖原在骨骼肌中储存而得不到利用；马休闲后，突然进行剧烈运动引起。

（2）寒冷刺激、日粮中硒与维生素E缺乏也可能与本病发生有关。

【发病机制】马在短期休闲后突然使役，由于心肺机能适应不良，氧供应不足，肌糖原大量酵解，产生大量乳酸，一旦乳酸的产量超过了血液的清除能力则发生乳酸堆积，导致肌纤维发生凝固性坏死，进而引起大肌肉群疼痛和严重水肿，股部肌肉因含糖原较高最易受损。肌肉水肿引起坐骨神经和其他腿部神经受压，导致肌肉继发神经性变性坏死。变性坏死肌肉释放肌红蛋白进入尿液，使尿液呈暗红色。

【症状】通常在突然剧烈运动开始后15～60min出现症状，患马大量出汗，步态强拘，不愿走动。初期食欲和饮欲正常，如此时能给予充分休息，症状可在几小时内消失；但继续发展下去则卧地不起，最初呈犬坐姿势，随后侧卧。患马神情痛苦，有的病马不停挣扎着企图站立。严重病例在后期出现呼吸急促，脉搏细而硬，体温升高达40.5℃。股四头肌和臀肌强直，硬如木板。甚至会发生褥疮而继发感染，引起败血症。

亚急性病例症状轻微，不出现肌红蛋白尿，严重的在病初的2～4d内出现肌红蛋白尿，尿液呈深棕褐色，尿中的肌红蛋白可在5～7d内消失，尿液恢复正常颜色，但尿仍呈酸性；有时出现排尿困难，尿液中有红细胞、白细胞及肾小管上皮细胞，甚至会出现管型。

出现跛行后立即停止运动，患马可在2～4d内自然康复，仍能站立的马预后良好，也可在2～7d内恢复，卧地不起的马则预后不良，随后往往发生尿毒症和褥疮性败血症。

【诊断】

1. 对于典型病例，根据病史、临床表现和病理学检查可做出诊断　但应注意与蹄叶炎、血红蛋白尿相鉴别。患蹄叶炎的病马有跛行，但不出现尿液颜色改变。许多疾病伴有血红蛋白尿而使尿液变红，但通常不出现跛行和局部疼痛。还应与马的局部性上颌肌炎和全身性多肌炎相鉴别，前者发展缓慢，且只发生于咬肌，后者主要出现全身性肌营养不良，与维生素E缺乏症类似。

2. 实验室诊断　血清肌酸磷酸激酶（CPK）活性在发病后由正常的1 000IU/L上升至400 000IU/L；血清天冬氨酸转氨酶（AST）活性于24h内达到峰值，常大于1 000IU/L；血清乳酸脱氢酶（LDH）活性于12h内达到峰值，可达正常的30倍以上；血清乳酸含量显著升高；尿中肌红蛋白定性试验呈阳性反应。

3. 剖检诊断　臀肌和股四头肌呈蜡样坏死，切面混浊似煮肉状。膀胱中有黑褐色尿液。肾髓质部呈现黑褐色条纹。有时可见心肌、喉肌和膈肌变性、坏死。

【治疗】

（1）发病后立即停止运动，就地治疗。尽量让病马保持站立，必要时可辅助以吊立。多饮水，给予柔软容易消化的饲料。

（2）对不断挣扎和有剧痛的马可立即用水合氯醛镇静（30g溶于500mL消毒蒸馏水中，静脉注射，或45g溶于500mL水中，口服），或普鲁卡因，每50千克体重22～55mg，肌内或静脉注射，同时静脉注射糖皮质激素。为促进乳酸代谢，可肌内注射盐酸硫胺素（0.5g/d）和维生素C（1～2g），连用数日。为纠正酸中毒，可静脉注射5％碳酸氢钠500mL，也可同时口服碳酸氢钠150～300g。在疾病早期可注射抗组胺和维生素E。辅助治疗可静脉注射或口服大剂量的生理盐水，以维持高速尿流量和避免尿道堵塞。排尿困难者需导尿，为防止感染和败血症的发生，可选用抗菌类药。

【预防】在休闲期间应将日粮中谷物成分减半。对有可能发病的马要避免让其剧烈运动，可在恢复运动的初始阶段保持非常轻微的运动强度，随后逐渐增加运动量。

四、洋葱、大葱中毒

洋葱、大葱属于百合科，葱属，对人类无害，但犬、猫采食后易引起中毒，主要表现为排红色或红棕色尿液，犬发病较多，猫少见。

【病因】 主要是犬、猫采食洋葱或大葱。犬洋葱中毒剂量为每千克体重15~20g。

【发病机制】 洋葱中含有辛香味挥发油-N-丙基二硫化物或硫化丙烯,越老的洋葱或大葱其含量越多。这种物质不易被加热、蒸煮、烘干等因素破坏,能降低红细胞内葡萄糖-6-磷酸脱氢酶的活性,可氧化血红蛋白,从而使红细胞快速溶解和海恩茨(Heinz)小体形成(含有此种小体的红细胞可被网状内皮系统细胞吞噬引起贫血,同时也损害骨髓)。中毒后,老龄红细胞比幼龄红细胞更易氧化变性溶解,体弱动物红细胞也易溶解。此外,洋葱是刺激性强的食物,会刺激犬的胃肠道,不仅引起炎症,还会影响犬的嗅觉。葱内含有的洋葱素会破坏血液中血红蛋白,从尿中排出血红蛋白,使尿液变红,严重溶血时,尿液呈红棕色。

【症状】

1. 急性 采食后1~2d发病,最特征性表现为排红色或红棕色的尿液,严重者尿液呈咖啡色或酱油色。精神沉郁,食欲不好或废绝,走路蹒跚,不愿活动,喜卧,可视黏膜、眼结膜先黄后苍白,鼻镜干燥,气喘,食欲下降,精神沉郁,心悸,呕吐,腹泻,体温正常或降低。采血时血液稀薄,血凝时间延长。

2. 慢性 症状不明显,有时精神欠佳,食欲差,排浅红色尿液,轻度贫血、黄疸。

【诊断】

1. 病史诊断 有采食洋葱或大葱的病史。对因治疗病情好转。

2. 症状诊断 急性:尿色明显红色,由浅到深至黑红色,严重者尿液呈咖啡色或酱油色。慢性:轻度贫血、黄疸。

3. 剖检诊断 尸体消瘦,可视黏膜苍白,血液稀薄、色淡且凝固不良,有淡黄色腹水,肝肿大呈土黄色,胆囊肿大1倍,充满胆汁,脾肿大出血,心肌扩张,肺水肿,胃、小肠及膀胱黏膜充血、水肿。血液稀薄、色淡且凝固不良。

4. 实验室诊断 血常规检查,可见血液随中毒程度加重而逐渐变得稀薄,红细胞数、血细胞比容和血红蛋白量明显下降,红细胞大小不等,呈明显多染性。网织红细胞增多。白细胞总数增多。血液姬姆萨染色,可见镜下红细胞边缘有明显球状物质,呈肚脐状突出于红细胞,即海恩茨小体。血液放入抗凝剂一段时间后,上层血浆呈溶血色。尿常规检查,可见尿液混浊,颜色呈红色或红棕色,相对密度增加,潜血阳性。尿沉渣检查可见有大量红细胞碎片、白细胞和膀胱上皮细胞及管型等,完整的红细胞少见或无;尿血红蛋白检验阳性;生化指标检查,血清总蛋白和总胆红素明显增高。

【治疗】

1. 治疗原则 强心保肝,平衡电解质,改善贫血状况。

2. 治疗方案 一旦发现犬吃食洋葱中毒,首先应立即停喂含洋葱或大葱等葱属植物的食物。轻度中毒的犬,停止饲喂洋葱后,不经治疗可自然康复;中毒较重的可用大剂量的抗氧化剂维生素E保护血红蛋白,防止红细胞破裂溶血,延长红细胞寿命,阻止海恩茨小体形成;同时采取支持疗法输液、补充营养。

处方一 强心。犬皮下注射安钠咖2mL,2次/d。

处方二 保肝利尿。10%葡萄糖100mL、维生素C 4mL、ATP 2mL、肌苷2mL、辅酶A 10 IU、肝泰乐(葡醛内酯)4mL,混合静脉注射,一次/d,连用3d。速尿(呋塞米)注射液,每千克体重1~2mg,肌内注射。

处方三 平衡电解质。5%糖盐水250mL,碳酸氢钠10mL,混合静脉注射。

处方四 改善贫血。维生素B_{12} 2mL,皮下注射。口服补铁口服液,静脉注射白蛋白、氨基酸等。溶血引起严重贫血者建议静脉输同型血,每千克体重10~20mL,可获得较好的疗效。

【预防】洋葱、大葱对犬有毒,即使加热,有害物质也不会分解。应加强饲养管理,避免饲喂含有洋葱、大葱的食物。

单元六

以运动障碍为主的疾病

课题描述 学习本类疾病的基本知识、诊断方法、防治措施，分析临床疾病案例，参加相关疾病临床病例的诊疗训练。

病例分析 分析以下病例，根据病史和临床检查，提出初步诊断，制定治疗措施（开出处方）。

病例1 主诉（病史）：最近一个多月，某养殖户饲养的部分羔羊出现生长速度缓慢和消瘦现象，平时喂干草，食槽内饲料未吃干净却啃咬砖墙、水泥地和食槽等异物，多数羔羊跛行，不愿走动，站立姿势异常。

临床检查：病羊精神沉郁，食欲减退，消瘦，呈现异嗜现象。口腔闭合困难，不愿起立和运动，常跪地，发抖，强迫运动时出现跛行现象。四肢骨骼弯曲变形呈X形腿或O形腿。

病例2 主诉（病史）：某牛场现存栏158头育肥牛，已育肥饲养两个多月。饲养员发现有4头牛精神沉郁，采食量明显减少。第二天早晨饲养员发现这4头病牛不吃草料，并且出现跛行，同时发现又有11头牛采食量下降，也出现跛行症状。牛场工作人员怀疑发生了某传染病。

临床检查：病牛体温、脉搏、呼吸正常，步态僵硬，跛行，蹄冠或跗关节肿胀。通过询问饲养员和现场查看，因秋雨多，饲喂牛的稻草根部已发霉，调制饲料时既没有晾晒，也没有将发霉的部分切下。饲喂该品质稻草已一个多月，并且近半个月牛群整体膘情下降，被毛粗糙，采食量下降。

相关知识 以运动障碍为主的疾病有佝偻病、骨软症、硒与维生素E缺乏症、铜缺乏症、锰缺乏症、脊髓挫伤及震荡、霉稻草中毒和家禽痛风等。

一、佝偻病

佝偻病是指幼龄动物在生长发育过程中，钙、磷代谢障碍和维生素D缺乏，导致成骨细胞钙化不全的一种代谢性疾病。临床上以骨骼变形、运动障碍、消化紊乱为特征。本病常见于幼驹、犊牛和羔羊，也可见于仔猪和雏鸡。

【病因】本病主要是动物体内钙、磷不足或比例失调及维生素D缺乏所致。幼畜断乳后未及时补充钙盐；长期喂缺钙饲料（如麸皮、米糠、玉米等）；长期大量喂富含草酸的饲料（如牛皮菜）；幼畜光照不足、运动减少等，均可促进本病的发生。

【发病机制】幼畜的维生素D，一是通过饲料和母乳摄取；二是经阳光照射，使幼畜皮肤中的维生素D_3原变为维生素D_3。故在母畜营养不良，以劣质干草饲喂幼畜，以及幼畜光照不足，均可引起维生素 D 不足或缺乏，进而影响钙的吸收和骨盐的沉积，而发生本病。

【症状】病初精神沉郁，食欲减退，异嗜。进而喜欢卧地，不愿运动，发育停滞，消瘦。随着病情发展，出现运动障碍，低头拱背，四肢关节肿胀，长骨变形，多呈 X 形腿或 O 形腿（图 6-1）。

病情严重时不能站立，以腕关节或跗关节着地爬行。还可见到面骨膨隆，下颌骨增厚，口腔不能完全闭合，舌尖向外露出，流涎，采食、咀嚼困难。肋骨变为平直以致胸廓扁平。肋骨与肋软骨连接部肿大呈串珠状，脊椎骨软化变形，向下方（凹背）、上方（凸背）、侧方（侧弯）弯曲。骨骼硬度显著降低，脆性增加，易骨折。

【诊断】

1. 症状诊断 根据动物年龄，饲养管理情况，慢性经过，异嗜，跛行和骨骼变化等特征，一般不难诊断。

2. X 线诊断 X 线检查，能发现骨质密度降低，骨皮质变薄，骨骺板增宽，长骨末端呈现羊毛状（毛刷状）外观。

3. 鉴别诊断 应与风湿症区别。风湿症随着运动时间的延长和运动量的增大跛行逐渐减轻，甚至消失，用钙制剂治疗无效，而用水杨酸钠制剂则有疗效。

【治疗】

1. 治疗原则 加强护理，消除病因，促进钙、磷吸收与沉积。

图 6-1 犬前肢呈 O 形腿

2. 治疗措施

处方一 补充维生素 D，每千克体重 1 500～3 000 IU，肌内注射。

处方二 用骨粉补钙，幼驹、犊牛 50～100g，仔猪、羔羊 3～10g，内服。

处方三 维生素 D_2 胶性钙，幼驹、犊牛 2.5 万～10 万 IU，仔猪、羔羊 5 000～20 000 IU，犬 2 500～5 000 IU，皮下或肌内注射。

【预防】饲喂全价饲料，供给充足的维生素 D 和钙、磷及其比例要适当。哺乳动物不宜过早断乳，及时驱虫，同时增加光照。

二、骨 软 症

骨软症是成年动物由于钙、磷代谢障碍引起的骨营养不良症。临床上以消化紊乱、异嗜、运动障碍和骨骼变形为特征。本病主要发生于牛和绵羊，特别是妊娠和高产奶牛。马、山羊、猪也发生与本病极为类似的疾病，一般认为是由钙不足引起的，其脱钙的骨组织被增生的结缔组织代替，为此特将其称之为纤维性骨营养不良。

【病因】

1. 饲料中钙、磷不足或比例失调 动物饲料中钙、磷不足是引起骨软症的主要原因。饲料中正常钙、磷比例马为 1.2∶1，黄牛 2.5∶1，奶牛 1.1∶1，猪 1∶1，鸡（2～2.5）∶1。长期单一饲喂含钙量高（谷草、红茅草、长期干旱的草料）或含磷量高

（麸皮、米糠、豆科种子和秸秆）的饲料，导致钙、磷比例严重失调，不利于钙的吸收、利用。

2. 钙消耗过多 母畜妊娠后期由于胎儿的发育需要消耗大量钙盐，或母畜产仔过多，大量泌乳，大量的钙进入乳汁，也可造成母畜缺钙。另外，饲料中植酸过多，或蛋白质的代谢产物（硫酸、磷酸及脂肪酸）含量过高，与体液中钙离子结合形成不溶性钙盐，从而造成钙的损耗加大。

3. 钙的代谢紊乱 甲状旁腺功能亢进，甲状旁腺素促使间叶细胞转化为破骨细胞，导致骨盐的溶解，引起骨质疏松。

4. 消化机能障碍 钙主要是通过肠道吸收的，如长期患慢性肠道疾病则可影响钙的正常吸收。

【发病机制】钙或磷缺乏时，骨质内的磷酸钙溶解并转入血液，以维持血钙平衡满足机体的需要，由此而发生骨组织的脱钙。脱钙后的骨组织呈海绵状，硬度降低，脆性增强而易发生骨变形或骨折。骨组织内由未钙化的基质或由大量结缔组织增生填充其间，以致扁平骨增厚，管骨端变粗而使关节肿大。关节面常发生炎症，肌腱附着处由于骨质疏松而易撕裂，故患病动物出现运动障碍。此外，各系统的机能也受到影响而呈现消化不良、异嗜、消瘦、贫血等症状。

【症状】患病动物呈现消化紊乱和异嗜。牛舔食泥土、墙壁、铁器，吞食塑料布、胶皮带，啃嚼砖块等。猪可见采食垫草、咀嚼煤渣、吞食胎衣。鸡常见啄蛋、啄肛或啄羽。随后由于骨骼疼痛，出现运动障碍。站立时，四肢交替频繁，拱背或经常卧地，不愿起立，或运动时运步不灵活，呈现跛行。

随着病情的发展，出现骨骼肿胀变形，骨质软化。牛表现为尾椎骨变形、移位、变软，椎体萎缩，甚至最后几个椎体消失，骨盆变形，肋骨与肋软骨结合部肿胀，倒卧时易引起骨折。马、猪和山羊表现为头骨变形，上颌骨肿胀，口腔闭合困难，影响采食。鼻腔狭窄时，则发生吸气性呼吸困难。长期躺卧，导致胃肠弛缓、褥疮及败血症。

【诊断】

1. 症状诊断 临床上病畜出现跛行、消化紊乱、骨变形、关节肿痛、易骨折。结合日粮调查可诊断。但要与骨折、腐蹄病、关节炎、肌肉风湿、慢性氟中毒等疾病相区别。

原发性骨折：发病前无消化不良、骨骼及关节变形的前驱症状。

腐蹄病：原发性多因场地污秽、地面不整、护蹄不良出现创伤后而被感染，通过削蹄检查可确诊。

风湿症：背部、四肢疼痛明显，运动后则可减轻。

慢性氟中毒：除骨变形、易骨折等症状外，还有特征性的齿斑及长骨柄增粗等病变。

2. 实验室诊断 血磷浓度降低，血钙浓度正常或略高，血清碱性磷酸酶活性升高。

3. 特殊诊断 X线透视，患畜长骨皮质层变薄，骨密度降低。额骨穿刺检查，因骨质硬度降低而容易刺入。

【治疗】

1. 治疗原则 加强护理，调整日粮结构，满足对钙、磷和维生素D的需要。

2. 治疗措施

处方一 20%磷酸二氢钠溶液，牛300～500mL，羊100～150mL，静脉注射，1次/d，连用5d。

处方二 10%氯化钙溶液，马100～150mL，猪10～30mL。10%葡萄糖溶液，马1 000～2 000mL，猪300～500mL，静脉注射，1次/d，连用5d。

处方三 鸡发病后，除了在饲料中添加磷酸钙或优质骨粉外，可在每千克饲料中添加维生素D_2 20～500IU。

【预防】加强饲养管理，注意日粮调配，保证钙、磷的需要。妊娠母畜要补充矿物质和维生素饲料，适当运动并适当日照。及时治疗胃肠疾病，以利钙、磷的吸收。

三、硒与维生素E缺乏症

硒与维生素E缺乏症是指由动物体内微量元素硒和维生素E不足，引起的一种营养代谢病。临床上以跛行、腹泻、猝死等为特征。各种动物均可发生，但以幼龄动物多见。

【病因】主要由于饲喂低硒（0.03～0.04mg/kg以下）和低维生素E的饲料。

1. 饲料中硒缺乏 饲料中硒的含量与土壤中可利用硒的水平有关。因此种植在低硒地区的植物性饲料，其含硒量低，以这种贫硒的饲料作为日粮，则可发生本病。

2. 继发因素 饲料中维生素E缺乏，使硒的消耗加大。生长过快或应激情况下，动物对硒的需求量增大，就会引起本病。

【发病机制】硒是谷胱苷肽过氧化物酶的重要组成部分，该酶可以分解、破坏由不饱和脂肪酸代谢所产生的过氧化物（ROOH），从而保护细胞及亚细胞结构的脂膜免受过氧化物的损害。适量的硒可提高动物的繁殖性能和生产力，增强机体的免疫力，并对某些重金属中毒有缓解作用。

维生素E是一种抗不育因子，同时又是极好的抗氧化剂，它在一定程度上可阻止不饱和脂肪酸在代谢过程中形成（过多的）过氧化物，从而保护了细胞脂膜。总之，硒可破坏过氧化物，维生素E可减少过氧化物的产生，二者协同都可保护组织免受过氧化物的损害。当其缺乏时，体内过氧化物产生增多且不能及时处理而堆积，使细胞的脂质膜和含—SH的氨基酸等受到损害，从而产生一系列的硒与维生素E缺乏的临床症状和病理变化。

【症状】硒与维生素E缺乏症的临床表现，因畜禽种类、年龄、性别的不同而异。

1. 共同症状 患病动物精神沉郁，食欲减少或废绝，发育停滞，营养不良，贫血。呼吸困难，心动过速，心律不齐，并伴有消化机能紊乱。运动障碍，背腰拱起，四肢僵硬，共济失调，重者瘫痪。一般体温正常或稍偏低。部分病例常未出现明显症状而突然死亡。

2. 不同症状

猪：主要发生于3～5周龄的仔猪。急性病例常无早期症状而突然抽搐和尖叫数声后死亡。病程长者精神沉郁，食欲废绝，皮肤、可视黏膜苍白，步态不稳，站立困难，常是前腿跪下或犬坐姿势，后期瘫痪。体温不高，心搏和呼吸加快，肺部出现湿啰音及排出红棕色尿液。

犊牛：精神沉郁，消化不良，共济失调，肌肉震颤。心率高达140次/min，呼吸数达80～90次/min。部分病例发生结膜炎。最后食欲废绝，卧地不起，角弓反张，因心力衰竭和肺水肿而死亡。

羔羊：肌肉乏力，不愿行走，共济失调。心动疾速，高达200次/min以上。呼吸浅而快，可达80～100次/min，腹式呼吸明显。肠音弱，多有腹泻。可视黏膜苍白，有的发生结膜炎，角膜混浊，甚至失明。少数羔羊出生后即呈现全身衰竭，不能自行起立。

雏鸡：全身软弱无力，贫血，鸡冠苍白。站立不稳，共济失调。两翅下垂甚至瘫痪。头、颈、胸部常成片脱毛。胸、腹部皮下结缔组织呈现淡蓝绿色水肿样变化，穿刺即可流出水肿液，这是血液外渗，由溶血引起的，即所谓渗出性素质。病雏可于3～4d死亡，病程最长者可达1～2周。

【诊断】

1. 症状诊断 本病临床表现生长发育停滞，运动障碍，共济失调，心律不齐，呼吸困难，消化机能紊乱。

2. 剖检诊断 骨骼肌色淡苍白，呈鱼肉样外观，间有灰白或灰黄色斑纹或条纹状坏死。猪心脏扩张，两心室容积增大，横径变宽呈球形。由于沿心肌走向发生出血而呈红紫色，外观似桑葚，故称"桑葚心"。肝的红褐色正常小叶和红色出血性坏死小叶及白色或淡黄色缺血性凝固坏死的小叶混杂在一起，形成彩色多斑的外观（花肝）。病鸡胸、腹水肿部皮下积聚淡蓝绿色胶冻样渗出物或纤维蛋白凝结物，腹及股内侧可见不同程度的淤血斑。

3. 实验室诊断 肝和肾是动物硒营养状况的敏感指标，与血硒含量和谷胱甘肽过氧化物酶活性一起作为诊断硒缺乏的依据。

【治疗】

1. 治疗原则 仔细查明原因，及时更换饲料，增加供给维生素E含量较高的大麦芽、绿豆芽等，或及时补充维生素E。对发现的病畜及早应用硒制剂进行治疗。

2. 治疗措施 夏季给予新鲜青绿饲料，冬季给予青草粉、苜蓿粉和微量元素硒。饲料中硒含量达0.20～0.25mg/kg。除去日粮中品质不好的脂肪，发霉、变质的鱼粉，酸败发酵含脂丰富的饼粕等。

处方一 亚硒酸钠维生素E注射液，牛、马30～50mL，犊、驹5～8mL，仔猪、羔羊1～2mL，肌内注射。家禽0.05mg（1mL用蒸馏水稀释20倍，每只禽注射1mL），皮下或肌内注射；再取1mL混入100mL饮水中，供自由饮用。

处方二 0.1%亚硒酸钠溶液，仔猪、羔羊1～4mL，犊、驹5～10mL，肌内注射，隔15d注射一次。鸡用10mg/L的亚硒酸钠溶液饮水，连用3～5d。

处方三 维生素E注射液，犊、驹300～500mg，仔猪、羔羊100～150mg，肌内注射。鸡在饲料中添加适量维生素E即可。

【预防】加强饲养管理，饲喂富含硒和维生素E的饲料，或直接补硒和维生素E。缺硒地区可在土壤中施硒肥，以提高饲料的含硒量。同时，饲喂富含维生素E的青饲料和优质干草。对曾发生过缺硒症或缺硒可疑的地区，可以冬季给妊娠母畜注射0.1%的亚硒酸钠溶液，牛、马10～20mL，猪、羊4～8mL，同时配合应用维生素E，牛、马200～250mg，猪、羊50～100mg，隔15～30d注射1次。对2～3日龄的羔羊、仔猪注射1mL，新生犊、驹注射5～10mL，鸡用1mg混于100mL饮水中，让其自饮。

四、铜缺乏症

铜缺乏症是由动物体内铜含量不足而引起的一种营养代谢病。临床上以贫血、腹泻、运动失调和被毛褪色为特征。各种动物均可发生，但主要侵害牛、羊等反刍动物。

【病因】

1. 原发性缺铜 长期饲喂低铜土壤上生长的饲草所致。

2. 继发性缺铜 日粮和饲草中存在干扰铜吸收利用的物质。如钼、硫（蛋氨酸、胱氨酸、硫酸钠、硫酸铵）等含量太多，形成难溶的铜硫钼酸盐复合物。

3. 铜的拮抗因子 锌、铅、镉、银、镍、锰等，植酸盐、维生素C摄入过多等。

【发病机制】铜是体内许多酶的组成成分或活性中心，如与铁利用有关的铜蓝蛋白酶，是含铜的核心酶，与色素代谢有关的酪氨酸酶，与结缔组织有关的单胺氧化酶，与软骨生成有关的赖氨酰氧化酶，与过氧化作用有关的超氧化物歧化酶，与磷脂代谢有关的细胞色素氧化酶等。当机体缺铜后，这些酶活性下降，动物出现贫血、运动障碍、神经机能被扰乱、被毛褪色、关节变形、骨质疏松、血管壁弹性和繁殖力下降等表现。

【症状】运动障碍是羔羊铜缺乏症的主要症状。病初两后肢叉开，驱赶时后肢运动失调，跗关节屈曲困难，球节着地，后躯摇摆，极易摔倒，快跑或急转弯时更明显。严重者做转圈运动或呈犬坐姿势，后肢麻痹，卧地不起，最后死于营养不良。

铜缺乏时，病牛被毛颜色变浅、脱色，红色和黑色毛变成白色或棕色，黑牛眼睛周围被毛更加明显，外观如戴白框眼镜（图6-2）。绵羊铜缺乏时，被毛柔软，失去弯曲，黑毛颜色变浅。

贫血是多种动物严重、长期缺铜的常见症状，发生于铜缺乏症的后期。羔羊主要表现为低色素小红细胞性贫血，而成年羊则呈巨红细胞性低色素性贫血。

腹泻是牛和羊继发铜缺乏的常见症状，粪便呈黄绿色或黑色水样，腹泻的严重程度与钼的摄入量成正比。

此外，母畜的发情表现常不明显，不孕或流产，奶牛产乳量下降，其幼畜生长不良。

图6-2 病牛脱毛和毛色素改变，呈戴眼镜样外观

【诊断】

1. 症状诊断 临床上患病动物表现为贫血，腹泻，消瘦，关节扩大，关节滑液囊增厚，肝、脾、肾内有血铁黄蛋白沉积。补饲铜制剂后疗效显著，可以初步诊断。

2. 剖检诊断 剖检可见患畜消瘦，贫血，肝、脾、肾内有过多的血铁黄蛋白沉着。犊牛原发性铜缺乏时，腕、跗关节囊纤维增生，骨骼疏松。大多数患摇背症的羊，不仅有脱髓鞘，而且有急性脑水肿、脑白质破坏和空泡形成，但无血铁黄蛋白沉着。牛患摔倒病，病牛心脏松弛、苍白、肌纤维萎缩，并为纤维组织取代。肝、脾肿大。

3. 实验室诊断 血铜浓度<0.4mg/L，超氧化物歧化酶活性下降时，可作为铜缺乏症诊断的可靠指标。

【治疗】

1. 治疗原则 补充铜制剂。

2. 治疗措施

处方一 内服硫酸铜，牛250～300mg，幼畜50～150mg，羊10～20mg，猪20～30mg，1次/d。每服14～21d，停药7～14d，直到症状消失。

处方二 在日粮中添加铜,使硫酸铜的水平达 25~30μg/g,连喂 2 周效果显著。也可将矿物质添加剂制成的舔砖中硫酸铜的水平提高至 3%~5%,让其自由舔食,或按 1%剂量加入日粮饲喂动物。

【预防】

(1) 日粮中添加硫酸铜,最低铜水平牛为 10μg/g,羊为 5μg/g。

(2) 在妊娠中后期,口服硫酸铜,牛 4g,羊 1.0~1.5g,每周 1 次,能预防幼畜铜缺乏症,也可在幼畜出生后口服铜制剂。

(3) 牛和羊可用矿物质添加剂制成的舔砖,舔砖中硫酸铜的含量羊为 0.25%~0.50%,牛为 2%。

(4) 给低铜草地施用含铜肥料,每公顷 5.6kg 硫酸铜,能显著提高牧草中铜的含量。

五、锰缺乏症

锰缺乏症是指饲料中锰含量绝对或相对不足所致的一种营养缺乏病。临床上以骨骼变形、繁殖机能障碍及新生动物运动失调为特征。本病多呈地方性流行。各种动物均可发生,其中家禽多见,其次是仔猪、犊牛、羔羊等。

【病因】

1. 原发因素 饲料中锰的含量不足。

2. 继发因素 饲料中的钙、磷、铁、钴元素过高,胃肠道炎症等因素,可影响肠道对锰的吸收。饲料中胆碱、烟酸、生物素及维生素 B_2、维生素 B_{12}、维生素 C 和维生素 D 等的缺乏和不足。

【发病机制】锰是多种酶的特异激活剂,如磷酸化酶、醛缩酶、磷酸葡萄糖变位酶和胆碱酯酶等。机体缺锰时,多糖聚合酶和半乳糖转移酶活性降低,导致硫酸软骨素合成受到干扰,因而影响骨骼的形成。此外,锰离子与脂肪代谢、糖代谢、氮的平衡和神经系统的完整性及繁殖能力等密切相关。

【症状】

1. 幼龄动物 食欲降低,生长发育受阻,被毛干燥、褪色。骨变形,脊柱弯曲,四肢粗短,骨关节肿大,站立不稳,有的共济失调或瘫痪。

2. 成年动物 公畜精液品质不良,性欲下降,睾丸萎缩。母畜生殖能力下降,乳腺发育不良。腱容易从骨沟内滑脱,形成"滑腱症"。

3. 鸡 小鸡软骨生成有缺陷,关节肥大。长骨增厚、变短、变粗。刚出壳鸡还表现神经症状。母鸡产蛋量减少,鸡胚易死亡等。

【诊断】

1. 症状诊断 根据骨骼变化、母畜繁殖机能障碍等症状可初步诊断。锰缺乏时,能量代谢紊乱、固醇类物质合成障碍,软骨生长、骨骼生成与矿化、耳前庭内软骨发育等受到影响,导致终身平衡失调,如在运动时可就地翻转。

2. 实验室诊断 根据对土壤、日粮和体内锰含量的分析,同时分析钙、磷、铁等元素的含量,有助于本病的诊断。病畜补充锰后的反应是确诊锰缺乏症的良好指标。

【治疗】

1. 防治原则 补锰是防治本病的主要方法。

2. 治疗措施

处方一　硫酸锰（用于锰缺乏地区的牛、羊），牛 2g，羊 0.5g，口服。

处方二　每吨饲料中添加硫酸锰 242g，可满足各种畜禽的需要。

处方三　家禽用 1/3 000 高锰酸钾溶液饮水，每日更换 2~3 次，连用 2~3d，间隔 2d，再饮用 1~2d。

【预防】改善饲养，给予富锰饲料。一般认为青绿饲料和块根饲料对锰缺乏症有良好的预防作用。此外，精饲料如大麦、小麦、糠麸等均含有较丰富的锰。

六、脊髓挫伤及震荡

脊髓挫伤及震荡是由动物脊柱骨折或脊髓组织受到外伤所引起的脊髓损伤。一般把脊髓具有肉眼及病理组织变化的损伤称为脊髓挫伤，缺乏形态学改变的损伤称为脊髓震荡。在临床上以呈现损伤脊髓节段支配运动的相应部位及感觉障碍和排粪、排尿障碍为特征。本病多发生于役用家畜和幼畜。

【病因】一般认为，机械力的作用是本病的主要原因。临床上常见下列情况。

1. 外部因素　多为滑跌、跳跃闪伤，用绳索套马使力过猛，折伤颈部。家畜在山区及丘陵区放牧时，由于突然滑跌或鞭赶跨越沟渠时跳跃闪伤；或因役用畜在超负荷时，急转弯使腰部扭伤或因直接暴力作用；或配种时公牛个体过大或被笨重物体击伤或被车撞，家畜之间相互踢椎骨，引起脱臼、骨碎裂或骨折等。

2. 内在因素　家畜在患软骨病、骨质疏松症和氟骨病时易发生椎骨骨折，因而在正常情况也可导致脊髓损伤。

【症状】本病的临床症状取决于脊髓受损害的部位与严重程度。

1. 较轻病例（脊髓震荡）　表现为后躯无力，运步时腰部强拘、摇晃，两后肢抬举困难，蹄尖拖地而行，后退转弯困难，容易倒地，卧地后起立困难。

2. 重症病例（脊髓挫伤）　受伤后立即发生截瘫，根据脊髓损伤的部位与程度不同，其症状各异。

颈髓全横径损伤时，动物可迅速死亡；膈神经起点（第五、六、七节段颈髓）后方损伤，则躯干、尾及四肢感觉障碍和运动麻痹，并出现以膈肌运动为主的呼吸动作，排粪、排尿失禁或尿潴留和排尿迟滞。胸髓全横径损伤时，伤部后方麻痹和感觉消失，腱反射亢进。腰荐部前部损伤时，臀部、荐部、后肢和尾麻痹及感觉消失，腱反射功能亢进；中部损伤时，除后肢的感觉消失和麻痹外，由于股神经核损伤，膝反射消失，会阴部和肛门反射无变化或增强；后部损伤时，则坐骨神经支配的区域（尾和后肢）感觉消失和麻痹，排粪、排尿失禁。

受伤部多有擦伤、肿胀、脱毛、疼痛、出汗以及痉挛等变化。当椎骨骨折时，则有可动性"噼啪"音，但大动物常不易查出。有时直肠检查能发现腰椎的异常。中小动物可用 X 线摄片，查明骨折部位。

【发病机制】由于脊髓发生挫伤，或受到出血性压迫，将发生两种后果。严重者可使脊髓发生横断性损伤，通向中枢和通向外周的神经纤维束的传导作用中断，致使损伤后部的躯体发生截瘫，感觉、运动机能丧失。轻症者仅脊髓一侧或个别神经纤维束的传导作用中断，使受损伤后部的躯体发生一侧性或局部性感觉、运动机能障碍，呈现小范围的麻痹状态。例如，腹角部损伤时，则受该腹角支配的部位反射机能消失，肌肉发生变性和萎缩。

【诊断】

1. 症状诊断　根据病畜感觉机能和运动机能障碍以及排粪、排尿异常，结合病史分析，可做出诊断。

2. 鉴别诊断

（1）麻痹性肌红蛋白尿。多发生于休闲的马，在剧烈使役中突然发病。其特征是后躯运动障碍，尿中含有褐红色肌红蛋白。

（2）骨盆骨折。病畜皮肤感觉机能无变化，直肠与膀胱括约肌机能也无异常，通过直肠检查或X线透视可诊断受损害部位。

（3）肌肉风湿。病畜皮肤感觉机能无变化，运动之后症状有所缓和。

【治疗】

1. 治疗原则　加强护理，消除病因。

2. 治疗措施

（1）让病畜安静休息，厚铺垫草，勤翻畜体。患畜不安时，给予镇静剂，如溴化钠、安乃近或水合氯醛等。

（2）粪、尿潴留的病畜，应定时排除粪、尿。初期在脊柱损伤部位施行冷敷，其后热敷或涂擦10%樟脑酒精、松节油等刺激剂，促进消炎。

（3）麻痹时，用硝酸士的宁或藜芦素皮下注射，局部应用直流电或感应电疗法，或碘离子透入疗法。

（4）为防止感染和消炎，应及时应用抗生素或磺胺类药物。当心脏衰弱时，可选用强心剂。疼痛不安时，应用镇痛剂。

（5）严重脊髓挫伤的动物，应予淘汰。

【预防】加强饲养管理，给予富含无机盐和维生素的饲料；及时补充无机盐，防止骨软症和佝偻病的发生；骑乘、挽曳、耕作、驱赶以及车船运输时，注意安全，防止滑跌、碰撞、打击等。

七、霉稻草中毒

霉稻草中毒俗称"脚肿病"，是由镰刀菌产生的毒素引起的非传染性疾病。临床上以跛行，蹄腿肿胀、溃烂，甚至蹄匣脱落为特征。本病多发生于水牛，黄牛也能发病。

【病因】本病由于采食霉烂稻草而发病。水稻收获季节降水量大，如稻草尚未干燥就堆积起来，因缺乏光照，易造成稻草霉烂。因此本病多发生在水稻收割后的深秋和冬季。

【发病机制】本病是由三线镰刀菌的毒素丁烯酸内酯引起的。真菌毒素主要作用于外周血管，使局部血管发生痉挛性收缩，致管壁增厚，管腔狭窄，血流缓慢与血栓形成，进一步发生脉管炎症变化。由于局部血液循环障碍，而引起水肿，出血，肌肉变性、坏死。在继发细菌感染的情况下，进一步恶化。

【症状】本病发生突然，患畜步态僵硬。病初蹄冠微肿、微热，有痛感。肿胀蔓延至腕关节或跗关节，呈明显的跛行。继之肿部皮肤变凉，表面有淡黄白色透明液体渗出。如继续发展，肿部皮肤破溃、出血、化脓、坏死。疮面久不愈合，腥臭。最后蹄匣或指（趾）关节脱落。

多数蹄腿肿烂的病牛，常伴发耳尖和尾尖坏死，病部干硬呈暗褐色，最后患部有的脱落。

病程长，可达月余，甚至数月，卧地不起，体表多形成褥疮，终因极度衰竭而死亡或被迫淘汰。一般体温、脉搏、呼吸、食欲、瘤胃蠕动及排粪尿均无明显变化。

【诊断】根据病史和临床特征建立诊断。必要时，可做真菌分离。

【治疗】

（1）停喂霉烂稻草，加强营养，并进行对症治疗。

（2）病初促进局部血液循环，对患肢进行热敷，按摩或灌服白胡椒酒（白酒200～300mL，白胡椒20～30g）。

（3）肿部破溃继发细菌感染时，可用抗生素或磺胺类药物治疗，并行外科处理。

（4）为了促进肉芽组织及上皮生长，利于疮口愈合，可用红霉素软膏涂敷。

（5）病情严重者，用10%葡萄糖溶液500～1 000mL，维生素C注射液2 000～4 000mg，静脉注射。

【预防】主要是在秋收时应收好、晒好和贮好稻草，防止稻草发霉。不给牛喂霉稻草，可杜绝本病的发生。

八、家禽痛风

家禽痛风又称尿酸素质、尿酸盐沉积症，是指由于嘌呤核苷酸代谢障碍，尿酸盐沉积过多或排泄过少，在体内形成结晶并蓄积的一种代谢病。临床上以运动迟缓、腿翅关节肿胀、厌食、衰竭和腹泻为特征。

【病因】多种因素可诱发本病，如饲料中蛋白质含量过高或在饲喂正常的配合饲料之外又喂给较多的肉粉、鱼粉、豆粕等高蛋白质饲料；饲料中钙、磷过高或比例不当；饲料中维生素不足；肾功能不健全；遗传因素等。

饲养密度大，运动不足，禽舍阴暗、潮湿，饲料变质，盐分过高，缺水，育雏温度过高或过低等因素均可促进本病发生。

【发病机制】在正常情况下，家禽与哺乳动物对蛋白质的代谢产物——氨的排泄有明显的区别。哺乳动物主要是将氨通过鸟氨酸循环，经精氨酸酶转变成尿素，由肾排出。而家禽由于缺乏精氨酸酶，不能将氨转变成尿素，而是通过嘌呤核苷酸合成与分解途径，生成尿酸。尿酸通过血液循环到达肾小球，经过肾小球滤过后到达肾小管，近曲小管上皮细胞分泌钠离子与尿酸结合形成易溶于水的尿酸盐，从肾排泄出去。肾是禽体尿酸排泄的唯一通路，因此肾的结构和功能状况直接影响着禽类的尿酸代谢。当禽类饲料中蛋白质和核蛋白含量过高或遗传因素使得尿酸产生增多，或某些原因使得肾功能受损，尿酸排泄障碍时体内尿酸大量蓄积，使血液中的尿酸水平升高，可达到100～160mg/L（正常为15～30mg/L）。已知当血液尿酸量超过64mg/L时，尿酸与血液中的Na^+、Ca^{2+}结合形成尿酸盐在体内广泛沉积，进而引起一系列的病理反应。

【症状】根据尿酸盐在禽体沉积的部位不同分为内脏型痛风和关节型痛风两种。

1. 内脏型痛风　内脏型痛风较为常见，但临床上不易被发现。病鸡表现食欲不振、鸡冠苍白、腹泻、排白色半黏液状稀粪，肛门周围的羽毛上常黏附有白色尿酸盐。产蛋鸡产蛋量下降或停产。常突然死亡，死亡率很高。

2. 关节型痛风　关节型痛风较少见。病鸡趾、腿、翅关节肿大，因疼痛常蹲伏于地上或独肢站立，两翅下垂，行动迟缓，跛行。

【诊断】

1. 症状诊断　根据病史和临床症状可做出诊断。

2. 剖检诊断

（1）内脏型痛风。肾的病变最为明显。肾肿大，色淡或苍白，肾小管因蓄积尿酸盐而扩张变粗，使肾表面呈花斑状。输尿管扩张变粗，充满白色尿酸盐或形成尿酸盐结石。严重时，在心包、肝、脾、肠系膜及胸、腹膜的表面散布一层白色石灰粉样物质。

（2）关节型痛风。切开肿胀关节，关节腔内有白色石灰乳样尿酸盐流出。

3. 实验室诊断　必要时采集病禽血液检测尿酸含量，或采集关节、肾肿胀处的内容物做显微镜观察，见到尿酸盐结晶，可进一步确诊。

【治疗】

1. 治疗原则　调整饲料，排泄尿酸盐。

2. 治疗措施　本病目前还缺乏有效的治疗方法，发病后主要减少饲料中核蛋白含量，停喂豆饼一周，更换鱼粉；饲料中加入多种维生素和鱼肝油；供给充足、清洁饮水和青绿饲料，加强运动，延长光照时间；停止使用磺胺类药物；排泄尿酸盐。

处方一　保泰松，初次剂量 0.1~0.2g，以后每隔 4~6h，剂量换为 0.05~0.1g，症状好转后 0.1g，口服。

处方二　促肾上腺皮质激素 80~120mg，肌内注射。

处方三　用苯基喹啉羟酸 0.2~0.5g，2 次/d，口服，以增强尿酸的排泄，减少体内尿酸的蓄积和关节痛。有肝、肾疾病的病禽禁用。

【预防】积极改善饲养管理，减少高蛋白质饲料，控制在 20% 左右。调整日粮中钙、磷的比例，供给富含维生素 A 的饲料等。

单元七

以神经症状为主的疾病

课题一　表现神经症状且体温升高的疾病

课题描述　学习本类疾病的基本知识、诊断方法、防治措施，分析临床疾病案例，参加相关疾病临床病例的诊疗训练。

病例分析　分析以下病例，根据病史和临床检查，提出初步诊断，制定治疗措施（开出处方）。

主诉（病史）：某养殖户饲养的1匹2岁公马，由于天气炎热，赶出去放牧，15：00赶回畜舍，半小时后突然发病。表现全身出汗、呼吸急促、狂躁不安等症状。畜主意识到病情严重，便请兽医诊治。

临床检查：患病马精神沉郁，体温40.2℃，步态不稳，四肢无力，全身出汗，呼吸急促，前冲后撞、狂躁不安。随后卧地不起，四肢呈游泳状，头后仰，心力衰竭，颈静脉怒张，可视黏膜发绀，呼吸迫促。

相关知识　表现神经症状且体温升高的疾病主要有脑膜脑炎、日射病及热射病等。

一、脑膜脑炎

脑膜脑炎是软脑膜和脑实质发生炎症，伴有严重脑机能障碍的疾病。临床上以一般脑症状和灶性脑症状为特征。各种动物均可发生，但以马、牛多见。

【病因】本病常继发于某些传染病（如伪狂犬病、流行性乙型脑炎等）和中毒病（如猪食盐中毒、马霉玉米中毒等）以及寄生虫病（如脑包虫病、脑脊髓丝虫病等）的经过中。此外，邻近器官炎症（如中耳炎、额窦炎等）的转移、蔓延，也可引起本病。长途运输、过度拥挤、天气闷热、通风不良等是本病的诱发因素。

【发病机制】致病因素通过各种不同的途径侵入血液，运行到脑或沿着脑干侵入脑，引起脑组织炎性浸润，发生急性脑水肿，使脑脊液增多，颅内压升高，脑组织遭受严重侵害，导致脑机能障碍。

【症状】病初多呈现精神沉郁，食欲减少或废绝，前肢广踏或交叉。走路时摇晃不稳，共济失调，甚至倒地，出现知觉障碍。

经数小时后出现兴奋状态，狂暴不安，不顾障碍，前冲后退或乱咬乱踢，有时做转圈运动，视力减退或消失。病牛则咬牙切齿，眼神凶恶，抵角甩尾，时时哞叫。病猪则尖声鸣叫，磨牙空嚼，口流泡沫。

继兴奋之后转入抑制状态，表现为耳聋头低，闭目昏睡，或转圈和无目的地漫游。卧倒后，四肢呈游泳姿势。以上兴奋和抑制症状往往交替出现。

脑膜脑炎若由传染病性因素引起，病畜的体温则升高；若由中毒引起的，体温通常无明显变化。兴奋时呼吸和脉搏加快；抑制时呼吸慢而深，脉搏减少。饮水异常，咀嚼缓慢，猪有时呕吐，反刍动物呈前胃弛缓症状。

【诊断】

1. 症状诊断　根据神经症状，结合病史调查和分析，一般可做出诊断。

2. 实验室诊断　若确诊困难时，可进行脑脊液检查。脑膜脑炎病例的脑脊液中嗜中性粒细胞数和蛋白含量增加。必要时可进行脑组织切片检查。

【治疗】

1. 治疗原则　加强护理，降低颅内压，消炎解毒，保护大脑。

2. 治疗措施　先将病畜放置在安静、通风的地方，避免光、声刺激。若病畜体温升高、头部灼热可采用冷敷头部的方法，进行降温。

抗菌消炎，可用抗菌药物。

降低颅内压：脑膜脑炎多伴有急性脑水肿、颅内压升高和脑循环障碍，视体质状况可先泻血，再用等量的10%葡萄糖静脉注射。也可选用25%山梨醇液或20%甘露醇静脉注射。也可考虑应用ATP和辅酶A等药物以促进新陈代谢。

对症治疗：当病畜狂躁不安时，可用氯丙嗪等镇静药，以调整中枢神经机能紊乱，增强大脑皮层保护性抑制作用。心功能不全时，可应用安钠咖和氧化樟脑等强心剂。

中兽医称脑膜脑炎为脑癀，是由热毒扰心所致的实热症。治则是清热解毒，解痉息风和镇心安神。可配合针刺太阳、舌底、耳尖、山根、胸膛、蹄头等穴位，效果更好。

处方一

（1）20%甘露醇注射液，马、牛1 000～2 000mL，猪、羊100～250mL；10%葡萄糖注射液，马、牛1 000mL，猪、羊100mL；10%磺胺嘧啶钠注射液，马、牛200mL，猪、羊20mL；地塞米松注射液，马2.5～5.0mg，牛5～20mg，猪、羊4～12mg。用法：一次静脉注射，1次/d。

处方说明：也可选用其他抗生素代替磺胺嘧啶。

（2）盐酸氯丙嗪注射液，马、牛每千克体重0.5～1.0mg，猪、羊每千克体重1～2mg。用法：一次肌内注射。

处方说明：用于兴奋型，也可用25%硫酸镁静脉注射。

处方二　20%甘露醇注射液，马、牛1 000～2 000mL，猪、羊100～250mL。用法：一次静脉注射，2次/d。

处方说明：降低颅内压。也可按同等剂量的25%山梨醇注射液静脉注射。

处方三　2.5%盐酸氯丙嗪，马、牛10～20mL，猪、羊2～4mL。用法：一次肌内注射。

处方说明：镇静。

处方四　10%溴化钠注射液，马、牛50～100mL，猪、羊5～10mL。用法：一次静脉注射。

处方说明：镇静。

处方五 10%磺胺嘧啶钠注射液，马、牛 200mL，猪、羊 20mL。用法：一次静脉注射，1 次/d，连用 3~5d。

处方说明：消炎解毒。

处方六 20%安钠咖注射液，马、牛 10~25mL，猪、羊 2~5mL。用法：心力衰竭时一次肌内注射。

处方说明：强心。为降低颅内压，消除脑水肿，马、牛可先行颈静脉放血 1 000~1 500mL，幼驹放血 200mL，猪、羊 100~150mL，随后静脉注入等量 10%~25%的葡萄糖溶液。

处方七 朱砂散加减：朱砂 10g，茯神 45g，黄连 30g，栀子 45g，远志 35g，郁金 40g，黄芩 45g。用法：水煎去渣，冷后加蛋清 100mL、蜂蜜 120mL 混合，马、牛一次灌服，猪、羊两次灌服。

处方说明：用于兴奋型。

【预防】应加强饲养管理，合理使役，畜舍要保持清洁卫生，防止过热及蚊蝇侵袭，防止中毒。如有可疑传染病时，应立即隔离，采取防治传染病的措施。

二、日射病及热射病

日射病是指在炎热季节，动物头部持续受到阳光直射，引起脑及脑膜充血和脑实质病变，导致中枢神经系统机能障碍的一种疾病。热射病是指动物所处的外界环境气温高、湿度大、产热多、散热少，体内积热而引起的严重中枢神经机能紊乱的疾病。临床上日射病和热射病统称为中暑。本病在炎热的夏季多见，病情发展急剧，甚至迅速死亡。各种动物均可发病，集约化养殖的禽、猪、奶牛等多发。

【病因】使役、放牧家畜受到强烈阳光的暴晒，日光中的紫外线对家畜脑膜及脑组织发生作用，引起中枢神经系统机能紊乱，可发生日射病。

夏季圈舍拥挤、通风不良，或在闷热环境中使役，用密闭而闷热的车、船运输等，可使体热向外散发困难，畜体产生的热蓄积体内，造成机体过热，引起中枢神经机能紊乱，可发生热射病。

炎热季节，家畜出现心力衰竭、体质肥胖、被毛粗厚症状，饮水不足、缺盐等也可能诱发本病。

【发病机制】

1. 日射病 因家畜头部持续受到强烈日光照射，日光中紫外线穿过颅骨直接作用于脑膜及脑组织，引起头部血管扩张，脑及脑膜充血，头部温度和体温急剧升高，导致神志异常。又因日光中紫外线的光化反应，引起脑神经细胞炎性反应和组织蛋白分解，从而导致脑脊液增多，颅内压增高，影响中枢神经调节功能，新陈代谢异常，导致自体中毒，心力衰竭、卧地不起、痉挛、昏迷。

2. 热射病 由于外界环境温度过高，潮湿闷热，动物体温调节中枢的机能降低，散热障碍，且产热与散热不能保持相对平衡，产热大于散热，以致动物机体过热，中枢神经机能紊乱，血液循环和呼吸机能障碍而发生本病。

【症状】

1. 日射病 突然发病，病初精神沉郁，四肢无力，共济失调，突然倒地，四肢划动，有时全身出汗。体温升高，随着病情的发展，出现心力衰竭、静脉怒张、可视黏膜发绀、呼吸迫促等症状。后肢皮肤、角膜及肛门反射消失。瞳孔散大，意识丧失，迅速死亡。

2. 热射病 突然发病，体温急剧上升，皮温灼手。患病动物站立不动或倒地张口喘气，两鼻孔流出粉红色、带小泡沫的鼻液。心搏、脉搏加快，眼结膜充血。后期昏迷，四肢划动，呼吸浅表，少尿或无尿。濒死前，体温多下降，常因窒息或心脏停搏死亡。

【诊断】

1. 症状诊断 根据发病季节，病史和体温急剧升高，心、肺机能障碍和倒地昏迷等临床特征，容易确诊。

2. 剖检诊断 日射病及热射病的共同的病理变化为脑及脑膜高度淤血，并有出血点；脑组织水肿，肺充血、水肿，胸膜、心包膜及胃肠黏膜都有出血点和轻度炎症病变，血液暗红且凝固不良。肝、肾变性，尸僵及尸腐提前。

3. 鉴别诊断 应与肺水肿、肺充血、心力衰竭和脑充血等疾病鉴别诊断。

【治疗】

1. 治疗原则 加强护理、促进降温、减轻心肺负荷、镇静安神、纠正水盐代谢和酸碱平衡紊乱。

2. 治疗措施 消除病因和加强护理，应立即停止使役，将病畜移至阴凉通风处，若病畜卧地不起，可就地搭起遮阳棚，保持安静。

降温疗法：不断用冷水浇洒全身，或用冷水灌肠，口服1%冷盐水，可于头部放置冰袋，也可用酒精擦拭体表。体质较好者可适量泻血，同时静脉注射等量生理盐水，以促进机体散热。

缓解心肺机能障碍：对心功能不全者，可注射安钠咖等强心剂。为防止肺水肿，静脉注射地塞米松。当病畜烦躁不安和出现痉挛时，可口服或直肠灌注水合氯醛黏浆剂或肌内注射氯丙嗪。若确诊病畜已出现酸中毒，可静脉注射碳酸氢钠。

中兽医辨证中暑有轻重之分，轻者为伤暑，以清热解暑为治则，重者为中暑，病初治宜清热解暑、开窍、镇静，当气阴双脱时，宜益气养阴，敛汗固涩。若能配合针刺耳尖、尾尖、舌底、太阳等穴效果更佳。

(1) 猪日射病的治疗措施。

处方一

①10%樟脑磺酸钠注射液4~6mL。用法：一次肌内注射，2次/d。

②5%葡萄糖生理盐水200~500mL，用法：耳静脉放血100~300mL后一次静脉注射，4~6h后重复一次。

处方二 鱼腥草100g，野菊花100g，淡竹叶100g，陈皮25g。用法：煎水1 000mL，一次灌服。

处方三 生石膏25g，鲜芦根70g，藿香10g，佩兰10g，青蒿10g，薄荷10g，鲜荷叶70g。用法：水煎灌服，1剂/d。

处方四　穴位：山根、天门、血印、耳尖、尾尖、鼻梁、涌泉、滴水、蹄头。针法：血针。

(2) 马、牛、羊日射病与热射病的治疗措施。

处方一

①5%碳酸氢钠注射液，马、牛 300～600mL，羊 50～100mL；复方氯化钠注射液，马、牛 1 000～3 000mL，羊 250～500mL；10%安钠咖注射液，马、牛 20～50mL，羊 5～20mL。用法：一次静脉注射，2 次/d。

处方说明：将病畜放在阴凉、通风处，静脉泻血（马、牛 1 000～2 000mL，羊 100～300mL）后静脉注射，必要时 4h 一次。

②盐酸氯丙嗪注射液，马、牛每千克体重 0.5～1.0mg，羊每千克体重 1～2mg。用法：一次肌内注射。

处方说明：镇静，用于兴奋型。当病畜好转时可用人工盐口服或 10%氯化钠注射液静脉注射，促进胃肠机能恢复。

处方二　5%葡萄糖生理盐水，马、牛 2 000～3 000mL，羊 200～500mL；氢化可的松，马、牛 0.3～0.5g，羊 0.02～0.08g。用法：一次静脉注射。

处方说明：强心、抗休克。

处方三　5%碳酸氢钠注射液，马、牛 300～600mL，羊 50～100mL。用法：一次静脉滴注。

处方说明：纠正酸中毒。

处方四　20%甘露醇注射液，马、牛 1 000～2 000mL，羊 100～250mL。用法：一次静脉注射，2～3 次/d。

处方说明：降低颅内压。也可按同等剂量的 25%山梨醇注射液静脉滴注。将病畜移至阴凉通风处并保持安静，用井水浇头、颈部，或敷以冰袋，或用冰盐水灌肠等。

处方五　茯神散：茯神 40g，朱砂 10g，雄黄 15g，香薷 40g，薄荷 30g，连翘 35g，玄参 35g，黄芩 30g。用法：共为末，开水冲调，加猪胆一只，马、牛一次灌服，羊两次灌服。

处方六　清暑香薷汤：香薷 30g，藿香 30g，炙杏仁 30g，知母 30g，滑石 60g，石膏 90g。用法：水煎，候温，马、牛一次灌服，羊两次灌服。

处方七　穴位：颈脉、三江、蹄头、尾尖。针法：血针。

课题二　表现神经症状且体温变化不明显的疾病

课题描述　学习本类疾病的基本知识、诊断方法、防治措施，分析临床疾病案例，参加相关疾病临床病例的诊疗训练。

病例分析　分析以下病例，根据病史和临床检查，提出初步诊断，制定治疗措施（开出处方）。

病例 1　主诉（病史）：一头 6 岁黑白花奶牛，因放牧时吃了幼嫩青草而发病，病情严重，便请兽医诊治。

临床检查：患牛食欲废绝，惊恐不安，体温39.1℃，脉搏90次/min。左侧颈臂头肌呈痉挛性收缩，共济失调，站立不稳。随后突然倒地，头颈仰起呈角弓反张，四肢划动，牙关紧闭，口吐白沫，眼球震颤，瞳孔散大，瞬膜外突，粪尿失禁。

病例2 主诉（病史）：一头2月龄犊牛，从出生一个月以后，开始白天羞明流泪，傍晚盲目行走，视物不清，容易碰撞障碍物，同时吃乳量下降，轻度腹泻。

临床检查：病牛精神沉郁，被毛蓬乱无光泽，皮肤发炎，背尾部附着大量糠麸样痂皮，视力障碍呈夜盲症。体温39.2℃，脉搏90次/min，呼吸36次/min。

相关知识 表现神经症状且体温变化不明显的常见疾病主要有脑震荡及脑挫伤、癫痫、维生素A缺乏症、青草搐搦、仔猪低血糖病、食盐中毒、酒糟中毒、霉玉米中毒、有机磷农药中毒、有机氟化物中毒、尿素中毒、应激性疾病等。

一、脑震荡及脑挫伤

脑震荡及脑挫伤是因颅脑受到粗暴的外力作用所引起的一种急性脑机能障碍或脑组织损伤。一般将脑组织损伤病理变化明显的称为脑挫伤，而病理变化不明显的称为脑震荡。临床上以暴力作用后即发生昏迷、反射机能减退或消失等脑机能障碍为特征。各种动物均可发病。

【病因】主要是粗暴的外力作用，如冲撞、蹴踢、角斗、跌落、摔倒、打击。从车上摔下，以及撞车或翻车时的冲撞；从高处摔下，从桥上或从山上滚下等均可导致本病。

【发病机制】由于粗暴外力或冲击波强力冲击作用于动物颅脑部，脑组织形态和机能发生变化。脑挫伤时则出现硬膜下血肿及蛛网膜下与脑实质出血，此外还常引起脑组织缺血、缺氧及水肿，致使脑机能紊乱，因而呈现嗜睡、昏迷、瞳孔对光反射消失及体温变化不定的症状。脑挫伤严重时，动物可立即死亡。脑震荡只是其损伤程度较轻而已，其发病学与脑挫伤基本相似。

【症状】根据脑组织损伤严重程度而定。一般而言，若组织受到严重损伤，可在短时间内死亡。若发生脑震荡，且病情轻者，病畜仅踉跄倒地，短时间内又可从地上站起恢复到正常状态，或呈现一般脑症状。若病情严重，动物可长时间卧地不起，陷于昏迷，意识丧失，知觉和反射减退或消失。主要表现为瞳孔散大，呼吸变慢，脉搏细数，节律不齐，粪尿失禁，猪和犬常出现呕吐。

若颅脑挫伤，除昏迷、呼吸、脉搏、感觉、运动及反射机能障碍外，因脑组织受到不同程度的损伤，还发生脑循环障碍，脑组织水肿，甚至出血，从而再现某些局部脑症状。病畜抽搐、瘫痪、视力丧失、口唇歪斜、吞咽障碍及舌脱出，多呈交叉性偏瘫。

【诊断】根据颅脑部有受暴力作用的病史和临床症状，可做出诊断。脑震荡，一般根据一时性意识丧失，昏迷时间短、程度轻，多不伴有局部脑症状等临床特征做出诊断。对昏迷时间长，程度重，多呈现局部脑症状，死后剖检，脑组织有形态等变化，可诊断为脑挫伤。

【治疗】
1. 治疗原则 加强管理，控制出血和感染，预防和消除水肿。

2. 治疗措施 首先应加强护理，对脑震荡及脑挫伤，不论病情轻重，都应保持安静，将头抬高，应用水袋冷敷。为预防因舌根部麻痹闭塞后鼻孔而引起窒息死亡，可将舌稍向外牵出，但要防止舌被咬伤。

轻症病例或病初可注射止血剂，同时可进行头部冷敷。

控制感染可应用抗生素或磺胺类药物。消除水肿可用25%山梨醇或20%甘露醇，静脉注射，配合使用地塞米松效果更佳。

若病畜长时间处于昏迷状态，可肌内注射咖啡因和樟脑磺酸钠等提高中枢神经机能活动的药物。必要时，也可静脉注射高渗葡萄糖激活脑组织功能，防止循环虚脱。

处方一

(1) 5%安络血注射液，马、牛5～20mL，羊、猪、犬2～4mL；20%甘露醇注射液，马、牛1 000～2 000mL，猪、羊、犬100～250mL；10%葡萄糖注射液，马、牛1 000mL，猪、羊、犬100mL。用法：一次静脉注射，2～3次/d。

处方说明：止血药也可用维生素K_3、止血敏等。脱水药也可用山梨醇等。

(2) 10%磺胺嘧啶钠注射液，马、牛200mL，猪、羊、犬20mL；地塞米松注射液，马2.5～5.0mg，牛5～20mg，猪、羊、犬4～12mg。用法：一次静脉注射，1次/d，连用3～5d。

处方说明：预防脑部感染。

处方二 盐酸氯丙嗪注射液，马、牛每千克体重0.5～1.0mg，猪、羊每千克体重1～2mg。用法：一次肌内注射。

处方说明：镇静。用于痉挛、抽搐或兴奋不安。

处方三

(1) 细胞色素C 10～20mg，25%葡萄糖溶液50mL。用法：一次静脉注射。

(2) 三磷酸腺苷注射液10～20mg，20%安钠咖注射液，犬1～2mL。用法：一次肌内注射。

处方说明：促进脑细胞功能恢复。

【预防】加强对家畜的管理，做好安全防事故工作，避免摔倒、打击、角斗、交通事故等外伤性因素，防止脑及脑膜组织遭受冲击性损害。

二、癫 痫

癫痫是一种暂时性的脑机能异常的慢性疾病。临床上以反复发生短时间的意识丧失、阵发性与强直性痉挛为特征。按照病因分为真性癫痫和症状性癫痫。多发生于犬、猫、牛和猪等。

【病因】

1. 原发性癫痫 一般认为与脑组织代谢障碍有关。目前发现本病在部分动物与遗传有关。

2. 继发性癫痫 多见于颅内疾病，如脑炎、脑膜脑炎等；传染性和寄生虫性疾病，如伪狂犬病、犬瘟热、脑包虫病等；营养代谢性疾病，如低钙血症、低镁血症、维生素B_1缺乏症、奶牛酮病等；中毒性疾病，如铅中毒、有机磷农药中毒等。

【发病机制】暂时性或持续性改变脑机能的因素，提高了脑组织神经细胞兴奋性，存在于大脑中的癫痫灶向脑的其他部位传递并扩散，即可引起癫痫发作。轻者短时间内意识出现障碍、昏迷，无抽搐和痉挛现象；重者发生昏迷，全身抽搐和惊厥。癫痫灶中神经细胞的特征是膜去极化大幅度延迟，并伴有高频率的尖峰，脑电图显示膜电位改变引起发作性放电，因此癫痫性神经细胞的数目与癫痫发作的频率相关。

【症状】癫痫发作多不定期。发作前通常无前驱症状，常突然发病，患病动物意识丧失，突然倒地，痉挛和惊厥，全身僵硬，知觉消失。眼球震颤，瞳孔散大。鼻翼开张，呼吸迫促，心动急速，口吐白沫，粪尿失禁。后期，病畜大量出汗，痉挛和惊厥停止。病程仅数十秒至数分钟，神志逐渐恢复，知觉正常，但全身软弱无力，稍后即能站立，运步缓慢，迅速恢复正常。

【诊断】原发性癫痫，根据病史、临床症状，可做出诊断。继发性癫痫，除阵发性的癫痫发作之外，尚有原发病的其他特征。

【治疗】
1. 治疗原则 查清病因，纠正和处理原发病。
2. 治疗措施

处方一 苯巴比妥，每千克体重 30～50mg，肌内注射，3 次/d。

处方二 扑癫酮，犬每千克体重 20～40mg，分 2～3 次皮下注射，猫每千克体重 0.125mg，分两次皮下注射。

【预防】癫痫发作期间停止使役，将病畜拴于宽敞厩舍并铺垫软草。有发病史的病畜不宜在山上、河边放牧，以防意外。

三、维生素 A 缺乏症

维生素 A 缺乏症是由机体维生素 A 或维生素 A 源缺乏引起的一种代谢性疾病。临床上以生长缓慢，视觉障碍，骨形成缺陷，繁殖机能障碍以及机体免疫力低下为特征。多发生于幼畜和家禽。

【病因】植物中的维生素 A 主要以维生素 A 源（胡萝卜素、玉米黄素）的形式存在。一般青绿饲料（青草、胡萝卜、南瓜）及黄玉米中富含维生素 A 源。而经过暴晒的秸秆、马铃薯、萝卜、甜菜根、亚麻籽等缺乏维生素 A 源。长期饲喂缺乏维生素 A 源的饲料，可导致本病。腹泻、胃肠疾病和肝疾病、饲料加工储存不当均可导致本病的发生。

【发病机制】维生素 A 能增强黏膜和腺上皮以及神经组织的抵抗力，并参与视网膜紫质的合成，以加强对弱光的适应能力。当维生素 A 缺乏时，视网膜对弱光的感光能力减弱而呈现夜盲症。黏膜上皮变性、萎缩、角化，眼角膜不能保持湿润和溶解浸入的细菌，而发生角膜炎，黏膜屏障功能的降低而引起呼吸、消化及泌尿生殖等器官发炎，母畜由于生殖细胞被损害，性机能减退，繁殖能力降低致使性周期紊乱，并引起流产或不孕。神经系统遭受损害而呈现中枢和外周神经机能障碍的症状。

【症状】
1. 夜盲症 夜盲症是维生素 A 缺乏症早期症状之一（猪除外），在黎明、黄昏或月光下看不见物体，行走时常出现跌撞现象，瞳孔对光反应迟钝。
2. 干眼病 犊牛、犬角膜角化呈云雾状，眼睑内有黏液，眼角常有气泡。严重者角膜溃疡，甚至发生穿孔而失明。

3. 角膜软化 在严重缺乏维生素 A 的情况下，成年鸡鼻孔、眼睛出现大量水样分泌物，常导致上下眼睑粘连而睁不开眼睛，且不久眼中出现乳白色干酪样渗出物，严重者则可见角膜软化，最终引起角膜穿孔而失明。小鸡眼睑水肿，流泪，眼睑下出现干酪样分泌物。

4. 黏膜炎症 因机体黏膜抵抗力下降，动物极易发生支气管炎、肺炎、胃肠炎及尿路炎等。

5. 皮肤病变 主要表现为类似皮炎症状，患畜皮肤干燥、皮屑增多、脱屑、被毛蓬乱无光泽；脱毛，甚至大面积秃毛；蹄、角生长不良，蹄壳干燥并有纵行皲裂，马最明显。鸡喙、腿部皮肤黄色消失。

6. 繁殖机能障碍 公畜精液品质不良；母畜发情紊乱，受胎率下降。胎儿发育不全，先天性缺陷，畸形，胎儿吸收，流产、早产、死产。仔畜体质虚弱，容易发生死亡。新生仔猪常有唇裂、腭裂、无眼等畸形，后肢变形，皮下囊肿，心脏缺陷，膈疝，脑室积水等。

7. 神经症状 幼畜最明显，犊牛、仔猪常见。表现为无目的地行走、转圈，有时前肢跪地后又举起，共济失调，甚至出现假死和晕厥。

各种畜禽通常表现流泪、咳嗽、鼻流分泌物、腹泻、视力减弱、骨骼发育不全等共同症状。由于动物种类不同，症状也有所差异。

犊牛病初呈夜盲症，后继发干眼病，甚至失明。同时并发唾液腺炎、角膜炎，脑脊液压力升高，共济失调，痉挛，或阵发性惊厥，视神经萎缩。

羔羊体质羸弱，视力障碍，发生支气管炎和肺炎。脑脊液压力升高，出现阵发性痉挛、共济失调，后肢瘫痪，死亡率高。

仔猪视力减弱，发生脂溢性皮炎。脑脊液压力升高，导致共济失调、后肢麻痹、惊厥。仔猪出生后呈小眼畸形、腭裂，容易继发肺炎、胃肠炎、佝偻病等。

病禽出现流水样或黏液性鼻液，干酪样分泌物积聚并造成眼睑粘连，羞明流泪，严重者角膜软化，甚至穿孔、失明。特征性变化是口、咽、上腭及喉部有白色伪膜附着，易剥离。母鸡维生素 A 缺乏时所产种蛋孵出的雏鸡经 5～7d 开始发病，神经症状明显，感觉过敏，头颈扭转或呈后退动作，共济失调。发生眼炎、干眼、消瘦。

【诊断】

1. 症状诊断 初生仔畜突然出现神经症状、夜盲症，母畜出现流产、死胎，胎儿畸形增多，可怀疑为维生素 A 缺乏症。

2. 剖检诊断 视神经乳头水肿；眼黏膜涂片检查，角化上皮细胞数量增多。剖检可见唾液腺、喉头、气管内有伪膜生成，可提示诊断。

上皮组织角化：上皮组织干燥、角化、脱屑，尤以眼、消化道、呼吸道、泌尿生殖道黏膜受影响最严重。

生长发育迟滞：骨生成受阻或破坏，蛋白质合成减少，动物生长发育受影响。

视力障碍：视黄醛物质合成减少，视紫质合成受阻，导致对暗光适应能力减弱，发生夜盲症，严重时可完全丧失视力。

免疫防御机能下降：因上皮组织完整性受损，抗微生物侵袭能力下降，白细胞吞噬能力减弱，抗体生成减少，防卫机能减弱，抵抗力降低，则动物极易感染疾病。

3. 实验室诊断 测定血浆、肝中维生素 A 及胡萝卜素含量，若含量明显减少者可诊断为本病。

4. 鉴别诊断　本病应与低镁血症、脑灰质软化症、伪狂犬病、散发性脑脊髓炎等相区别。

猪常见后肢麻痹现象，但应与伪狂犬病、病毒性脑脊髓炎、食盐中毒、有机砷中毒、有机汞中毒所引起的神经症状相区别。

【治疗】

1. 治疗原则　在动物日粮中应添加维生素A，动物妊娠、泌乳、催肥时对维生素A的需求量是正常需求量的1倍。按需求量计（μg/kg），牛为12~24，羊为9~24，猪为12~24，鸡为364~727，鸭、珍珠鸡、火鸡需求量比鸡的高20%左右。

2. 治疗措施

处方一　维生素A、维生素D注射液，牛、马5~10mL，犊牛、猪、羊2~3mL，禽0.5~1.0mL，1~2次/d，肌内注射。

处方二　浓缩维生素A油剂，牛、马15万~30万IU，犊牛、猪、羊5万~10万IU，仔猪、羔羊2万~3万IU，内服或肌内注射，1次/d。

处方三　鱼肝油，牛、马20~60mL，猪、羊10~30mL，马驹、犊牛1~2.0mL，仔猪、羔羊0.5~2.0mL，禽0.2~1.0mL，内服。

【预防】日粮中应有足量的青绿饲料、优质干草、胡萝卜、块根类和黄玉米。饲料不宜储存过久，以免胡萝卜素被破坏而降低维生素A效应，也不宜过早地将维生素A掺入饲料中进行储备，以免被氧化破坏。舍饲动物，冬季应保证舍外运动，夏季应进行放牧，以获得充足的维生素A。

四、青草搐搦

青草搐搦是指家畜放牧时采食幼嫩青草或谷苗后发生的一种高度致死性的营养代谢病。又称镁缺乏症、低血镁症等。临床上常以兴奋不安、阵发性痉挛或强直性痉挛为主要特征。

本病多见于牛、羊等反刍家畜，马属动物、猪也偶尔发生。本病发病率一般较低，反刍家畜为6%~10%，马属动物、猪为2%，但死亡率很高，达70%以上。

【病因】春、夏季的幼嫩青草和生长旺盛的栽培牧草中镁的含量比成熟鲜草低，加上栽培牧草大量施用氮肥和钾肥，使土壤含钾量增高、偏酸性，进一步降低了牧草对土壤中镁的吸收，动物采食了这种牧草后易发生低镁血症。泌乳高峰期的母畜对镁的需求量高，更易发生此病。动物大量采食大麦、燕麦等幼苗，也易引发本病。冬季饲喂大量玉米、黄豆等钙少磷多的饲料，春季舍饲转放牧时动物大量采食钾多钠少的青草，致使血液中镁和钙的含量急剧下降，易引发本病。施用了大量氮肥和钾肥的牧草，是引发本病的高危险源。

【发病机制】关于本病的发病机制目前尚不明确。多数学者从临床血液生化变化情况分析认为，该病的发生是由血液中镁、钙浓度降低引起，直接原因是饲料中钾、氮过多，而镁、钙不足。其理论依据是，家畜在采食幼嫩而富含钾、氮的青草后，机体内会产生大量的柠檬酸、反式乌头酸和氨，柠檬酸、反式乌头酸可与镁结合形成螯合物，而氨与镁结合则形成不溶性的硫酸铵镁，使镁的吸收受阻，导致血液中镁浓度的降低和钾、钠、钙、镁离子在机体内的分布与比例失调，从而引起抽搐。

【症状】病畜突然停止采食，感觉过敏，惊恐不安，肌肉痉挛，共济失调，站立不稳，突然倒地。头颈仰起，角弓反张，四肢划动，牙关紧闭，口吐白沫，眼球震颤，瞳孔散大，瞬膜外突，粪尿失禁。体温初期正常或稍低，而后由于强烈地搐搦，体温可升高到40℃以上，心搏100～120次/min，呼吸40～60次/min。有的病畜无任何先兆症状就突然倒地、抽搐并呈昏迷状态，然后发生后肢瘫痪。有的在阵发性抽搐后并不倒下，而是呆立或啃舔自己的被毛和其他家畜，但非常敏感惊慌，若不及时抢救，大多很快死亡。

【诊断】根据病畜采食青草饲料史，结合出现以抽搐惊厥、共济失调等神经症状，可初步做出诊断。若病情较缓，可通过血检进一步确诊，当血镁含量在1.5mg/L以下（正常值为1.8～3.5mg/L）时，即可确诊。

【治疗】

1. 治疗原则 加强护理，消除病因。

2. 治疗措施

首先，肌内注射盐酸氯丙嗪以缓解家畜惊厥，用量为每千克体重1～2mg；其次，静脉缓慢注射20%硫酸镁溶液100～200mL、10%葡萄糖溶液200～500mL、维生素C 20～50mL。最后，为保证血镁的稳定，可肌内注射20%硫酸镁溶液40～100mL。

值得注意的是，在治疗过程中一定要保持环境安静、保证无过强光线、避免任何刺激，并在患畜身下和周围铺好干麦草或稻草。

【预防】在茂盛的嫩草地上放牧时，时间不宜过长，吃得不宜太饱；或避开低洼、幼嫩草地。如果饲料中镁含量达不到0.2%以上时，可在每100kg饲草中添加硫酸镁60～80g或麸皮5～8kg。逐渐调整从舍饲到放牧的过渡期，减少应激作用，有利于防止低镁血症。

五、仔猪低血糖病

仔猪低血糖病是由新生仔猪体内血糖含量过低引起的一种仔猪糖代谢病。临床上以步态不稳、共济失调、畏寒发抖为特征。如不及时治疗，多数很快死亡，死亡率为30%～70%，少数窝仔猪可高达100%。

【病因】

（1）母猪在妊娠期饲养管理不当，产后母乳不足或无乳，导致仔猪饥饿，或者初乳过稠，乳蛋白、乳脂肪含量过高，引发仔猪消化机能障碍。

（2）母猪产后患病，如发热、乳房炎等致使泌乳量不足，造成仔猪吃不到足够的初乳；或窝产仔猪多、乳头少，有的仔猪吃不到初乳。

（3）低温、寒冷等恶劣气候的不良刺激，也是诱发该病的一个重要原因。

【发病机制】新生仔猪肝内储备了糖原。出生后一周内仔猪本身尚不能很好地合成糖类，这期间如吸不到足够乳汁，糖储备被迅速吸收以致耗竭，血糖浓度迅速下降。

【症状】本病多发生于出生后2～3d的仔猪。病猪步态不稳、全身发抖、厌食，常发出尖叫声。黏膜苍白，毛色暗淡。体温下降，皮肤发冷，四肢无力，卧地不起。有的很快死亡。有的呈现阵发性痉挛或前肢无目的地运动状。后肢常呈奔跑状，或角弓反张，颈、背向后弯曲，僵硬，眼球震颤，流涎，最后于昏迷中死亡。病程为24～36h。

【诊断】

1. 症状诊断 患本病的动物血糖浓度明显下降，体温降低，全身虚弱无力，根据患病动物对葡萄糖治疗反应迅速且良好而建立诊断。但应与新生仔猪其他疾病如细菌性败血症、病毒性脑炎、伪狂犬病、李氏杆菌病、链球菌感染等相区别。其中血糖浓度降低、体温下降两项，与上述疾病完全不同。

2. 剖检诊断 剖检变化一般不显著，少数仔猪胃内缺乏凝乳块，但许多病例胃内仍有部分食物，部分病例颈、胸、腹下有不同程度的水肿。

3. 实验室诊断 患猪血糖检查，如每100mL血液中血糖降低到50mg以下，即可确诊。另外，多数病例有血液尿素氮水平升高现象。

【治疗】
1. 治疗原则 仔猪出生后应精心照料，必要时可进行人工哺乳。妊娠后期应注意母猪的营养与保健，以防止产后无乳或缺乳。如母猪乳汁不足，还可将小猪寄养给其他泌乳母猪；同时应注意保暖、防寒（仔猪最适环境温度为27～32℃）。

2. 治疗措施

处方一 10%～20%葡萄糖溶液15～20mL，腹腔内注射，每隔4～6h一次，连续2～3d。

处方二 口服20%～50%葡萄糖溶液5～10mL，每2h一次。

【预防】要加强母猪的饲养管理，以保证母猪产后乳汁充足；分娩后，应做好仔猪定乳头、保育舍的防寒保暖工作；积极防治母猪产后及初生仔猪的各种疾病。

六、食盐中毒

食盐中毒是在饮水不足的情况下，过量摄入食盐或含盐饲料而引起以消化紊乱和神经症状为特征的中毒性疾病，主要病理学变化为嗜酸性粒细胞（嗜伊红细胞）性脑膜炎。各种动物均可发病，主要见于猪和家禽，其次为牛、马、羊和犬等。

本病的发生与水密切相关，又被称为"缺水-盐中毒"或"水-钠中毒"。其他如乳酸钠、丙酸钠和碳酸钠等钠盐引起的实验和自然中毒，病理变化和临床症状与食盐中毒基本相同，故又统称为"钠盐中毒"。

【病因】钠离子的毒性与饮水量直接相关，当水的摄入被限制时，猪饲料中含0.25%食盐即可引起钠离子中毒。如果给予充足的清洁饮水，日粮中含13%的食盐也不至于造成中毒。又如"盐水治结"时，用浓度为1%～6%的食盐溶液口服不会引起中毒。

舍饲家畜中毒多见于配料疏忽，误投过量食盐或对大块结晶盐未经粉碎和充分拌匀，或饲喂含盐分高的泔水、酱渣、咸菜、腌菜水和卤咸鱼水等。

放牧家畜则多见于供盐时间间隔过长，或长期缺乏补饲食盐的情况下，突然加喂大量食盐，加之补饲方法不当（如在草地撒布食盐不匀或让家畜在饲槽中自由抢食）。

用食盐或其他钠盐治疗大家畜肠阻塞时，一次用量过大或多次重复用钠盐泻剂。

鸡在炎热的季节限制饮水，或寒冷的天气供给冰冷的饮水，容易发生钠离子中毒。一般认为，鸡可耐受饮水中0.25%浓度的食盐，湿料中含2%的食盐即可引起雏鸭中毒。

另外，当畜禽缺乏维生素E和含硫氨基酸、矿物质时，对食盐的敏感性增高；环境温度高而又散失水分时敏感性也升高；高产奶牛在泌乳期对食盐的敏感性升高，幼龄猪、禽较成年猪、禽易发生食盐中毒。

各种动物的食盐内服急性致死量：牛、猪及马每千克体重约为2.2g，羊每千克体重为

6g，犬每千克体重为 4g，家禽每千克体重为 2~5g。动物缺盐程度和饮水量直接影响致死量。

【发病机制】食盐的毒性作用主要表现在两个方面，即氯化钠对胃肠道的局部刺激作用和钠离子潴留对组织（尤其脑组织）的损害作用。

大量高浓度的食盐进入消化道后，刺激胃肠黏膜而发生炎症，同时因渗透压的梯度关系吸收肠壁血液循环中的水分，引起严重的腹泻、脱水，进一步导致全身血液浓缩，机体血液循环障碍，组织相应缺氧，机体的正常代谢紊乱。

经肠道吸收入血的食盐，在血液中解离出钠离子，造成高钠血症，高浓度的钠离子进入组织细胞中积滞形成钠潴留。高钠血症既可提高血浆渗透压，引起细胞内液外溢而导致组织脱水，又可破坏血液中一价阳离子与二价阳离子的平衡，而使神经应激性升高，出现神经反射活动过强的症状。钠潴留于全身组织器官，尤其是脑组织内，引起脑组织水肿，颅内压升高，脑组织供氧不足，使葡萄糖氧化供能受阻。同时，钠离子促进三磷酸腺苷转为一磷酸腺苷，并通过磷酸化作用降低一磷酸腺苷的清除速度，引起一磷酸腺苷蓄积而又抑制葡萄糖的无氧酵解过程，使脑组织的能量来源中断。另外，钠离子可使脑膜和脑血管吸引嗜酸性粒细胞在其周围积聚、浸润，形成特征性的嗜酸性粒细胞套袖现象，连接皮质与白质间的组织连续出现分解和空泡，发生脑皮质深层及相邻白质水肿、坏死或软化损害，故又称为"嗜酸性粒细胞性脑膜炎"。

【症状】动物急性中毒主要表现神经症状和消化紊乱，因动物品种不同临床症状有一定差异。

病牛烦渴，食欲废绝，流涎，呕吐，下泻，腹痛，粪便中混有黏液和血液。黏膜发绀，呼吸急促，心跳加快，肌肉痉挛，牙关紧闭，视力减弱（甚至失明），步态不稳，球关节屈曲无力，肢体麻痹，衰弱及卧地不起。体温正常或低于正常。孕牛可能流产，子宫脱出。

猪主要表现神经系统症状，消化紊乱不明显。病猪口腔黏膜潮红，磨牙，呼吸加快，流涎，从最初的过敏或兴奋很快转为对刺激反应迟钝，视觉和听觉障碍，盲目徘徊，不避障碍，转圈，体温正常。后期全身衰弱，肌肉震颤，严重时间歇性癫痫样痉挛发作，出现后弓反张、侧弓反张或角弓反张，有时呈强迫性犬坐姿势，直至仰翻倒地不能起立，四肢侧向划动。最后在阵发性惊厥、昏迷中因呼吸衰竭而死亡。

禽表现口渴频饮，精神沉郁，垂羽蹲立，下痢，痉挛，头颈扭曲，严重时腿和翅麻痹。小公鸡睾丸囊肿。

犬表现运动失调，失明，惊厥或死亡。

马表现口腔干燥，黏膜潮红，流涎，呼吸急促，肌肉痉挛，步态蹒跚，严重者后躯麻痹。同时有胃肠炎症状。

慢性食盐中毒常见于猪，主要是长时间缺水造成慢性钠潴留，出现便秘、口渴和皮肤瘙痒，突然暴饮大量水后，引起脑组织和全身组织急性水肿，表现与急性中毒相似的神经症状，又称"水中毒"。牛和绵羊饮用咸水引起的慢性中毒，主要表现食欲减退、体重减轻、体温下降、衰弱，有时腹泻，多因衰竭而死亡。

【诊断】

1. 症状诊断 根据病畜有摄入大量食盐或其他钠盐，同时饮水不足的病史，结合神经和消化机能紊乱的典型症状，可做出初步诊断。

2. 剖检诊断 急性食盐中毒一般表现为消化道黏膜充血、炎症，牛的这种变化主要在瘤胃和真胃，猪仅限于小肠部位。病程稍长的死亡牛可见骨骼肌水肿和心包积水。鸡仅有消化道出血性炎症。肉眼观察，可见脑水肿、软化和坏死病变。

3. 实验室诊断 测定体内氯离子、氯化钠或钠盐的含量。尿液氯含量大于1‰为中毒指标。血浆和脑脊髓液钠离子浓度大于160mmol/L，尤其是脑脊液钠离子浓度超过血浆时，为食盐中毒的特征。大脑组织（湿重）钠含量超过1 800mg/kg即可出现中毒症状。猪胃内容物氯含量大于5.1g/kg，小肠内容物氯含量大于2.6g/kg，大肠内容物和粪便氯含量大于5.1g/kg，即疑为中毒。正常血液氯化钠含量为（4.48±0.46）mg/mL，当血中氯化钠含量达9.0mg/mL时，即为中毒的标志。

4. 鉴别诊断 本病突发的脑炎症状与伪狂犬病、病毒性非特异性脑脊髓炎、马属动物霉玉米中毒、中暑及其他损伤性脑炎容易混淆，应借助微生物学检验、病理组织学检查进行鉴别。其胃肠道症状还应与有机磷中毒、重金属中毒、胃肠炎等疾病进行鉴别诊断。

【治疗】

1. 治疗原则 尚无特效解毒剂。对初期和轻症中毒病畜，可采用排钠利尿、双价离子等渗溶液输液及对症治疗。

2. 治疗措施 发现早期，立即供给足量饮水，以降低胃肠中的食盐浓度。应用钙制剂。利尿排钠。解痉镇静。缓解脑水肿、降低颅内压。其他对症治疗。

处方一 硫酸铜0.5～1.0g，或酒石酸锑钾0.2～3.0g。用法：灌服（猪）。

处方说明：催吐。若已出现症状时则应控制为少量多次饮水。

处方二

（1）5％葡萄糖酸钙200～500mL，或10％氯化钙200mL，25％硫酸镁注射液120mL。用法：静脉注射（牛、马）。

处方说明：也可用溴化钙、溴化钾镇静。

（2）液状石蜡500～1 000mL。用法：一次灌服（马、牛）。

（3）双氢克尿噻，每千克体重0.5mg。用法：内服。

处方三

（1）5％氯化钙明胶溶液（或1％明胶）每千克体重0.2g（猪）。用法：分点皮下注射。

（2）20％甘露醇溶液100～200mL，25％硫酸镁10～25mL。用法：混合后一次静脉注射（猪）。

处方四 山梨醇或甘露醇注射液，马、牛1 000～2 000mL，猪、羊100～250mL。用法：一次静脉注射。

处方说明：缓解脑水肿。也可用25％～50％高渗葡萄糖溶液，猪可行腹腔注射。

【预防】畜禽日粮中应添加占总量0.5％的食盐，或以每千克体重补饲0.3～0.5g食盐，以防因盐饥饿引起对食盐的敏感性升高。限用咸菜水、面浆喂猪，在饲喂含盐分较高的饲料时，应在严格控制用量的同时供以充足的饮水。食盐治疗肠阻塞时，在估计体重的同时要考虑家畜的体质，掌握好口服用量和浓度（1％～6％）。

七、酒糟中毒

酒糟中毒是指家畜长期采食或一次采食过量新鲜的或酸败的酒糟而引起的中毒性疾病。

临床上可因毒性成分不同而有不同的表现，共同症状有腹痛、腹泻、流涎等。本病主要发生于猪和牛。

【病因】酒糟是酿酒蒸馏提酒后的残渣，历来作为动物饲料，但因酿酒原料不同，酿酒工艺各异，其中所含有毒成分也各不相同。如用马铃薯制酒，发芽后其中含有龙葵素；用甘薯干酿酒后，霉烂甘薯内含有甘薯酮；谷类作物酿酒因混有麦角时，内含麦角毒素和麦角胺。同理还有一些用霉变谷物酿酒时，酒糟内甚至含有其他真菌毒素。

此外，酒糟中仍含有部分残存的乙醇、甲醇、正丙醇等各种杂醇和醋酸、乳酸、酪酸等酸性有毒成分，都可引起动物中毒。当长期大量饲喂，或对酒糟保管不严被猪、牛偷食，或酒糟发生严重霉变时，饲喂后可引起中毒。

【症状】

1. 急性中毒 病畜主要表现胃肠炎症状，如食欲减退或废绝、腹痛、腹泻。严重的全身症状明显，如呼吸困难、心跳急速、脉搏细弱，步态不稳或卧地不起，体温下降，虚脱死亡。

临床表现可因其中所含的毒物不同而不同。如食用含龙葵素的酒糟，病畜神经症状明显，表现兴奋不安或狂暴不安，猛冲直撞或精神沉郁，后躯衰弱无力；如食用含黑斑病甘薯的酒糟，则表现明显的气喘、间质性肺气肿、皮下气肿症状；如食用含有真菌毒素的酒糟，则有相应的毒素中毒症状等。

2. 慢性中毒 家禽消化不良，可视黏膜潮红、黄染，发生皮疹或皮炎。有时发生血尿，孕畜可能发生流产。病猪表现结膜潮红，体温升高达39～41℃，高度兴奋、狂躁不安，步态不稳，严重时倒地，失去知觉，大小便失禁，偶见血尿，最后体温下降，虚脱死亡。

【诊断】根据病史，剖检胃黏膜充血、出血，胃内容物中有乙醇味，可见残存的酒糟，有腹痛、腹泻、流涎等中毒病的一般症状可做初步诊断，确诊应进行动物饲喂试验。

【治疗】

1. 治疗原则 加强护理，消除病因。

2. 治疗措施 一旦发现中毒，应立即停喂酒糟，并将患病动物放置在干燥通风良好的畜舍内，并采取以下治疗。

处方一 5％碳酸氢钠溶液适量，静脉注射、口服或灌肠。

处方二 5％葡萄糖生理盐水500～1 000mL，10％葡萄糖酸钙注射液300～500mL，牛一次静脉注射。

处方三 50％葡萄糖注射液300～500mL，胰岛素150～300IU，维生素B_1 100～500mg，牛一次静脉注射。

【预防】用新鲜酒糟饲喂时应控制用量，搭配饲喂，酒糟比例不宜超过饲料的1/3，饲喂方法应由少到多，逐渐增加。对轻度酸败酒糟可加石灰水，以中和其中的酸类，降低毒性，如已严重发霉变质应坚决废弃，不得作为饲料用。注意酒糟保管，尤其是酒糟水不能让动物偷食或偷饮，同时防止酒糟因保管不善而变质，影响动物健康。

八、霉玉米中毒

霉玉米中毒是由于饲喂发霉玉米引起的以神经症状为特征的中毒性疾病。本病多见于马属动物和猪。

【病因】本病主要由于畜禽采食发生霉变的玉米或被其污染的饲料而引起。

【发病机制】霉玉米中有许多致病因素，但最主要的是串珠镰刀霉菌及其产生的毒素，能引起脑白质软化，导致严重的神经症状。

【症状】本病具有明显的神经症状，通常可分为兴奋型（狂暴型）、沉郁型和混合型。

1. 兴奋型 病畜表现狂暴，视力减弱或失明，以头部猛撞饲槽或其他障碍物。挣扎脱缰，盲目行动，步态不稳，或猛向前冲，以头抵住障碍物。

2. 沉郁型 精神高度沉郁，食欲减退或废绝，头低耳聋，双目无神。唇、舌麻痹，松弛下垂，流涎，吞咽障碍，咀嚼困难，低头呆立，肌肉震颤，共济失调。

3. 混合型 兴奋和沉郁交替出现。

【诊断】凡在同一地区或同样饲养条件下多数家畜发病时，应查明饲料质量，结合发病情况、临床症状等，进行综合分析，建立诊断。临床上应与马传染性脑脊髓炎相区别。

马传染性脑脊髓炎多发生于吸血昆虫活跃季节，没有喂霉玉米的病史，体温升高，时有黄疸现象。

【治疗】

1. 治疗原则 加强护理，消除病因。

2. 治疗措施

（1）停喂霉玉米，改喂优质饲料，并保持安静，减少外界的不良刺激。

（2）促进毒物排出，减少吸收。用0.1%高锰酸钾或1%碳酸氢钠反复洗胃，再用硫酸钠300～500g，配成5%～10%水溶液给牛、马内服。

（3）镇静与兴奋。兴奋不安时，用10%安溴注射液，大家畜100mL，静脉注射；沉郁时用尼可刹米兴奋呼吸中枢。

（4）补液强心。大家畜用20%葡萄糖溶液500～1 000mL，10%安钠咖注射液10～200mL，40%乌洛托品50～100mL，静脉注射。

【预防】注意饲料保存，防止霉变，严禁用发霉变质的玉米饲料喂动物。

九、有机磷农药中毒

有机磷农药中毒是指动物接触或食入有机磷农药所致的一种中毒性疾病。临床上以流涎、流鼻液、便血、腹泻及呼吸困难、麻痹为特征。各种家畜均可发病，多发生于春、夏季节。

本病具有发病快、病情重、病程短、死亡率高等特点。

有机磷农药种类较多，其中较常见的有甲拌磷、乐果、敌敌畏、敌百虫、杀螟松、马拉硫磷等。

【病因】有机磷农药污染了运输饲料的车、船，或贮放于饲料库房污染了家畜用具。或者稀释、喷洒农药时，操作不慎污染了家畜饮用水源、田间杂草、牧草等，均可引起本病。家畜偷食了拌有有机磷农药的种子或含有农药的农作物、蔬菜等，也可引起中毒。敌百虫驱除家畜体内外寄生虫时剂量过大，或用于灭蚊、灭鼠等时污染食槽、用具，进而造成中毒。

【发病机制】有机磷农药进入机体后，随血液和淋巴循环到达全身各组织、器官，抑制胆碱酯酶的活性，使其水解乙酰胆碱的能力降低或丧失，导致乙酰胆碱在体内积聚，引起平滑肌和骨骼肌收缩，腺体分泌增加，动物表现一系列症状。

【症状】有机磷农药的安全范围很窄，急性中毒发生于口服或吸入农药10~120min，且病情发展迅速。经体表吸收者则需较长时间的潜伏期，病情较轻且缓慢。中毒症状因有机磷制剂的种类、毒性、摄入量及动物品种、年龄等不同而有一定差异。临床根据病情程度可分为以下3种。

1. 轻度中毒 病畜精神沉郁或不安，食欲减退或废绝，猪、犬等单胃动物恶心呕吐，牛、羊等反刍动物反刍停止、流涎、微出汗、肠音亢进、粪便稀薄。全血胆碱酯酶活力为正常的70%左右。

2. 中度中毒 除上述症状更为严重外，表现瞳孔明显缩小、腹痛、腹泻、骨骼肌纤维震颤，严重时全身抽搐、痉挛，继而发展为肢体麻痹，最后因呼吸肌麻痹而窒息死亡。

3. 重度中毒 主要以中枢神经症状为主，表现体温升高，全身震颤、抽搐，大小便失禁，继而突然倒地、四肢做游泳状划动，随后瞳孔缩小，心动过速，很快死亡。

牛主要以毒蕈碱样症状为主，表现不安、流涎、鼻液增多、反刍停止，粪便往往带血，并逐渐变稀，甚至出现水泻。肌肉痉挛、眼球震颤、结膜发绀、瞳孔缩小、不时磨牙、呻吟。呼吸困难或迫促，听诊肺部有广泛性湿啰音。心搏加快，脉搏增数，肢端发凉，体表出冷汗。最后因呼吸肌麻痹而窒息死亡。妊娠牛流产。血液检查可见红细胞数减少、大小不均，有异型红细胞症，嗜酸性粒细胞明显减少，大淋巴细胞减少并含有嗜碱性颗粒。

羊病初表现神经兴奋，病羊奔腾跳跃，狂暴不安，其余症状与病牛基本一致。

猪烟碱样症状明显，表现肌肉发抖、眼球震颤、流涎，进而步态不稳、身躯摇摆、不能站立，病猪侧卧或伏卧。呼吸困难或迫促，部分病例可遗留失明和麻痹后遗症。

鸡病初表现不安、流泪、流涎。继而食欲废绝、下痢带血，常发生嗉囊积食，全身痉挛逐渐加重，最后不能行走而卧地不起、麻痹，昏迷而死亡。

【诊断】有机磷农药中毒的诊断必须根据病史、临床症状、病理变化和实验室检验综合分析。诊断要点包括以下内容。

1. 症状诊断 ①动物在48h内有接触有机磷农药的病史。②病畜表现以胆碱能神经持续兴奋为主的临床症状，如肌纤维震颤、痉挛，瞳孔缩小，流涎，腹痛，腹泻，肠音增强，呼吸困难，肺水肿等。③病畜呼出气体、呼吸道分泌物和胃内容物有大蒜臭味。

2. 剖检诊断 最急性中毒在10h内死亡者，尸体剖检一般无肉眼和组织学病变，经消化道中毒者，可嗅到胃肠内容物呈蒜臭味，同时消化道黏膜充血。中毒后较长时间死亡的病例，胃肠黏膜大片充血、肿胀或出血，有的糜烂和溃疡，黏膜极易剥脱，肝肿大、淤血，肝细胞颗粒变性和脂肪变性，胆囊充盈。心脏有小出血点，切面呈紫红色，层次不清晰。肺充血、水肿，气管、支气管内充满泡沫状黏液，有卡他性炎症。全身浆膜均出现广泛性出血点（斑）。脑和脑膜充血、水肿。

3. 实验室诊断 ①测定全血和脑组织胆碱酯酶活性可提供重要的辅助诊断依据。全血胆碱酯酶活性为正常的50%~70%为轻度中毒，30%~50%为中度中毒，低于30%为重度中毒。②对可疑饲料、饮水、胃内容物、呕吐物、尿液、被污染皮肤洗提液等进行有机磷的定性和定量检验，可为确诊本病提供依据。

4. 特殊诊断 通过阿托品和解磷定进行的治疗试验，可验证诊断。静脉注射一般治疗量的硫酸阿托品,10min后观察,如病畜发生口干、瞳孔散大、心率加快等"阿托品化"现象时,即可否定有机磷中毒。反之,如出现心搏由快变慢,其他毒蕈碱样症状也有所减轻时,则可确认为有机磷中毒。静脉注射治疗量的解磷定后,病情出现明显好转,症状减轻时,可确定为有机磷中毒。

【治疗】

1. 治疗原则 病畜应立即停止饲喂可疑饲料和饮水,让其迅速脱离污染环境,并积极采取清除毒物,防止毒物继续吸收,特效解毒和对症治疗。

2. 治疗措施

(1) 清除毒物和防止毒物继续吸收。

①清洗皮肤和被毛。如果是经皮肤用药或受农药污染体表时,可用微温水或凉水、淡中性肥皂水清洗局部或全身皮肤,但不能刷拭皮肤。

②洗胃和催吐。

③缓泻与吸附。

(2) 特效解毒剂。包括生理拮抗剂和胆碱酯酶复活剂两类,二者合用则疗效更好。

①生理拮抗剂。抗胆碱药阿托品可与乙酰胆碱竞争胆碱能神经节后纤维所支配的器官组织受体,阻断乙酰胆碱和M型受体相结合,故可拮抗乙酰胆碱的毒蕈碱样作用,从而解除支气管平滑肌痉挛,抑制支气管腺体分泌,保证呼吸道畅通,防止肺水肿发生。其次,对中枢神经系统症状也有治疗效果。但对烟碱样症状和恢复胆碱酯酶活力没有作用。

由于胆碱酯酶抑制剂引起中毒的病畜对阿托品的耐受性增高,因而阿托品作为解毒应用时要比常用剂量高,其用量控制在出现轻度"阿托品化"表现为止。

②胆碱酯酶复活剂。肟类化合物能使被抑制的胆碱酯酶复活。其原理是肟类化合物的吡啶环中的季铵氮带正电荷,能被磷酰化胆碱酯酶的阴离子部位所吸引,而其后肟基与磷原子有较强的亲和力,因而可与磷酰化胆碱酯酶中的磷形成结合物,使其与胆碱酯酶的酯解部位分离,从而恢复了乙酰胆碱酯酶的活力。兽医临床上常用的肟类化合物制剂有解磷定、氯磷定、双复磷和双解磷等。胆碱酯酶复活剂对解除烟碱样症状较为明显,但对各种有机磷农药中毒的疗效并不完全相同。解磷定和氯磷定对内吸磷、对硫磷、甲胺磷、甲拌磷等中毒的疗效好,对敌百虫、敌敌畏等中毒疗效差,对乐果和马拉硫磷中毒疗效可疑。双复磷对敌敌畏和敌百虫中毒效果较解磷定好。胆碱酯酶复活剂对已老化的胆碱酯酶无复活作用,因此,对慢性胆碱酯酶抑制的疗效不理想。对胆碱酯酶疗效不好的病畜,应以阿托品治疗为主或二者合用。

3. 对症治疗 有机磷农药中毒的主要死亡原因是肺水肿、呼吸肌麻痹、呼吸中枢衰竭、休克、脑水肿和心脏损伤,在应用特效解毒剂的同时,配合以对症和辅助治疗,有利于病情的稳定和疾病的恢复。

4. 其他治疗 为防止继发肺炎,可配合抗生素治疗。有条件的可换注血液和应用输氧疗法。

处方一

(1) 0.01%~0.05%的硫酸铜溶液50mL。用法:灌服。

处方说明:用于猪、犬催吐。如果经口接触,时间小于2h,可用催吐疗法,如果动物呈抑制状态,禁用催吐疗法。

(2) 1%醋酸或食醋等酸性溶液 100mL，或 0.2%～0.5%高锰酸钾 1 000mL，或 1%过氧化氢液 300mL。用法：洗胃。

处方说明：醋酸或食醋为硫特普、八甲磷、二嗪农、敌百虫中毒用，其他有机磷除对硫磷禁用高锰酸钾外，可用碳酸氢钠、高锰酸钾或生理盐水、过氧化氢液。

处方二 硫酸镁（硫酸钠），大家畜 200～400g，猪 30～50g，活性炭每千克体重 3～6mg。用法：灌服。

处方说明：由于牛、羊从瘤胃内容物中可持续吸收有机磷，因此，活性炭对反刍动物效果甚佳。轻泻胃肠内容物，注意禁用油类泻剂，因其可加速有机磷溶解而被肠道吸收。

处方三

(1) 解磷定每千克体重 15～30mg，生理盐水适量。用法：临用前配成 4%溶液，一次静脉注射，每 2h 一次。

处方说明：也可用氯磷定、双复磷。因解磷定在体内分解与排泄较快，故必须每隔 2h 注射一次，才能巩固疗效，待症状缓解后可减少用量或停药。氯磷定其水溶性比解磷定高，作用也较快，对乐果无效，如内吸磷、对硫磷、敌百虫、敌敌畏中毒达 48～72h 后也无效。氯磷定和解磷定在碱性溶液中易水解为剧毒的氧化物，故二者忌与碱性药物配伍应用。双复磷能通过血脑屏障，缓解毒蕈碱样、烟碱样及中枢神经症状，水溶性高，副作用小。

(2) 硫酸阿托品注射液每千克体重 0.5～1.0mg。用法：一次皮下、肌内或静脉注射。

处方说明：经 0.5h 后不出现瞳孔散大、口干、皮肤干燥、心率加快、肺湿啰音消失等"阿托品化"症状时，应重复用药，给药途径可改为皮下或肌内注射，直至出现明显的"阿托品化"表现后，则减少用药次数和剂量，以巩固疗效。当症状不再反复，经观察 10h 左右病情仍无恶化者，方可考虑停药。在治疗过程中，如出现瞳孔散大、神志模糊、烦躁不安、抽搐、昏迷和尿滞留等，提示阿托品中毒，应立即停药。

(3) 活性炭每千克体重 3～6mg。用法：灌服。

处方说明：可配合应用泻剂。

处方四 10%葡萄糖注射液 1 000～2 000mL，维生素 C 1～3g。用法：静脉注射（马、牛）。

处方说明：可加强肝解毒机能和改善肺水肿状况。中毒初期或严重腹泻脱水时，用大量等渗葡萄糖生理盐水缓慢静脉注射。既可稀释毒物有利于其排出，又可保持水盐代谢平衡，如已发生肺水肿时则必须慎用。

处方五 苯巴比妥类镇静解痉药物，每千克体重 0.5～1.0mg。用法：肌内注射。

处方说明：当病畜狂暴不安、痉挛抽搐时应用，但禁用吗啡、氯丙嗪等安定药，因前者可造成呼吸麻痹，而后者会加重胆碱酯酶的抑制。

【预防】

(1) 认真执行《农药管理条例》及相关农药安全管理制度，妥善保管和使用有机磷农药。

(2) 喷洒过有机磷农药的田地，7d 内不让畜禽进入。喷洒过有机磷的青草，1 个月内禁止畜禽采食。

(3) 严格按《中国兽药典》规定应用有机磷杀虫剂治疗有关疾病，不得滥用或过量使用。动物经口服用有机磷杀虫剂之前，要先供给充足的清洁饮水。

(4) 加强农药厂废水的处理和综合利用，对环境进行定期检测，以便有效地控制有机磷化合物对环境的污染。

十、有机氟化物中毒

有机氟化物中毒是动物误食了被含有机氟农药或鼠药污染的饲料或饮水而引起的一种中毒性疾病。有机氟化物包括氟乙酰胺、氟乙酸钠、甘氟、氟亚螨等，是主要用于杀虫、灭鼠的一类剧毒药物。本病各种动物均可发生，以犬、猫和反刍动物多见。

【病因】有机氟化物主要经消化道进入机体引起中毒。家畜中毒是因吃了被有机氟化物污染的植物、饲料、谷物、饮水所致。犬、猫及禽的中毒，常常是因吃了毒饵或被有机氟化物毒死的肉尸而引起。

【发病机制】有机氟化物经消化道吸收后，脱去氨基形成氟乙酸，经过一系列变化，最终形成氟柠檬酸，可阻碍柠檬酸代谢，抑制乌头酸酶，中断三羧酸循环，致 ATP 生成不足，破坏组织细胞的正常功能。

【症状】动物食入过量有机氟化物 0.5～2h 发病，一旦症状出现，便迅速发展，病情逐渐恶化。

马：以心血管系统症状为主。表现为精神沉郁，肌肉震颤，呼吸困难，心搏加快，心律不齐，腹痛不安，步态不稳。最后惊恐、鸣叫、倒地抽搐，直到死亡。

牛、羊：分急性和慢性两种。急性病例以高度兴奋为特征。在食毒后 9～18h 突然倒地，全身抽搐，角弓反张，心动过速，心律不齐，迅速死亡。慢性病例，精神萎顿，食欲减退，呼吸加快，惊恐尖叫，肌肉震颤，心律不齐，共济失调，常在轻度劳役后或其他刺激下，突然发作，病程可达数周。

猪：多取急性病程，表现心动过速，共济失调，痉挛，倒地抽搐，空口咀嚼，吐沫，数小时内死亡。

犬、猫：病程短，主要表现兴奋、狂奔、嚎叫、心动过速、呼吸困难、呕吐，数分钟内死亡。

【诊断】

1. 症状诊断 根据采食、饮用被污染的饲料、饮水的病史，结合临床症状，可初步诊断。

2. 实验室诊断 可测定患病动物血液中的柠檬酸含量，根据病畜血液中柠檬酸含量显著升高而确诊。

【治疗】

1. 治疗原则 加强护理，消除病因，特效解毒，促进毒物排出，对症治疗。

2. 治疗措施

(1) 特效解毒药。解氟灵（乙酰胺），每千克体重 0.1～0.3g，肌内注射，2～3 次/d，首次量为全日量的 1/2，疗程 5～7d。口服 5％乙醇和 5％醋酸，每千克体重各 2mL 也有效。

(2) 促进毒物排出。立即更换可疑的饮水、饲料。用 0.02％高锰酸钾洗胃后，内服盐类泻剂。

(3) 对症治疗。控制痉挛可用葡萄糖酸钙；镇静用巴比妥类药物；兴奋呼吸中枢用尼可刹米；酸中毒时可用碳酸氢钠溶液；补充营养、提高机体抵抗力，可静脉注射葡萄糖溶液。

【预防】 加强对有机氟化物农药的保管和使用。中毒死亡的动物尸体应深埋，以防止被犬、猫食入而招致中毒。

十一、尿素中毒

尿素中毒是指由于家畜采食过量尿素之后，在胃肠道中释放大量的氨所引起的高氨血症。临床上以肌肉强直、呼吸困难、循环障碍、胃内容物有氨味为特征。本病主要发生在反刍动物，多为急性中毒，死亡率很高。

尿素是农业上广泛应用的一种速效肥料。同时，尿素为饲用蛋白质的代替物，在畜牧生产中也用以饲喂牛、羊等反刍动物。因此，随着尿素生产数量的增加和应用范围的扩大，反刍动物接触尿素的机会也越来越多，发生尿素中毒的可能性也越来越大。

【病因】 尿素堆放在饲料近旁，误用或被家畜偷吃；不严格控制定量饲喂，或对添加的尿素搅拌不均匀；饲喂尿素的同时饲喂大豆饼或蚕豆饼，于瘤胃中释放氨的速度增加，可加重中毒。

【发病机制】 当尿素进入瘤胃中后，其中微生物群产生的脲酶将其分解为氨和二氧化碳。部分氨经瘤胃、网胃壁吸收，再经肝而形成尿素，随尿液排出体外，或返回瘤胃，或分泌于唾液中。此外，部分氨转化为氨基酸，进而合成菌体蛋白质，作为反刍动物自身消化、吸收和利用的蛋白质来源。通常，每 100mL 瘤胃液中氨含量高达 80mg。当尿素分解成氨的速度加快、其量增多超过微生物群合成氨基酸、蛋白质的限度，便可导致氨在瘤胃内大量蓄积，而被吸收进入血液。100mL 血液中氨含量多达 2mg 以上即可发生氨中毒，呈现以神经系统机能障碍为主的临床症状。

【症状】

1. 牛 过量采食尿素后，20～60min 即可发病。病初表现不安，呻吟，流涎，肌肉震颤，体躯摇晃，步态不稳。继而痉挛反复发作，呼吸困难，脉搏增数，鼻腔和口腔流出泡沫样液体。后期呈现眼球震颤，瞳孔散大，肛门松弛，几小时内死亡。

2. 羊 症状急剧，呼吸困难，反刍停止。站立困难，瘤胃臌气，眼球震颤，角弓反张。口流泡沫状唾液，脉搏快而弱，肌内震颤，呻吟，步态不稳，倒地后四肢划动。最后，肛门松弛，瞳孔散大，窒息而死亡。

【诊断】

1. 症状诊断 根据病史、临床症状，可初步诊断。

2. 实验室诊断 测定血氨（血氨达 8.4～20mg/L）即可确诊。

3. 鉴别诊断 应与有机磷农药中毒区别。后者以副交感神经症状为主，应用阿托品后，症状明显减轻，但该疗法对尿素中毒不见疗效。

【治疗】

1. 治疗原则 加强护理，消除病因，对症治疗。

2. 治疗措施

处方一　食醋 1 000mL，白糖 1 000g，加常水 2 000mL，牛一次灌服。

处方二　1%甲醛溶液，牛 1 500～5 000mL，羊 500～1 000mL，灌服。

处方三 5%～20%硫代硫酸钠注射液，牛、马20～40g，羊、猪3～10g，静脉注射。

【预防】加强尿素管理，以防被动物偷食。以尿素作为饲料添加剂时，严格掌握用量，并在配合饲料时搅拌均匀。不要将尿素溶于水中饲喂。

十二、应激性疾病

应激性疾病是指动物受到内外非特异性有害因素（应激原）的刺激所表现的防御反应和机能障碍。引起应激性疾病的因素称为应激原，包括来自周围环境、生理和心理等诸多方面的因素。常见于家禽、猪和牛。

【病因】引起应激性疾病的原因很多，如温度变化、电离辐射、精神刺激、过度疲劳、畜舍通风不良及有害气体的蓄积、日粮成分和饲养制度的改变、动物分群、断乳、驱赶、捕捉、运输、剪毛、采血、去势、修蹄、检疫、预防接种等。

在我国大部分地区，夏季出现持续性高温天气，动物的热应激反应比较普遍。动物最适的环境温度为18～24℃，超过32℃即可发病。热应激对家禽的危害最为严重，产蛋鸡适宜温度为13～27℃，肉鸡最大增长速度的温度为10～22℃。

【发病机制】动物接受某一应激原刺激后，在神经内分泌系统的双重调节下，体内各种组织器官的机能和物质代谢发生一系列相应的变化，力图维持机体内环境的平衡。这是一种防御机制，实质上也是一种适应性反应。对轻微的应激原刺激，通过这种调节机体能够逐渐适应，不至于产生明显的危害。但如果应激原刺激过强、持续时间过长，引起较强的应激反应，其程度超越了机体自身调节适应的能力，即会发生应激性疾病。

【症状】应激性疾病表现多种多样。

1. 猝死型 主要是动物受到应激原的强烈刺激时，不表现任何临床病症而突然死亡。如运输中的动物受到高温、拥挤或惊恐等因素刺激，有的牛在运输开始后仅2～4h就突然昏迷倒下，呼吸极度困难，全身颤抖，对人为驱赶无任何反应，于10min内死亡。

2. 神经型 患猪肌纤维颤动，特别是尾部、背肌和腿肌，继而发展为肌僵硬，动物步履艰难或卧地不动。患牛则表现高度兴奋，颈静脉怒张，两目圆睁，大声吼叫，常以头抵撞车厢壁，不断磨牙，几分钟后倒下，呼吸浅表，有的牛从口鼻喷出粉红色泡沫，很快死亡。

3. 恶性高热型 常见于运输中的肉牛、育肥猪、禽类等。患病动物主要表现体温升高，牛体温达42℃以上，猪体温达40.5～41℃，并居高不下，每5～7min可升高1℃，直至临死前可达45℃。白色猪的皮肤出现阵发性潮红，继而发展成紫色，可视黏膜发绀，最后呈现虚脱状态，如不予治疗，80%以上的病猪于20～90min内进入濒死期。死后剖检，多数有大叶性肺炎或胸膜炎病变。

4. 胃肠型 常见于猪和牛。临床上呈现胃肠炎症状，反刍动物瘤胃臌气、前胃弛缓和瓣胃阻塞等病症，剖检可见胃黏膜糜烂和溃疡。

5. 慢性应激性疾病 应激原强度不大，持续或间断刺激，引起的反应轻微。主要表现为患病动物生产性能下降，防卫机能减弱，易继发感染。

【诊断】

1. 症状诊断 根据遭受应激的病史，结合遗传易感性和休克样临床症状，如肌肉震颤、体温快速升高、呼吸急促、强直性痉挛等即可初步诊断。

2. 实验室诊断 测定血液有关指标有助于诊断。

3. 鉴别诊断 该病应与高热环境中强迫运动所致的中暑或剧烈运动后引起的肌红蛋白尿相鉴别。

【治疗】应消除应激原，根据应激原性质及反应程度，选择镇静剂、皮质类激素及抗应激药物。大剂量静脉补液，配合5％碳酸氢钠溶液纠正酸中毒；应用多种维生素饲料添加剂有较好的疗效；同时，可采取体表降温等措施，有条件的可输氧。

【预防】

1. 加强饲养管理 改善卫生条件，尽量减少运输中各种应激原的刺激，选择适当的运输季节，最好不要在炎热夏季运输。若必须在炎热夏季运输时，应改善运输工具的通风换气条件，加强防暑降温措施，妥善安排起运时间，避开高温时分，尽量减少对畜禽的不良刺激。

2. 注意选种、育种工作 动物对应激的敏感性因遗传基因不同而有一定差异，利用育种的方法选育抗应激动物，淘汰应激敏感动物，可以逐步建立抗应激动物种群，从根本上解决畜禽的应激问题。

3. 改善环境和营养，减少热应激的影响 增加空气流动以促进热散失，如在封闭式鸡舍增加通风或使用蒸发式冷却系统并降低饲养密度。营养改善包括优化日粮以及额外提供某些经证实具有特定有益作用的养分。如维生素C是在热应激条件下常常被添加到日粮中的维生素之一，维生素E也有助于减轻热应激引起的产蛋鸡产蛋量降低症状。

拓展知识　中毒概论

一、毒物与中毒

某种物质以一定的剂量进入动物机体后，能侵害机体的组织和器官，破坏机体的正常生理功能，发生病理过程，这种物质称为毒物。由毒物引起的相应病理过程，称为中毒。由毒物引起的疾病称为中毒病。毒物与药物是相对的，药物超过剂量时，便可以引起中毒。

中毒有很多种。根据毒物来源，可分为内源性毒物和外源性毒物。前者主要是机体内的代谢产物，通过自体解毒和排泄作用，一般不引起明显病理变化。而后者可能促进内源性毒物的形成，导致自体中毒。在临床兽医实践中，外源性毒物对于家畜中毒的发生具有特别重要的意义，将不同来源、不同性质的毒物引起的中毒疾病冠以相应的毒物名称，又称其为临床分类。常见的中毒性疾病有饲料中毒、有毒植物中毒、农药中毒、灭鼠药中毒、霉菌毒素中毒、环境污染物与矿物元素中毒、有毒动物中毒等。

二、中毒的原因

中毒常见的原因可分为自然原因和人为原因。

1. 饲料加工和储存不当 在饲料调配、调制、加工过程中，由于方法不当或不注意卫生条件，从而产生某些有毒物质，如亚硝酸盐中毒、霉败饲草中毒等。有些原料需脱毒处理才能作为饲料，如未能进行有效的脱毒或饲喂量较大均可造成中毒，如菜籽饼、棉籽饼中毒等。有时饲料添加剂使用不当或过多也会引发中毒。

2. 农药、毒鼠药及化肥的使用、保管和运输不当 多见于农药、化肥管理和使用粗放或农药污染器具、饮水，被家畜误食、误饮；家畜采食或饲喂喷洒、使用过农药而未过残毒期的农作物或牧草。此外，由于食物链的作用，误食某些农药中毒的动物尸体，也可造成食肉动物中毒。

3. 草场退化、天气干旱、水源不足等生态环境恶化 一方面造成天然草场有毒植物超常生长和蔓延。另一方面，因牧草短缺，动物饥饿而采食有毒植物造成中毒。

4. 生物化学因素 某些地区土壤和水源中一些元素的含量过高，导致这些元素在饲料和牧草中的含量超过动物的耐受量而发生中毒，如慢性氟中毒、地方性钼中毒等。

5. 工业污染 工厂排出的三废（废水、废气、废渣）污染周围环境，特别是一些重金属污染物可长期残留在环境中，通过食物链系统进入人和动物体内产生毒害作用。如铅、镉、汞、砷等中毒。

6. 动物毒素 畜禽被蜜蜂、毒蛇螯咬后可引起蜂毒、蛇毒等动物毒素中毒，其中包括人工养蜂、养蝎、养蜈蚣所引起的中毒。

7. 人为投毒

三、中毒病的诊断

动物中毒病的快速、准确诊断是研究畜禽中毒病的重要内容，一旦做出诊断就能进行必要的治疗和预防；在未确诊之前，对病畜只能进行对症治疗。中毒的确诊主要依据病史、症状、病理变化、动物试验和毒物检验等进行综合分析。

1. 病史调查 调查中毒的有关环境条件，详细询问病畜接触毒物的可能性，如灭鼠剂、杀虫剂、油漆、化肥、石油产品以及其他化学药剂等，接触该种毒物的可能数量或程度。检查饲料和饮水是否含有毒植物、霉菌、藻类或其他毒物。涉及大群畜禽时，则应注意发病数、死亡数（最后一头动物死亡的时间）、中毒过程、管理情况、饲喂程序和免疫记录等。对放牧家畜应注意牧场种类、有无垃圾堆和破旧农业机具以及牧场附近有无工厂和矿井等。与诊断有关的其他情况，如采食最后一批饲料的持续时间，用过的药物和效果以及驱除寄生虫的情况等。饲料中毒常发生在同一畜群或同一污染区内；其中采食量大、采食时间长的幼畜和母畜，或成年体壮的家畜首先发生中毒，且临床症状表现严重。根据病程的发展速度又可把中毒分为急性型、亚急性型和慢性型3种。

2. 临床症状 观察临床症状要特别仔细，轻微的临床表现，可能就是中毒的特征。所有毒物都可能对机体各系统产生影响，但临床症状的观察和收集往往非常有限，临床医师看到中毒动物时，只能观察到某个阶段的症状，不可能看到全部发展过程的临床症状及其表现；同一毒物所引起的症状，在不同的个体有很大差别，每个场合不是各种症状都能表现出来，因而症状仅作为诊断的参考依据。特殊症状出现的顺序和症状的严重性是诊断的关键，故症状对中毒的诊断，又是不容忽视的。

急性中毒的初期，除狂躁不安、继发感染时有体温变化之外，一般体温不高。

有的中毒病可表现出特有的示病症状，常常作为鉴别诊断时的主要指标。如亚硝酸盐中毒时，表现可视黏膜发绀，血液颜色暗黑；氢氰酸中毒者则血液呈鲜红色，呼出气体及胃肠内容物有苦杏仁味；光敏因子中毒时，患畜的无色素皮肤在阳光的照射下发生过敏性疹块和瘙痒；有机磷农药中毒时表现大量流涎、腹泻、瞳孔缩小、肌肉颤抖等临床特征。

3. 病理变化 尸体剖检常能为中毒的诊断提供有价值的依据。一些毒物可产生广泛的损害，或仅仅产生轻微的组织学变化，但有的没有形态变化，这些在中毒诊断上常常同样重要。皮肤、天然孔和可视黏膜，可能有一种特殊颜色变化，如小动物磷中毒，出现黄疸是肝损害的常见症状，一氧化碳和氰化物中毒以呈现樱桃红色和淡粉红色为特征，亚硝酸盐或氯酸盐中毒引起高铁血红蛋白症则可能显现棕褐色。

剖开腹腔时应注意特殊气味，如氰化物中毒的苦杏仁气味，当胃被打开时更为明显；有机磷中毒的大蒜气味等。胃内容物的性质对中毒的诊断有重要意义，仔细检查有助于识别或查出有毒物的痕迹，如在胃中发现叶片或嫩枝等，可能是有毒植物中毒的诊断依据；老鼠的尸体，则为杀鼠剂（如有机氟化物）的继发性中毒；三氧化二砷的灰白色微粒或油漆片等均可能成为诊断的依据。胃内容物的颜色可能是特殊的，铜盐显淡蓝绿色，铬酸盐化合物显黄色到橙黄或绿色；苦味酸和硝酸显黄色，而腐蚀性酸（如硫酸）能使胃内容物变成黑色等。

急性中毒最常见的是胃肠道炎症，极重的病例可见胃肠道被腐蚀。

肝、肾的损害常为毒物作用的结果，每当刺激毒物被吸收和从尿中排出时则发生肾损害。

肌肉组织可能具有特殊的颜色（如黄疸）或出血症状。

4. 动物试验 动物试验不仅可以缩小毒物范围，而且具有毒理学研究价值。动物试验包括给敏感动物饲喂可疑物质和观察其作用，通常用原患病地的同种正常动物饲喂可疑物质效果最好。

动物试验是一个很重要的手段，尤其当某种物质，如霉菌毒素、细菌毒素或植物毒素混入饲料时，为了证实在饲料中的特种化学物质是一种有毒物质，必须对可疑饲料进行各种成分的分离提取，用各组分进行动物试验，最后取得毒物的纯品，并在试验动物中得到复制。

5. 毒物分析 某些毒物分析方法简便、迅速、可靠，现场就可以进行，对中毒性疾病的治疗和预防具有现实的指导意义。毒物分析的价值有一定的限度，在进行诊断时，只有把毒物分析和临床表现、尸体剖检等结合起来综合分析才能做出准确的诊断。对毒物分析结果的解释必须考虑到与本病有关的其他证据。

6. 治疗性诊断 畜禽中毒性疾病往往发病急剧，发展迅速，在临床实践中无法做到对上述各项方法全面采用，可根据临床经验和可疑毒物的特性进行试验性治疗，通过治疗效果进行诊断和验证诊断。

四、中毒性疾病的治疗原则

（一）预防

预防是减少或消灭畜禽中毒性疾病的基本方针。

1. 开展经常性调查研究 中毒性疾病的种类繁多，随着生产的发展，外界条件不断地变化，中毒性疾病更趋于复杂。因此必须从调查入手，切实掌握中毒性疾病的发生、发展动态及其规律，以便制定切实有效的防治方案并贯彻执行。

2. 各有关部门的大力协作 中毒性疾病的发生及其防治，同动物饲养管理、农业生产、植物保护、医疗卫生、毒物检验、工矿企业以及粮食仓库和加工厂等都有广泛的直接联系，同时许多中毒也是人、畜均可发生的，为了进行彻底的防治，必须统筹兼顾，分工协作，全面地采取有效措施。

3. 饲料饲草的无毒处理　对某些已变质的饲料和饲草进行必要的无毒处理,是预防畜禽中毒性疾病的重要手段。如霉稻草、黑斑病甘薯以及霉烂谷物与糟粕类饲料、饲草等,如不利用,即造成经济上的浪费,必须设法研究切实可行的去毒处理方法。目前的方法有翻晒、拍打、切削、浸洗、漂洗、发酵、碱化、蒸煮、物理吸附以及添加氧化剂、硫酸镁、生石灰或与其他饲料搭配使用等。

在安排饲料生产时,要注意敏感动物的饲料以及某些饲料作物的产毒季节。在利用新产品饲料、饲草时,要经过饲喂试验,确证无害后才能喂给成群畜禽。防止反刍动物过食大量谷物。根据不同的动物品种、年龄、生产性能和生产季节,饲喂全价日粮并配合均匀。科学种植、收获、运输、调制、加工和储存饲料,做到既保证产品质量和数量,又不让其发霉变质。加强农业新技术的研究,培育低毒高产的农作物和饲料作物,如培育无棉酚的棉花新品种等。

4. 农药、杀鼠药和化肥的保管和使用　要加强农药、杀鼠药和化肥的组织管理,健全保管、运输、领取和使用制度,克服麻痹大意思想;对喷洒过农药的作物应做明显的标志,在有效期间严防畜禽偷食。装过农药的瓶子,污染农药的器械以及盛过农药的其他容器应收回统一处理,不可乱堆乱放。运输过农药和化肥的车、船,堆放过农药和化肥的房舍,必须彻底清扫,才能运输和储存饲料。农药和化肥仓库应远离饲料仓库,避免污染。杀鼠的毒饵应妥善放置,防止被畜禽误食。

5. 宣传和普及有关中毒性疾病及其防治的知识　发动群众进行检毒防毒活动是大牧场或地区性防治中毒性疾病的有效措施。加强公共环境卫生的研究,贯彻执行环境保护法规,及时处理工业"三废";加强高效低毒农药新产品的研制,限制或停止使用高毒性、残效期长的农药;防止滥用农药造成饲料污染。

6. 加强安全措施,提高警惕　坚决制止任何破坏事故的发生。

（二）治疗

中毒的治疗一般分为阻止毒物进一步被吸收,应用特效解毒剂,进行支持和对症疗法3个步骤。

1. 阻止毒物的吸收　首先除去可疑含毒的饲料,以免畜禽继续摄入,同时采取有效措施排除已摄入的毒物。如用催吐法、洗胃法清除胃内食物;用吸附法把毒物分子自然地结合到一种不能被动物吸收的载体上,再用轻泻法或灌肠法清除肠道的毒物。

除去毒源:立即严格控制可疑的毒源,不使畜禽继续接触或摄入毒物。可疑毒饵、呕吐物、垃圾或饲料应及时收集销毁,防止畜禽再接触或采食。如果毒物难以确定,应考虑更换场所、饮水、饲料和用具,直到确诊为止。

排除毒物:清除病畜体表毒物,应根据毒物的性质,选用肥皂水、食醋水或3.5%醋酸、石灰水上清液,洗刷体表,再用清水冲洗;清除眼部酸性毒物,应用2%碳酸氢钠溶液冲洗,然后滴入0.25%氯霉素眼药水,再涂2.5%金霉素眼膏以防止感染。清除消化道毒物,通常采用催吐剂、洗胃、吸附沉淀剂、黏浆剂、收敛剂以及盐类泻剂等,防止吸收。

催吐法:一般只用于猪、犬、猫。兴奋呕吐中枢的药物最为有效,通常应用阿扑吗啡和吐根糖浆。阿扑吗啡每千克体重0.05~0.10mL,静脉注射或皮下注射,多用于犬,忌用于猫。吐根糖浆的催吐作用虽然比阿扑吗啡的效果差，呕吐作用发生较慢，但 10~20mL 对犬有效。犬也可用藜芦碱 0.01~0.03g，阿扑吗啡 5~10mg 皮下注射或 1‰硫酸铜溶液 50~100mL 内服。部分病例禁用催吐剂，如摄入腐蚀性毒物，摄入挥发性碳氢化合物和石油蒸馏物，昏迷或半麻醉的病畜或者不具有呕吐反射机能的动物，以及惊厥病畜。

洗胃法：毒物进入消化道后，洗胃是一种有效排除毒物的方法。最常用的洗胃液体为普通清水，也可根据毒物的种类和性质，选用不同的洗胃剂，通过吸附、沉淀、氧化、中和或化合等，使毒物失去毒性或不被吸收，从而能够有效地被排出。毒物进入消化道 1~4h 以内者，洗胃效果较好（过食豆谷中毒从发病开始计算）。首先抽出胃内容物（取样品做毒物鉴定），继而反复冲洗（洗胃液的用量根据家畜种类来确定），最后用胃管灌入解毒剂、泻剂或保护剂。要想把大家畜的胃内容物冲洗完是不可能的。反刍动物瘤胃切开术使胃排空是唯一的有效方法。瘤胃内容物排空后，必须灌服适合的液体。可用切碎的干草、麸皮和碾碎的燕麦混合，经开水烫熟，并保持与体温相同温度，作为一种正常瘤胃内容物的代用品。最好把健康牛反刍出的食物导入病牛的瘤胃内，以便重新建立其微生物群落。

吸附法：吸附法是把毒物分子自然地黏合到一种不被吸收的载体上，通过消化道排出，所有吸附剂以"万能解毒剂"[活性炭 10g，轻质氧化镁 5g，高岭石（白陶土）5g 和鞣酸 5g 的混合物] 效果最好。活性炭是植物有机质分解蒸馏的残留物，它是多孔的，含灰量少并具有很大的表面积（100m^2/g）。它能吸附胃肠内各种有毒物质，如色素、有毒气体、细菌、发酵产物、细菌产物、金属和生物碱等（但氰化物不能被吸附）。它的吸附功能因毒物的酸性或碱性而降低。被吸收的毒物一般都能经消化道排出。活性炭可以降低药物的功效，同时降低本身的解毒作用，1g 活性炭能吸附各种药物 300~1 800mg 之多，因此不能与药物同时应用。轻泻剂可以加速毒物从消化道中排出。这在使用吸附剂后是很必要的，通常在家畜最适用的是矿物油或硫酸钠。

轻泻法：多数毒物可经小肠和大肠吸收或引起肠道的刺激性症状，故欲清除经口进入的毒物，除采用催吐和洗胃方法外，可应用轻泻剂，使已进入肠道的毒物迅速排出，以减少其在肠内的吸收。盐类泻剂因其渗透压的作用，能阻止毒物被吸收，排出毒物的效果较好，其中硫酸钠比硫酸镁效果好。某些抑制肠蠕动的药物也可增加镁的吸收。肾功能减退时，排泄障碍，更能增加镁的毒性，使中枢神经和呼吸抑制。油类泻剂有溶解某些毒物（如酚类、麝香草酚、磷、碘等）的作用，可促进毒物的吸收，故不宜采用。如毒物已引起严重的腹泻，即不必再用泻剂。

排出已吸收的毒物：毒物进入血液后，应及时放血并输入等量生理盐水，有条件者可以换血。此外，大多数毒物由肾排出，有些毒物经汗液排出。利尿剂和发汗剂也可加速毒物的排出。对肾机能衰竭而且昂贵的患畜，可进行腹膜透析，排出内源性毒物。

2. 特效解毒法 迅速、准确地应用解毒剂是治疗中毒的理想方法。针对具体病例，应根据毒物的结构、理化特性、毒理机制和病理变化，尽早施用特效解毒剂，从根本上解除毒物的毒性作用。

解毒剂可以同毒物络合使之变为无毒，例如，重金属与 EDTA 或其盐类生成络合物，砷同二巯基丙醇结合形成更稳定的化合物，从而成为无毒或低毒物质，从肾排出。解毒剂能加速毒物代谢作用或使之转变为无毒物质，如亚硝酸盐离子和硫代硫酸盐离子与氰化物结合依次形成氰化甲基血红蛋白和硫代氰酸盐，硫代氰酸盐随尿排出，解毒剂能加速毒物的排出，如硫酸盐离子可使反刍动物体内过量的铜迅速排出。解毒剂能与毒物竞争同一受体，如维生素K与双香豆素竞争，使后者变为无毒。解毒剂改变毒物的化学结构，使之变为无毒。

解毒剂能恢复某些酶的活性而解除毒物的毒性。例如，有机磷酸酯类的毒性作用主要是通过与体内的胆碱酯酶结合，形成磷酰化胆碱酯酶来表现的。解磷定、氯磷定等能与磷酰化胆碱酯酶中的磷酰基结合，将其中的胆碱酯酶游离，恢复其水解乙酰胆碱的活性，从而解除有机磷酸酯类的毒性作用。

解毒剂可以阻滞感受器接受毒物的毒性作用。如阿托品能阻滞胆碱酯酶抑制剂中毒时的毒蕈碱样作用。

解毒剂可以发挥其还原作用以恢复正常机能。例如，由于亚硝酸盐的氧化作用所生成的高铁血红蛋白，可以用亚甲蓝还原为正常血红蛋白，使动物恢复健康。

解毒剂能与有毒物质竞争某些酶，使其不产生毒性作用。例如，有机氟中毒时，使用乙酰胺（解氟灵），因其化学结构与氟乙酰胺相似，故能争夺某些酶（酰胺酶），使氟乙酰胺能脱氨产生氟乙酸，从而消除氟乙酰胺对机体三羧酸循环的毒性作用。

另外，某些使有毒物质加速或减少代谢转变的因素，可能加强或减弱毒物的毒性。例如，某种代谢产物比同源的化合物（有机硫代磷酸盐转化为有机磷酸盐）更有毒性，那么这种代谢的抑制剂就能减轻这种毒物的毒性。但是，如果这种同源化合物（如灭鼠灵）比它的代谢产物有更大的毒性，那么代谢产物抑制剂就能增强其毒性。

3. 支持和对症疗法 目的在于维持机体生命活动和组织器官的机能，直到选用适当的解毒剂或使机体发挥本身的解毒机能，同时针对治疗过程中出现的危症采取紧急措施。包括预防惊厥、维持呼吸机能、维持体温、抗休克、调整电解质和体液、增强心脏机能、减轻疼痛等。

用作用极快的巴比妥酸盐，如硫喷妥钠的轻度麻醉作用，可以很快控制惊厥症状。也可每千克体重静脉注射戊巴比妥10～30mg，继之以腹腔内注射，直至症状被控制为止。如果静脉注射有困难，应当尽早采取腹腔内注射。应注意巴比妥酸盐能抑制呼吸，因而能加重由毒物产生的呼吸困难。对制止惊厥，比较新的产品有吸入麻醉剂、骨骼肌弛缓剂等。肌肉松弛剂和麻醉剂结合应用比单用巴比妥酸盐安全。

体温过低或过高都可能因某种毒物而发生。大多数中毒病的体温都偏低，体温过低需要羊毛毯子和热水袋保温，而体温过高需要用冷水或冰降温。降温往往影响毒物的敏感度，而且降低了患畜代谢和脱水的速率。也可用药物降温，如氯丙嗪、异丙嗪等加入50%葡萄糖或生理盐水中静脉注射。

对休克、电解质紊乱和体液丧失、心脏机能障碍以及疼痛等的治疗，是使中毒病畜转危为安的一些非常重要的措施。

技能训练一 食盐中毒检验

【目的要求】 掌握食盐中毒的简易检验方法。

【材料设备】

动物：食盐中毒病例，或用试验动物（猪或兔）人工复制病例。

器材：玻璃容器、量筒、棕色玻璃瓶、玻璃棒、移液管、容量瓶、烧杯、滴定管、微量吸管、25mL 滴管、新华滤纸、试纸等。

药物试剂：硝酸、硝酸银、铬酸钾、蒸馏水等。

【原理、试剂与操作步骤】

1. 眼结膜囊内液氯化物的检查

【原理】氯化钠中的氯离子在酸性条件下与硝酸银中的银离子结合，生成不溶性的氯化银白色沉淀。

【试剂】酸性硝酸银试液：取硝酸银 1.75g、硝酸 25mL、蒸馏水 75mL，溶解后即得。

【操作】取水 2~3mL 放入洗净的试管中，再用小吸管取眼结膜囊内液少许，放入小试管中，然后加入酸性硝酸银试液 1~2 滴，如有氯化物存在就呈白色混浊，量多时混浊程度增大。

2. 肝中氯化物含量测定

【原理】氯化物与硝酸银作用生成氯化银，当硝酸银稍过量即可与指示剂铬酸钾作用，生成铬酸银砖红色沉淀，以此来判定终点，根据硝酸银的消耗量可换算出氯化物的含量。

【试剂】

0.1mol/L 硝酸银溶液：称取硝酸银 17g，加水稀释至 1 000mL，然后用 0.1mol/L 氯化钠溶液标定。

0.01mol/L 硝酸银溶液：用已标定好的 0.1mol/L 硝酸银溶液稀释而成。

5%铬酸钾溶液。

【操作】

（1）取肝组织约 10g，放入一个干净的 50mL 离心管（或小玻瓶）中，用干净小剪刀剪碎，然后称取 3.0g，放入 15mL 三角瓶中，加蒸馏水 80~90mL，在 30℃ 条件下（夏季可在室温，冬季可用水浴）浸泡 15min 以上，不时地用玻璃棒搅拌或用手摇动，然后用定性滤纸过滤，将滤液过滤到 100mL 容量瓶（或 100mL 刻度量筒）中，用水洗滤纸直至总体积达到刻度为止。如果滤液无色透明（一般经放血迫杀的猪肝滤液无色），可直接进行下项操作。如果滤液有红色或不透明时，可将滤液转入小烧杯中，加热煮沸 1~2min，然后再用滤纸过滤到 100mL 容量瓶中，加水至刻度。

（2）用 10mL 移液管取 10mL 上项制备的滤液，放入小烧杯中，加入 5%铬酸钾指示剂 0.5mL，以 5mL 滴定管用 0.01mol/L 硝酸银溶液缓缓滴定，至溶液刚刚出现明显砖红色混浊时为止，再加水 50mL 左右稀释，如果经放置片刻砖红色不消失并有红色沉淀生成时，说明已达到终点。如果溶液又变黄，说明没达到终点，需要继续用硝酸银滴定，直至砖红色不消失为止，记下样品消耗硝酸银的体积（mL）。再多加 1 滴作为参比溶液。

（3）分别取 3 份样品，每份 10mL 滤液，各加 0.5mL 5%铬酸钾指示剂，作为正式样品，分别用 0.01mol/L 硝酸银溶液滴定至出现明显砖红色混浊并不消失为止（与参比溶液对照观察）。记录每份样品消耗 0.01mol/L 硝酸银的体积（mL），取其平均值，进行计算。

（4）计算公式（以氯化钠的含量计算）。

$$氯化钠含量 = \frac{0.000585 \times a \cdot d \times 100\%}{b \cdot c}$$

式中：a 为滴定时所消耗 0.01mol/L 硝酸银溶液的体积（mL）；b 为取来滴定滤过物的体积（mL）（即滴定时取样量的体积）；c 为取来分析标本的质量（g）（即做分析时取检材

的质量）；d 为滤过物的总体积（mL）。

例如：取肝 3.0g，滤过物总体积为 100mL，取样量为 10mL，滴定时所消耗 0.01mol/L 硝酸银溶液的量为 2.50mL，则氯化物的含量（以氯化钠计算）为：

$$氯化钠含量 = \frac{0.000585 \times 2.5 \times 100 \times 100\%}{10 \times 3} = 0.4875\%$$

正常猪肝中氯化物含量（以氯化钠计算）为 0.17%～0.2%，当中毒时可增高至 0.4%～0.6%。

正常鸡肝中氯化钠为 0.45%，中毒时肝中氯化钠含量可高达 0.58%～1.88%。

【说明】 本法是属于银量法的一种，是摩尔（Mohr）最早创始的，所以通称为摩尔法，适用于微量氯化物的含量测定。在用硝酸银滴定时，当所有氯化物皆形成氯化银沉淀后，指示剂即与过量的银溶液形成红色的铬酸银沉淀。关于指示剂的用量各文献介绍不一致，一般取样 10mL，滴定液总体积 50～60mL 时，加 0.5mL 指示剂已足够，但如果滴定总体积超过 70mL，甚至达到 100mL 时，可再多加 0.5mL 指示剂。

关于滴定液的 pH 问题：用肝作为检材，如果没有腐败，滤液接近中性，可直接滴定。摩尔法滴定要求的 pH 为 6.5～10.5。如果检材滤液 pH 低于 6.5 时，可加硼砂或碳酸氢钠调整滤液的 pH，高于 7 时，再进行滴定。

关于取样量和滴定时所使用的硝酸银的浓度问题：如果取样量较多，此时可用 0.05mol/L 硝酸银滴定。如果取样品 3g 制成 100mL 滤液，取 20mL，可用 0.02mol/L 硝酸银进行滴定或取 10mL，用 0.01mol/L 硝酸银滴定，这些条件可自行拟定。

滴定不能在热的情况下进行，所以经煮沸后的滤液应冷却到室温后再进行滴定。因为随着温度升高，硝酸银的溶解度也增加，因而对银离子的灵敏度降低，所以要得到良好的结果，需在室温下进行。

技能训练二　有机磷农药中毒检验

【目的要求】 掌握有机磷中毒的简易检验方法。

【材料设备】

动物：有机磷中毒病例，或用试验动物（猪或兔）人工复制病例。

器材：测瞳尺、瓷反应板、瓷蒸发皿、乳钵、分液漏斗、分液漏斗架、离心机、培养皿、玻璃容器、量筒、棕色玻璃瓶、玻璃棒、微量吸管、25mL 滴管、注射器、针头、听诊器、体温计、定性滤纸、新华滤纸、试纸、纱布、脱脂棉、剪刀、解剖器械、载玻片、橡皮筋等。

药物试剂：氯仿、氯乙酰胆碱、溴麝香草酚蓝、无水乙醇、干燥马血清、饱和溴水、0.4mol/L 氢氧化钠液、二氯甲烷、酒石酸、苯、三氯醋酸、无水硫酸钠、弗罗里硅土、丙酮、石油醚、蒸馏水、注射用水。

【原理、试剂与操作步骤】

1. 检品的采取和处理 将可疑有机磷中毒的剩余饲料、胃肠内容物（活体采取胃肠内容物，如采不出来，可用普通水洗胃，但不能用碱性液体洗胃，以防有机磷水解）、血液、尿液及内脏等被检病料迅速检验。如不能立即检验时，可在每千克检品中加入 100～150mL

酒精或苯，置于冰箱内保存，以防有机磷挥发。血液、尿液及内脏中的有机磷能迅速异化，常难以检出，故一般不做血液、尿液和内脏的保存。

2. 有机磷检验法

（1）酶化学纸片法。

【原理】胆碱酯酶能分解乙酰胆碱为胆碱和乙酸，因而 pH 变低。当有机磷中毒时，抑制了乙酰胆碱酯酶的活性，水解乙酰胆碱产生胆碱和乙酸的能力降低，所以 pH 升高。根据 pH 的变化，以溴麝香草酚蓝（BTB）为指示剂，以推断有机磷的中毒情况。

【试剂】

乙酰胆碱试纸片：称取氯乙酰胆碱 1g，溴麝香草酚蓝 0.084g，溶于 95% 乙醇中使体积为 28.6mL。取新华滤纸，剪成 5cm×11cm 纸条，在上述溶液中浸透后取出晾干，然后剪成 2cm×2cm 的试纸块密封于棕色瓶中，置于干燥器内（或瓶中放一小包原色硅胶）避光保存备用。

马血清：如为市售干燥马血清，临用时打开安瓿，按量用水稀释备用。

溴水：取 1mL 饱和溴水加水 4mL 稀释。

【方法】用滴管取被检液 1 滴（约 0.05mL）于白瓷板上，另加马血清 1 滴（约 0.05mL）混合，即加盖乙酰胆碱试纸片，10～20min 后观察试纸片颜色。若呈绿色或蓝色，为有机磷中毒；若为黄色，则为阴性。同时应做空白对照试验。

【注意事项】本法以 pH 判定结果，应避免酸碱的干扰，故所用白瓷板要在临用前洗净吹干。

（2）BTB 全血试纸片法。

【原理】有机磷能抑制血中胆碱酯酶分解乙酰胆碱的活性，故胆碱酯酶与乙酰胆碱作用所产生的乙酸也相应降低，其降低程度，可由 BTB 试纸的颜色变化表示，并能粗略判定有机磷中毒的严重程度。

【试纸片制备】称取溴麝香草酚蓝 0.14g，用无水乙醇 20mL 溶解，加溴化乙酰胆碱 0.23g（或氯乙酰胆碱 0.185g），以 0.4mol/L（约 1.6%）氢氧化钠溶液调至黄绿色（pH 6.8 左右）。然后将定性滤纸浸入溶液中，待浸透以后取出挂在室温中自然阴干（为橘黄色），进而剪成 2cm×2cm 的试纸块，密封于棕色瓶中，置于干燥器内（或瓶中放一小包原色硅胶）避光保存备用。

【方法】取制备好的试纸片两块，分别放在清洁干燥的载玻片两端，用毛细滴管加病畜被检末梢血一滴于一端试纸片中央，另一端试纸片加健畜末梢血一滴并行标记。待血滴扩散成小圆斑点后，即速加盖另一清洁干燥玻片，用橡皮筋扎紧，在 37℃ 恒温箱中（或体温）保持 15～20min 后，观察血清中心部的颜色变化。

结果判定见表 7-1。

表 7-1 BTB 试纸的颜色变化与有机磷中毒的关系

内容	红色	紫色	深紫色	蓝黑（黑灰）色
胆碱酯酶活性	80%～100%	60%	40%	20%
中毒程度	正常	轻度	中度	重度

【注意事项】

(1) 血液应滴于试纸片中央,血清不可过大或过小,以斑点直径为 0.6~0.8cm 为宜。

(2) 每头可疑病畜,应做两个标记,以免误差。

(3) 血斑要看反面,看时不要直接对着光线,应与光线成一定角度。

(4) 玻片及滴管要清洁干燥,防止酸碱干扰。

(5) 每次测定前,先用健康血检查试纸片,如试纸片加健康血不变蓝,经 30min 后又不变红,表明试纸片失效。

单元八

以生长发育障碍为主的疾病

课题描述 学习本类疾病的基本知识、诊断方法、防治措施，分析临床疾病案例，参加相关疾病临床病例的诊疗训练。

病例分析 分析以下病例，根据病史和临床检查，提出初步诊断，制定治疗措施（开出处方）。

病例1 主诉（病史）：12周龄仔猪，食欲降低，消瘦，增重缓慢，皮肤出现裂口。

临床检查：病猪食欲减退，腹泻，营养不良，皮肤出现红斑、丘疹，真皮形成鳞屑和皲裂，并伴有褐色的渗出和脱毛，严重者真皮结痂，主要发生在腹部、大腿和背部，伴有瘙痒。

病例2 某种鸡场近期出现鸡产蛋量下降，种蛋孵化率降低的病例。

临床检查：鸡冠肉髯色泽偏白，精神有点萎靡不振，有些鸡只易受惊，个别鸡有共济失调的表现。粪便稀软、泄泻，病鸡渐渐消瘦、死亡。

相关知识 以生长发育障碍为主的常见疾病主要有B族维生素缺乏症、锌缺乏症、碘缺乏症、异食癖，维生素K缺乏症、佝偻病、铜缺乏症等也可以出现生长发育障碍。

一、B族维生素缺乏症

B族维生素是一组水溶性维生素，它们的化学结构和生理功能互不相同。B族维生素有10多种，包括维生素B_1（硫胺素）、维生素B_2（核黄素）、维生素B_3（烟酸）、维生素B_4（胆碱）、维生素B_5（泛酸）、维生素B_6（吡哆醇）、维生素B_7（生物素）、维生素B_9（叶酸）、维生素B_{12}（钴胺素）等，参与机体各种代谢。B族维生素缺乏症是指因饲料中缺乏B族维生素而导致的代谢性疾病。

【病因】

1. 饲料中B族维生素缺乏 B族维生素广泛存在于青绿饲料、酵母、麸皮、米糠及发芽的谷物中。另外，动物肠道中微生物也能合成一定量的B族维生素，一般情况下不会引起缺乏。如果长期饲喂单一饲料，没有饲喂青绿饲料，或饲料中B族维生素添加量不足，就会导致B族维生素缺乏。

2. 其他原因 饲料发霉变质，B族维生素遭到破坏；天气闷热、应激反应、磺胺类药物的使用等会使动物体内的B族维生素消耗量增大；胃肠炎、消化机能障碍等疾病会使B族维生素的吸收量减少，从而引起本病。

【症状】

1. 维生素B_1（硫胺素）缺乏 病猪食欲减退，严重时可呕吐、腹泻，生长发育缓慢，尿少色黄，病猪喜卧少动，有时跛行，甚至四肢麻痹，严重者目光斜视，转圈，阵发性痉挛，后期腹泻。仔猪表现腹泻、呕吐、生长停滞、心动过速、呼吸急促，突然死亡。

成年鸡缺乏维生素 B_1 约在3周后出现症状，雏鸡缺乏可在2周龄前发生。成鸡发生缓慢，雏鸡发生迅速。初期症状为明显厌食、生长缓慢、消瘦、贫血、腹泻，成鸡可出现蓝冠。之后呈现多发性神经炎症状，爪、腿、翅、颈部出现麻痹、痉挛，常将身体坐在自己屈曲的腿上，头向后仰，角弓反张，呈特殊的"观星"姿势；有时倒地不能站立。体温降低，皮肤广泛水肿。

犊牛发病年龄为30d以内，平均21d。以神经症状为主，兴奋、痉挛、惊厥、四肢抽搐、坐地、倒地，眼球震颤甚至失明，牙关紧闭、角弓反张。有的犊牛呈现脑灰质软化症，用维生素 B_1 治疗效果明显。

羔羊共济失调，转圈、无目的地奔跑，倒地抽搐，昏迷死亡。

犬、猫维生素 B_1 缺乏时可引起对称性脑灰质软化症。主要表现为厌食、平衡失调、惊厥、勾颈、头向腹侧弯、知觉过敏、瞳孔扩大、运动神经麻痹、四肢呈进行性瘫痪，重则惊厥、四肢强直、昏迷、死亡。

马属动物表现为衰弱无力、心搏动过速、共济失调、咽肌麻痹、牙关紧闭、阵发性痉挛或惊厥，重则昏迷、死亡。

2. 维生素 B_2（核黄素）缺乏 病猪厌食，生长缓慢，经常腹泻，被毛粗乱无光，并有大量脂性渗出，惊厥，眼周围有分泌物，运动失调，昏迷，死亡。鬃毛脱落，由于跛行，不愿行走，眼结膜损伤，眼睑肿胀，卡他性炎症，甚至晶状体混浊、失明。妊娠母猪缺乏维生素 B_2 时，仔猪出生后不久死亡。

鸡多发于幼雏，表现生长缓慢、消瘦、消化障碍、羽毛粗乱，贫血下痢。特征性症状为趾爪向内蜷曲而两腿不能行走。强迫行走时用飞节着地或一只爪跳，张开翅膀以保持平衡。严重时腿部肌肉萎缩，两腿叉开卧地。母鸡发生本病时，产蛋率、孵化率均下降，病鸡也有明显的"卷爪"现象，其蛋孵化雏鸡中也有"卷爪"现象。

犬、猫皮屑增多，胸部、后躯皮肤出现红斑、水肿，后肢肌肉无力，脑、脊神经变性，痉挛，平衡失调，易惊厥。

犊牛厌食、生长不良、流涎、流泪、腹泻、脱毛，有口角炎、口周炎等。

3. 维生素 B_3（烟酸）缺乏 猪食欲下降，严重腹泻；皮屑增多性发炎，呈污秽黄色；后肢瘫痪；胃、十二指肠出血，大肠溃疡，与沙门氏菌性肠炎类似；回肠、结肠局部坏死，黏膜变性。因使用抗烟酰胺药产生的烟酸缺乏症，还出现平衡失调，四肢麻痹，脊髓的脊突、腰段腹角扩大，灰质损伤、软化，尤其是灰质间呈明显损伤。

病禽羽毛生长不良，跗关节增生性炎症，骨短粗，股骨弯曲，呈O形腿。鼻腔黏膜、喙角、眼睑的皮肤黏膜发生炎症。

犬、猫口腔舌部变化明显，开始是红色，以后为蓝色素沉着，俗称"黑舌病"。唾液呈臭味，口腔溃疡，腹泻。精子生成减少，精子活力降低。有神经症状、虚弱、惊厥、昏迷。

4. 维生素 B_5（泛酸）缺乏 猪在用全玉米日粮时可自然产生泛酸缺乏症病例，典型特点是后腿踏步动作或成正步走、高抬腿、鹅步，并常伴有眼、鼻周围痂状皮炎，斑块状秃毛，毛色素减退呈灰色，严重者可发生皮肤溃疡、神经变性，并发生惊厥。渗出性鼻黏膜炎发展到支气管肺炎，肝脂肪变性，腹泻，有时肠道有溃疡、结肠炎，并伴有神经髓鞘变性。肾上腺有出血性坏死，并伴有虚脱或脱水。低色素性贫血，可能与琥珀酰辅酶A合成受阻，不能合成血红素有关。有时会出现胎儿吸收、畸形、不育。

病禽主要特征是羽毛生长受阻和粗糙，头部羽毛脱落。头部、趾间和脚底皮肤炎症，外层皮肤有脱落现象。

5. 维生素 B_6（吡哆醇）缺乏 猪呈周期性癫痫样惊厥，呈小细胞性贫血和泛发性含铁血黄素沉着，骨髓增生，肝脂肪浸润。

雏鸡缺乏维生素 B_6 表现为食欲不振、生长受阻、羽毛粗糙、贫血等。病鸡异常兴奋，盲目奔跑，伴"吱吱"叫声，听觉紊乱，运动失调，翅膀扑击，进而抽搐，痉挛致死。骨短粗，一条腿严重跛行，一侧或两侧爪的中趾第一关节向内弯曲。成年鸡食欲下降，产蛋率和孵化率降低。病鸡的病理变化为脊髓和外周神经变性、眼炎性水肿、肌胃糜烂等。

6. 维生素 B_7（生物素）缺乏 猪缺乏生物素时表现为耳、颈、肩、尾巴等部皮肤炎症、脱毛，蹄底、蹄壳出现裂缝，口腔黏膜炎症、溃疡。

家禽缺乏生物素的症状是骨短粗，肉鸡和雏鸡由于肝、肾脂肪过多而大量死亡。受精蛋的孵化率可从80%下降到20%。

7. 维生素 B_{12}（钴胺素）缺乏 猪厌食、生长停滞、神经性障碍、应激增加、运动失调，以及后腿软弱、皮肤粗糙、背部有湿疹样皮炎，偶有局部皮炎，胸腺、脾以及肾上腺萎缩，肝和舌头常呈现肉芽瘤组织的增殖和肿大，开始发生典型的小红细胞性贫血（幼猪偶有腹泻和呕吐），成年猪繁殖机能紊乱，易发生流产、死胎，胎儿发育不全，畸形，产仔数减少，仔猪活力减弱，生后不久死亡。

成年鸡产蛋量下降，蛋小而轻，孵化率降低，孵化后期鸡胚自行死亡。雏鸡存活率低，造血机能严重障碍，鸡冠和肉髯苍白，剖检可见脂肪肝，肝颜色变黄、质脆。

8. 维生素 B_9（叶酸）缺乏 叶酸缺乏与维生素 B_{12} 缺乏时症状相似，表现为食欲不振、消化不良、腹泻、皮肤粗糙、脱毛、贫血。此外，动物易患肺炎和胃肠炎，母猪受胎率与泌乳量减少等。

【诊断】根据饲料中B族维生素不足，结合临诊症状可做出初步诊断。确诊需测定血中B族维生素的含量。

1. 维生素 B_1 缺乏症 根据临床特殊的"观星"症状，肠壁和生殖器官萎缩等可以做出初步诊断。确诊需测定血液中转酮酶的活性。应注意与新城疫、传染性脑脊髓炎、大肠杆菌病（脑炎型）和维生素E缺乏引起的脑软化症相鉴别。

2. 维生素 B_2 缺乏症 根据特征性"卷爪"症状和坐骨神经、臂神经、迷走神经病变及胃肠道黏膜萎缩等可做出诊断。类症鉴别上需注意与马立克氏病的单侧坐骨神经肿胀相区别。

3. 维生素 B_3 缺乏症 根据临床上以皮肤和黏膜代谢障碍、消化功能紊乱、被毛粗糙、皮屑增多和神经症状为特征，可初步诊断为本病。

4. 维生素 B_5 缺乏症 根据羽毛生长受阻和粗糙，头部羽毛脱落可做出初步诊断。

5. 维生素 B_6 缺乏症 依据雏鸡的异常兴奋、运动失调、痉挛、严重跛行、中趾第一关节向内弯曲、肌胃糜烂等可做出初步诊断。确诊需测量血浆中磷酸吡哆醛含量和红细胞转氨酶活性。需注意与维生素E、维生素 B_1 缺乏症以及脑脊髓炎、大肠杆菌病的共济失调相区别。

6. 维生素 B_7 缺乏症　根据骨短粗、种蛋孵化率大幅下降可做出初步诊断。

7. 维生素 B_{12} 缺乏症　通过临床症状较难做出诊断，但如果发现鸡存在巨幼红细胞性贫血，可怀疑本病，并通过维生素 B_{12} 用药诊断或测定维生素 B_{12} 含量来确诊。

8. 维生素 B_9（叶酸）缺乏症　根据病史、临床上出现巨幼红细胞性贫血、白细胞减少、骨髓内出现巨幼红细胞等现象，再配合临床治疗性试验而诊断。叶酸缺乏症与维生素 B_{12} 缺乏症在临床上无法区别。

【治疗】

1. 治疗原则　改善营养，在饲料中添加B族维生素。

2. 治疗措施　根据不同病因，有针对性地补充各种维生素。

处方一　补充维生素 B_1，消除维生素 B_1 缺乏症。

维生素 B_1 注射液，马、牛 100～200mg，猪、羊 25～50mg，犬 10～25mg，鸡 5～10mg。或丙酸硫胺注射液，马、牛 0.1～0.5g，猪、羊 25～50mg，犬、猫 2～20mg。或呋喃硫胺注射液，马、牛 0.1～0.2g，猪、羊 10～30mg，禽 0.2～2.0mg。用法：肌内注射，1次/d，连续3～5d。

处方二　补充维生素 B_2，消除维生素 B_2 缺乏症。

（1）维生素 B_2 注射液，马、牛 100～150mg，猪、羊 20～30mg，犬 10～20mg，猫 5～10mg。用法：皮下或肌内注射，1次/d，连续5～7d。

（2）核黄素，犊牛 30～50mg，猪 50～70mg，仔猪 5～6mg，雏禽 1～2mg。用法：一次内服或混于饲料中饲喂，连用7～14d。

处方三　补充维生素 B_3，消除维生素 B_3 缺乏症。

烟酸粉，家畜每千克体重3～5mg。用法：一次内服，连用7～14d。

处方四　补充维生素 B_{12}，消除维生素 B_{12} 缺乏症。

维生素 B_{12} 注射液，马、牛 1～2mg，猪、羊 0.3～0.4mg，犬、猫 0.1mg，鸡 2～4μg，仔猪 20～30μg。用法：一次肌内注射，每天或隔天一次，连用5～7d。

处方五　补充多种维生素，消除B族维生素缺乏症。

（1）复合维生素注射液，马、牛 10～20mL，猪、羊 2～6mL，犬、猫、兔 0.5～1.0mL。用法：肌内注射，1次/d，连用5～7d。

（2）酵母片，马、牛 100～200g，猪、羊 10～20g，犬、猫、兔 2～5g。用法：一次内服，1次/d，连用5～7d。

【预防】调整日粮组成，添加复合维生素饲料添加剂，补充富含B族维生素的全价饲料或青绿饲料。

二、锌缺乏症

锌缺乏症是由于饲料中锌含量不足或其他因素干扰了锌的吸收，而引起的一种微量元素缺乏症。临床表现为生长缓慢，皮肤皲裂，皮屑增多，蹄壳变形、开裂（甚至磨穿），骨骼发育异常和繁殖机能下降等，因此又称皮肤角化不全症。各种动物均可发生，常见于猪、犊牛、羊、鸡。

【病因】
1. 饲料缺锌，锌摄入量不足 土壤缺锌使饲料缺锌而引起家畜缺锌。
2. 干扰锌利用的因素 饲料中过多的植酸钙、镁可与锌形成难溶性的复盐而使锌吸收障碍；消化机能障碍，如慢性腹泻，可影响由胰腺分泌的锌结合因子在肠腔内停留，而导致锌摄入不足。
3. 锌排出增多 如肝硬化及慢性肝病、恶性肿瘤、糖尿病、肾疾病都可使锌从尿中排出增多。
4. 饲料中的必需脂肪酸缺乏
5. 遗传因素 伏里森牛、丹麦黑斑牛多发。

【发病机制】锌在体内是多种酶的组成成分。碳酸酐酶、羧肽酶、DNA聚合酶、碱性磷酸酶、乳酸脱氢酶都含有锌，同时它也是许多金属酶的活化剂。锌参与体内正常蛋白质合成及RNA、DNA的代谢，也是胰岛素的重要成分，对糖代谢有一定作用。锌在稳定细胞膜及线粒体膜的结构完整性方面有重要作用。

（1）锌参与体内多种酶、核酸及蛋白质的合成，可以促进生长发育和组织再生。
（2）锌是味觉素的构成成分，每个味觉素内含2个锌原子，缺锌引起厌食挑食。
（3）锌作为碱性磷酸酶的成分，参与成骨过程，锌缺乏时，易得骨质疏松症。
（4）锌能维持细胞膜完整性，促进维生素A代谢。
（5）锌与激素（生长激素、性激素、胰岛素等）活性有关，能影响生长和繁殖机能等。
（6）锌可以合成皮肤胶原，增强机体免疫力。
（7）锌还可促进肉芽生长，创伤愈合。
（8）锌可影响精子生成、成活、发育及维生素A作用的发挥。缺锌时可引起雄性动物生殖能力下降和顽固的夜盲症；雌性动物卵巢发育停滞，子宫上皮发育障碍，也可影响其繁殖机能。

【症状】
1. 生长发育迟缓 病畜味觉和食欲减退，消化不良致营养低下、生长发育受阻。
2. 皮肤角化不全或过度 猪多发于眼、口周围及阴囊、下肢部位，有类似皮炎和湿疹的病变；反刍动物皮肤瘙痒、脱毛；犊牛皮肤粗糙、皲裂；家禽皮肤出现鳞屑、皮炎。
3. 骨骼发育异常 这是动物缺锌症的特征性变化。骨骼软骨细胞增生引起骨骼变形、变短、变粗，形成骨短粗症。
4. 繁殖机能障碍 公畜表现为性腺机能减退和第二性征抑制，睾丸、附睾、前列腺与垂体发育受阻，睾丸生精上皮萎缩，精子生成障碍；母畜性周期紊乱，不易受胎，胎儿畸形，早产、流产、死胎、不孕等。
5. 毛、羽质量改变 羔羊毛纤维弯曲丧失，松乱脆弱，易脱毛等。
6. 创伤愈合缓慢 缺锌动物创伤愈合能力受到损害，使皮肤黏蛋白、胶原及RNA合成能力下降，使伤口愈合缓慢。

猪：断乳后7～10周龄最易发生，皮肤角化，出现皮疹，蹄壳变薄、甚至磨穿，呕吐、腹泻，特别是生长快速的猪。

牛：犊牛生长缓慢，皮肤粗糙、增厚、起皱，甚至出现裂隙。母牛生殖机能低下，产乳量减少，蹄冠、关节等部位肿胀，运步僵硬，掉毛。牙周出血，牙龈溃疡。

绵羊：羊毛变直、变细，易脱落，皮肤增厚、皱裂。羔羊生长缓慢，蹄冠皮肤肿胀、皱裂。公羊睾丸萎缩，精子生成停止，母羊繁殖力下降。

家禽：生长停滞，生毛泡变性，羽囊角化、变性，羽毛稀疏，脚爪软弱，关节肿胀，发生皮炎，皮肤有鳞屑生成。产蛋少，蛋壳薄，孵化率下降，胚胎畸形。

犬、猫：生长缓慢、消瘦、呕吐、结膜炎、角膜炎。

【诊断】

1. 症状诊断 根据皮屑增多、掉毛、皮肤开裂，经久不愈，可做出初步诊断。

2. 病史诊断 补锌后经1～3周，临床异常症状迅速好转，进行治疗性诊断。

3. 实验室诊断 饲料中钙、磷、锌含量测定，血清碱性磷酸酶和血清锌含量测定可确诊。

4. 鉴别诊断 本病应与牛、猪的疥癣，小猪渗出性皮炎相鉴别。

【治疗】

1. 治疗原则 加强妊娠母畜的饲养管理，迅速调整日粮中锌的含量，饲料补锌是最有效的途径。

2. 治疗措施 改善仔畜的饲养管理。

处方一 添锌制剂至锌含量为50mg/kg（饲料中添加硫酸锌或碳酸锌200mg/kg），并使钙含量维持在0.65%～0.75%的水平。用法：连续饲喂3～5周。

处方说明：适用于猪锌缺乏症。预防锌缺乏症要保证日粮中含有足够的锌，并适当限制钙的水平，使钙锌比维持在100：1，生长猪日粮中钙含量控制在0.5%～0.6%，同时饲料中添加锌含量达50～60mg/kg，能预防猪锌缺乏症的发生。

处方二 硫酸锌或氧化锌每千克体重1.0mg。用法：口服，连用10～15d。

处方说明：适用于牛、羊锌缺乏症。用锌制剂的同时，配合应用维生素A效果更好。反刍动物也可投服锌和铁粉混合制成的缓释丸及自由舔食含锌食盐。

【预防】保证日粮中锌的含量，适当限制钙含量，注意钙锌比，合理配合日粮。地区性缺锌，可在土壤中施锌肥以防锌缺乏。

三、碘缺乏症

碘缺乏症主要是饲料和饮水中缺碘，使甲状腺素的合成不足而致代谢机能紊乱的疾病，临床上以甲状腺体增生肿大、秃毛和生殖机能障碍为特征，也称为甲状腺肿。在严重缺碘地区，牛、羊、猪和人均可发病。

【病因】

1. 原发性碘缺乏 饲料和饮水中缺碘是引起本病的主要原因，其根本还是土壤缺碘。多发于沙漠、沼泽地区及高山、盆地，水质过软或过硬的地带，以及土壤富含钙质而缺少腐殖质的地带。

2. 继发性碘缺乏 饲料中含有影响碘吸收与利用的物质。如菜籽饼中含有异硫氰酸盐和恶唑烷硫酮，两者可抑制甲状腺对碘的吸收，缺碘地区饲喂过多菜籽饼时，可导致碘缺乏症。硫葡萄糖苷和高氯酸盐可引起甲状腺肿，当大量饲喂富含两者的植物性饲料（大豆、豌豆、亚麻籽、花生）时也可引起发病。

【发病机制】缺碘时甲状腺合成甲状腺素的原料缺乏,甲状腺素的生成减少,此时垂体分泌的促甲状腺素不仅得不到正常甲状腺素的抑制作用,反而通过反馈作用使其分泌的促甲状腺素增加,从而导致甲状腺代偿性增生、肿大,发生甲状腺肿大病。

【症状】成年家畜患病时可触摸到甲状腺轻微肿大,黏液性水肿,皮肤干燥、角化、多皱褶、弹性差,被毛脆弱。母畜性周期紊乱,生殖机能障碍。公畜性欲降低,精液品质差。

幼畜两侧甲状腺明显肿大,压迫喉使其狭窄而发生呼吸困难甚至窒息。生长发育受阻而呈呆小症,头骨和四肢骨发育不全而变形。下颌间隙、颈、尾部水肿、被毛稀少。

马的甲状腺一侧肿大,另一侧缩小,孕马的妊娠期延长。

禽产蛋量下降,发生卵黄腹膜炎,孵化率降低,幼禽生长发育不良。

【诊断】

1. 症状诊断　该病的特征性症状是甲状腺肿大、黏液性水肿等。此外,缺碘母畜妊娠期延长,胎儿多有掉毛现象。

2. 病史诊断　缺碘病史。

3. 实验室诊断　通过饮水、饲料、乳汁、尿液、血清蛋白结合碘和血清 T_3、T_4 及甲状腺的称重检验。血液中蛋白结合碘(PBI)浓度明显低于 $24\mu g/mL$,牛乳中 PBI 低于 $8\mu g/mL$,羊乳中 PBI 低于 $80\mu g/mL$,则表示碘缺乏。测定已死亡的新生畜甲状腺重量有诊断意义,如羔羊新鲜甲状腺重 1.3g 以下为正常,1.3~2.8g 为可疑,2.8g 以上为甲状腺肿。

4. 鉴别诊断　诊断中应与传染性流产、遗传性甲状腺增生和小马的无腺体增生性甲状腺腺区肿大相区别。

【治疗】

1. 治疗原则　补碘是最根本和最有效的防治措施。用含碘的盐砖让动物自由舔食,或者在饲料中掺入海藻、海草之类物质,或把碘掺入矿物质补充剂中。

2. 治疗措施　常将碘化钾或碘酸钾与硬脂酸混合后,掺入饲料或盐砖内,以防碘挥发,含量为 0.01%,具有良好的预防碘缺乏症的作用。

处方一　碘化钾或碘化钠,马、牛 2~10g,猪、羊 0.5~2.0g,犬 0.2~1.0g。用法:口服,1 次/d,连用数天。

处方说明:防止动物补碘剂量过大,否则易引起碘中毒,尤其是马对碘的耐受性小。

处方二　舍饲动物,用含碘的碘砖让动物自由舔食。也可用海带、海草或海洋其他生物制品及副产品,直接掺入饲料中,定期饲喂。

处方说明:添加在饲料中的碘应该搅拌均匀。

【预防】减少饲喂致甲状腺肿的植物饲料;在饲料中添加碘盐;妊娠母猪 60 日龄时,每月在饲料或饮水中加入碘化钾 0.5~1.0g,或每周在颈部皮肤上涂抹 3%碘酊 10mL。

四、异食癖

异食癖是由代谢机能紊乱,味觉异常和饲养管理不当等引起的一种非常复杂的综合征。临床上以舔食、啃咬异物为特征。各种畜、禽均可发生,冬季和早春舍饲动物多见。家禽有异食癖的不一定都是营养物质缺乏与代谢紊乱的结果,有的属恶癖。因而,从广义上讲异食癖也包含有恶癖。

【病因】

1. 管理不善，饲养缺乏科学性　如夏季长期饮水缺乏、长期喂给大量精料、酸性饲料饲喂过多等，都可引起体内碱的消耗过多，而使机体严重缺乏钠盐等物质，导致异食癖发生；饲养密度过大、湿度高、饲槽空间狭小、限饲与饮水不足、同舍畜禽大小强弱悬殊等；环境条件差，如舍内温度过高或过低，通风不良且氨气含量高，栏舍光照过强，生活环境单调，惊吓，窜群，天气异常变化等，同样可导致异食癖。另外，动物所处的环境过于嘈杂，动物时刻处于应激状态，也是导致异食癖的重要原因。

2. 营养因素

（1）饲料品种单一，不能做到全价营养供应。饲料品种有限，缺乏统一管理，对动物营养需求缺少基本的了解，技术推广机制不完善等原因，导致相应动物无法得到全面的营养。特别是农村散养舍，进入冬季舍饲饲养后，不能按动物各阶段生长发育所需营养标准的要求配制饲料。

（2）矿物质元素缺乏或各种矿物质元素之间比例失调。在饲料配制过程中，忽视矿物质元素在动物生产饲料配合中的重要作用，造成动物长期缺乏。如钠盐不足，常见有异食癖的动物舔食碱性物质；铁、铜等微量元素缺乏引起的营养缺乏性贫血，常见于在水泥地面圈舍饲养的哺乳期家畜，其中仔猪最易发，多表现为啃食泥土。另外，虽然矿物质元素供应可以满足需求，但有些矿物质元素之间的比例不当，如钙、磷比例失调等，同样导致异食癖的发生。

（3）饲料中某些维生素严重不足。维生素不能提供能量，在机体中需要量也很少，但机体不能合成，在机体代谢中起着重要作用，如调控三大营养物质代谢、酶辅助因子、构成机体重要成分等。特别是缺乏 B 族维生素，可导致机体代谢机能紊乱，而诱发异食癖；维生素 D 的缺乏可直接影响钙、磷吸收而导致佝偻病、软骨病的发生，从而诱发异食癖；维生素 A 的不足也会对机体产生不良影响。

3. 疾病因素　患有佝偻病、软骨病、纤维性骨营养不良、慢性消化不良、前胃疾病、某些寄生虫病（如球虫病、囊虫病、蛔虫病）等均可成为异食癖的诱发因素。虽然这些疾病本身不可能引起异食癖，但可产生应激反应。

【症状】

1. 牛　突出表现为精神异常，容易兴奋，食欲减退，挑食现象明显，对在人们看来毫无营养价值或不应该吃的物品情有独钟。异食癖不是一种独立的疾病，其特征是到处舔食通常认为无营养价值而不该采食的异物。发病初期常表现为消化不良，随之出现味觉异常和异嗜症状；再后出现舔食、吞咽、啃咬被粪便污染的饲草或垫土，舔食食槽、墙壁，啃吃被毛、煤渣、墙土、砖块、破布等异物。患病动物起初敏感性增强且易惊恐，以后反应逐渐迟钝；其皮肤干燥、弹性降低，被毛粗乱无光，逐渐消瘦贫血。异食癖多为慢性经过，病程长短不一，有的甚至达 1~2 年。

2. 猪　多以消化不良开始，随后出现味觉异常和异嗜。病猪舔食、啃咬、吞咽被粪便污染的食物及垫草，舔食墙壁、食槽、砖瓦块、煤渣、破布等。病初猪易惊恐，敏感性高，后则反应迟钝。磨牙，畏寒，有时便秘、有时腹泻或交替出现，贫血，消瘦，皮肤被毛干燥无光。常继发胃异物及肠道阻塞。母猪有食胎衣、仔猪现象，仔猪和架子猪也有相互啃咬尾巴或耳朵的现象，且常因相互啃咬，引起外伤。

3. 家禽 临诊上常见的有以下几种类型。

（1）啄羽癖。以鸡、鸭多发。幼鸡、中鸭在开始生长新羽毛或换小毛时易发生，产蛋鸡在盛期期和换羽期也可发生。先由个别鸡自食或互相啄食羽毛，背后部羽毛稀疏残缺。然后，很快传播开，影响鸡群的生长发育和产蛋量。鸭毛残缺，新生羽毛根粗硬，品质差而不利于屠宰加工利用。

（2）啄肛癖。多发生在产蛋母鸡和母鸭，尤其是产蛋后期，由于腹部韧带和肛门括约肌松弛，产蛋后不能及时收缩回去而露在外，造成互相啄肛。有的鸡、鸭于腹泻、脱肛、交配后而发生自啄或被其他鸡、鸭啄，群起攻之，甚至死亡。

（3）啄蛋癖。多见于鸡产蛋旺盛的春季，由饲料中缺钙和蛋白质不足而引起。

（4）啄趾癖。大多是幼鸡喜欢互相啄食脚趾，常引起出血或跛行症状。

【诊断】依据临诊症状做出诊断并不难，但查出真正的原因却很难。通常情况下根据病史、临诊症状、治疗性诊断、实验室检查、饲料成分分析多方面资料综合分析，才能确诊。

【治疗】

1. 治疗原则 查明病因，及时对症治疗，改善环境卫生，恢复正常的代谢。

2. 治疗措施 保持环境的安静，控制光照，并减少或杜绝外来人员的参观和人为干扰。积极治疗消化道疾病、代谢紊乱性疾病。对有自咬癖的种畜治疗后仍旧不能改善者，则要坚决淘汰，不能再留作种用。

处方一

（1）钙缺乏的补充钙盐（如补充磷酸氢钙等），并注射一些促进钙吸收的药物，如1%维生素 D_3 15mL；也可内服鱼肝油20～60mL。另外，在饲料配制中必须保证钙磷比例（1.5～2）：1为宜；碱缺乏的供给食盐、小苏打、人工盐等。

（2）补充微量元素。

硒缺乏：维生素E注射液300～500mg，肌内注射；或亚硒酸钠-维生素E注射液，成年牛30～50mL、犊牛5～8mL，肌内注射；或0.1%亚硒酸钠5～8mL，肌内注射。

铜缺乏：硫酸铜0.07～0.30g，口服；或在日粮中添加铜，使硫酸铜的含量达到25～30μg/g，连喂2周。

锰缺乏：硫酸锰2g，口服；或每吨饲料中添加硫酸锰242g，即可满足需要。

钴缺乏：可内服氯化钴0.005～0.040g；或通过瘤胃投服钴丸或硒、铜、钴微量元素缓释丸，具有良好的预防效果。

（3）补喂维生素。B族维生素、维生素D、维生素A缺乏时，调整日粮组成，供给富含B族维生素、维生素D、维生素A的饲草饲料（如夏季增喂青绿饲料，冬季提供优质干草和矿物性饲料），增加室外运动及阳光照射时间，或补给鱼肝油20～60mL。

处方说明：适用于反刍动物（以牛为例，其他可参考猪）。

处方二

（1）对有啃墙、啃圈习惯的猪，可喂红土或烧砖用的页岩粉末，以补充铁、锰、锌、镁等多种微量元素。

（2）有吃猪粪、鸡粪习惯的可肌内注射维生素 B_{12}，每次500～1 500mL，1次/d，连用3～4d。

（3）有吃石灰习惯的应在饲料中添加钙和磷（如熟石灰、骨粉等），也可在饲料中添加维生素 AD_3、维生素 E 粉或肌内注射维丁胶性钙 5~10mL，连用 4~7d。

（4）患寄生虫病的猪，应该及时驱虫。常用的驱虫药有阿苯达唑、敌百虫、伊维菌素、阿维菌素等。

（5）啃吃垫草的猪，可喂服多种维生素或肌内注射复合维生素，每次 10~20mL，1 次/d，连续 3~4d。

（6）有吃胎衣和胎儿习惯的母猪，除加强护理外，还可以用河虾或小鱼 100~300g，煮汤饮服，或在饲料中加鱼粉，50~100g/d，连续喂 10~20d。

（7）啃砖头、吃煤渣、饮尿的猪，应在饲料中添加 0.5%~0.8% 的食盐，添加量不可超过 1%，以防食盐中毒。

处方说明：适用于单胃动物的治疗（以猪为例）。

处方三 患啄羽癖的鸡群，可能是机体内缺硫，可在饲料中添加 1% 的硫酸钠，见效后改用 0.1%~0.2% 的常规用量；对缺少食盐引起的啄癖，可在日粮中加 2%~3% 食盐，连喂 1~2d，并供应充足饮水，后速降为加 0.5% 的食盐，勿长期饮用 2%~3% 的食盐水。地面养鸡缺乏某些矿物质（如 Fe、Ca、Zn、Mg、Se）时常表现为啄蛋、啄肛，可在舍内墙角处放一定量的膨润土和黏土（膨润土和黏土中富含 Ca、P、Si、Se 等多种矿物质），或放一些碎煤渣供鸡群啄食。缺钙较多或钙、磷比例失调时，应及时纠正饲料中钙、磷等矿物质供应量，通常补充一定量贝壳粉。对于啄癖而引发的炎症，伤口必须进行消毒处理，常用龙胆紫和碘酊等，治疗时可适当添加抗生素或在饲料中添加抗菌中草药粉。鸡场常出现由缺乏维生素引起的啄癖症状，应注意在饲料中添加多维或供应充足的青绿饲料供鸡群啄食。

处方说明：适用于禽类的治疗（以鸡为例）。

【预防】首先要加强饲养管理，给予全价饲料，尤其应注意蛋白质、维生素和矿物质的含量和比例；同时，供给充足饮水，保持舍内通风、采光合理，做好环境卫生，定期驱除体内外寄生虫，减少应激反应发生。

单元九

表现急性死亡的疾病

课题描述 学习本类疾病的基本知识、诊断方法、防治措施，分析临床疾病案例，参加相关疾病临床病例的诊疗训练。

病例分析 分析以下病例，根据病史和临床检查，提出初步诊断，制定治疗措施（开出处方）。

病例1 主诉（病史）：某养鸡场偶尔出现死鸡，病死鸡肥大，腹腔中有来自肝的大血凝块，并且部分血凝块包裹着肝。

临床检查：肝肿大、色苍白、易碎，实质中可见血肿。腹腔中有大量脂肪。

病例2 主诉（病史）：某鸡场有一部分鸡只出现产蛋率下降，蛋壳变薄或产软壳蛋，有些鸡只站立困难，常侧卧于笼内。

临床检查：病鸡腿麻痹，翅膀下垂，胸骨凹陷、弯曲，不能正常活动，逐渐消瘦而发生死亡。

相关知识 以急性死亡为主的常见疾病主要有脂肪肝综合征、笼养蛋鸡疲劳症、过敏性休克；肉鸡腹水综合征、硒-维生素E缺乏症等也可发生急性死亡。

一、脂肪肝综合征

家禽脂肪肝综合征，又称脂肪肝出血综合征（FLHS），是由高能低蛋白日粮引起的以肝发生脂肪变性为特征的家禽营养代谢性疾病。临床上以病禽个体肥胖，产蛋减少为特征，个别病禽因肝功能障碍或肝破裂、出血而死亡。该病主要发生于蛋鸡，特别是笼养蛋鸡的产蛋高峰期，但平养的肉用型种鸡也有发生。

【病因】

1. 营养失衡 高能低蛋白饲料是造成产蛋鸡脂肪肝的主要因素，高能量的饲料容易转化为体脂储存。必需脂肪酸（不饱和多烯脂肪酸）摄入不足，使机体磷脂合成减少，从而脂蛋白合成减少，造成肝脂肪转运受阻。氨基酸不平衡也可引起脂肪肝，主要是由于合成脂蛋白的载脂蛋白量减少，缺乏合成载脂蛋白B所需的氨基酸（如精氨酸、苏氨酸、亮氨酸等）。饲料中胆碱缺乏，使卵磷脂合成不足，阻碍脂蛋白形成。

2. 激素影响 母鸡产蛋是一种生殖行为，产蛋量多少与雌激素的数量和活性高低密切相关，而雌激素能促进肝脂肪的合成和沉积。产蛋鸡性成熟以后，由于雌激素分泌突然增加，造成脂肪代谢失调，诱发脂肪肝形成。

3. 脂质过氧化损伤 家禽营养物质代谢旺盛，体内将会产生大量的自由基，自由基作用于肝细胞内细胞器和胞内大分子，特别是内质网膜、线粒体膜、溶酶体膜等，引起脂质过氧化，破坏肝细胞膜及其亚细胞膜结构和功能。肝细胞膜结构的改变引起极低密度脂蛋白的合成及转运受阻，必然导致甘油三酯在肝细胞内积累，形成脂肪肝。

4. 应激诱发脂肪肝 疫苗接种可诱发脂肪肝，免疫应激反应使产蛋量下降，导致脂肪代谢紊乱，引起脂肪堆积过多而发生脂肪肝综合征；热应激也可诱发脂肪肝，鸡群在高温季节脂肪肝综合征的发生率明显升高，在高温条件下，产蛋鸡机体长期处于热应激状态，使体内代谢紊乱，自由基增加，肝细胞损伤加重。

5. 运动不足 现在蛋鸡从育雏、育成到产蛋整个生产周期基本都是笼养，密度大，大大限制了鸡的运动，减少了能量消耗。多余的能量就会在体内，尤其是在肝内形成脂肪储存起来。

6. 肝功能受损 众多的病理因素和饲料饮水中所含的毒物，都会对肝功能产生巨大损伤作用，使肝合成脂蛋白的能力下降，不能及时将脂肪运送出去而在肝沉积。如各种病毒性疾病、高热稽留、肝胆疾病以及重金属、黄曲霉毒素、棉粕和菜籽粕中所含毒素等引起的中毒。

【发病机制】肝在脂类代谢中起着重要的作用，是禽类脂肪合成的主要场所。它也能合成脂蛋白，有利于脂类运输，合成后的脂肪以极低密度脂蛋白形式被输送到血液。其中载脂蛋白的合成需要蛋氨酸、丝氨酸、维生素E、B族维生素等的参与。若所需原料不足或肝合成的脂肪太多，超出了脂蛋白的运输能力，可产生肝内脂肪沉积，使肝呈淡黄色或淡粉红色，质地变脆。

【症状】病鸡精神不佳，嗜睡，喜卧伏；腹大、软绵下垂；鸡冠变白、体温较高、产蛋量下降、直至突然死亡。剖检死鸡，可见皮下、腹腔和肠系膜均有大量脂肪沉积；肝肿大、质脆、易碎、表面呈淡黄色油脂状，有出血点；腹腔内有出血块，心脏和腺胃有出血点。

【诊断】

1. 症状诊断 病初无特征性症状，只表现过度肥胖，尤其是体况良好的鸡、鸭更易发病，突然暴发死亡。

2. 剖检诊断 肝肿大明显，呈黄褐色，质脆并有油腻感，其包膜下有许多点状出血，部分鸡肝破裂，周围积满血块；肌胃被一层脂肪层包裹，且其体积变小，肌胃内容物混有多量胆汁；心脏的心耳和心尖部也被脂肪层包裹；蛋黄血管怒张，部分蛋黄破裂，散发出异常气味。

3. 实验室诊断 无菌操作取病变的肝组织分别接种于普通琼脂、麦康凯琼脂和鲜血营养琼脂培养基上，经37℃恒温培养24h后观察，结果均呈阳性。抽取病鸡心血，测定血清中胆固醇、钙和磷的含量均大幅度超标，同时结合发病情况、临诊症状及剖检变化，诊断为脂肪肝。

4. 鉴别诊断 应与脂肪肝和肾综合征相鉴别，后者主要发生于肉仔鸡，肝和肾均有肿胀，多死于突然嗜睡和麻痹。

【治疗】

1. 治疗原则 本病是一种代谢性疾病，治疗需较长的疗程才能见效，这样往往造成较大的经济损失，应以预防为主，发病时辅以药物治疗。

2. 治疗措施

处方一 一般在饲料中加入胆碱，剂量为 22~110mg/kg，治疗一周，有一定效果。

处方二 也可在每吨日粮中补加氯化胆碱 1 000g，维生素 E 10 000IU，维生素 B_{12} 12mg，肌醇 900g，连续喂 10~15d。

处方说明：病情严重的可在每吨饲料中加入 900g 肌醇，连用 2 周，疗效显著，但成本较高。

【预防】

（1）调整饲料结构，降低日粮中的能量，增加蛋白质含量，特别是含硫氨基酸，或通过限饲来控制家禽对能量的摄入量，以减少脂肪肝综合征的发生。国外有资料报道，可通过额外添加富含亚麻酸的花生油来减少脂肪肝综合征的发生。

（2）在饲料中添加某些营养物质。有资料介绍，在饲料中添加胆碱、肌醇、甜菜碱、蛋氨酸、维生素 E、维生素 B_{12}、锰和亚硒酸钠等对预防和控制脂肪肝综合征都有一定的作用。

（3）控制蛋鸡育成期的日增重。在 8 周龄时应严格控制体重，不可过肥。

（4）加强饲养管理、防止应激刺激。注意饲料保管，不喂发霉变质的饲料；适当控制光照时间，保持舍内环境安静，温度适当，尽量减少噪声、捕捉等应激因素，对防止脂肪肝综合征也有较好的效果。

二、笼养蛋鸡疲劳征

笼养蛋鸡疲劳综合征又称笼养产蛋鸡骨质疏松症或笼养鸡瘫痪，美国称本病为产蛋鸡猝死症，是青年母鸡的一种营养紊乱性骨骼疾病。进笼不久的鸡和高产鸡多发病。主要表现为骨质疏松以及蛋壳质量变差，该病的发生率与 30 年前相比降低了许多，但本病所造成的蛋鸡死淘率在总死淘率中占的比例还很高。

【病因】各种原因造成的机体缺钙及体质发育不良是导致该病的直接原因。

1. 钙的添加不及时 饲料中钙的添加太晚，已开产的鸡体内的钙不能满足产蛋的需要，导致机体缺钙而发病。

2. 蛋鸡料用得太早 过高的钙会影响甲状旁腺的机能，使其不能正常调节钙、磷代谢，导致鸡在开产后对钙的利用率降低，鸡群也会发病。而适时用过渡料的鸡群发病少。

3. 钙、磷比例不当 蛋鸡对钙、磷是按照一定比例来吸收的，当钙、磷比例失调，也不能充分吸收，影响钙在骨骼中的沉积。

4. 维生素 D 添加不足 产蛋鸡缺乏维生素 D 时，肠道对钙、磷的吸收减少，血液中钙、磷浓度下降，钙、磷不能在骨骼中沉积，使成骨作用发生障碍，造成钙盐再溶解而发生鸡瘫痪。饲料中缺乏维生素 D，就是有充足的钙，鸡也不能充分吸收。

5. 鸡群性成熟过早 由于鸡群开产过早，初产时鸡的生殖机能还没有发育完全，性成熟和体成熟不同步。

6. 缺乏运动 如育雏、育成期笼养或上笼早、笼内密度过大、鸡的运动不足等，导致鸡的体质较弱而易发该病。

7. 光照不足和应激反应 由于缺乏光照，使鸡体内的维生素 D 含量减少，从而发生体内钙、磷代谢障碍；另外，高温、严寒、疾病、噪声、不合理的用药、光照和饲料突然改变等应激均能造成生理机能障碍，也常引起鸡群发病。炎热季节，蛋鸡采食量减少而饲料中钙水平未相应增加，也会导致发病。

【症状】产蛋减少，软壳破壳蛋增加，有啄蛋癖，运动失调，蹲伏笼底。本病分最急性、急性和慢性3种类型。

1. 最急性型 发病鸡往往突然死亡，初开产的鸡群产蛋率在40%～60%时，死亡最多，死亡前无症状。表面健康、产蛋较好的鸡群，白天挑不出病鸡，但次日早晨可见到蛋鸡死亡。越高产的鸡群死亡率越高。这时蛋壳强度没有变化，蛋破损率不高，病死鸡泄殖腔突出。

2. 急性型 发病鸡瘫痪，不能站立，以跗关节蹲坐，如果将饲料放在瘫痪鸡周围，瘫痪鸡仍然采食。产薄皮蛋，产蛋率明显降低。如从笼内挑出瘫痪鸡单独饲养，多数鸡在两三天后有明显好转，个别病重鸡可在一两周内康复。

3. 慢性型 主要表现在产蛋日龄较大的鸡，主要因为日龄较大，钙的摄取和分泌功能下降。蛋壳变薄、粗糙、强度差、破损较多。

【诊断】

1. 症状诊断 鸡死亡突然、肥胖。

2. 剖检诊断 腹腔中有大量血凝块，卵泡出血，肝肿大、淤血，有时有白斑，肺淤血，心脏扩张，输卵管常有蛋存在。死亡鸡膘情好。

3. 鉴别诊断 本病应与热应激和禽流感加以区别。

（1）热应激多发生在天气炎热的夏季；猝死症的发病与鸡群的饲养环境密切相关，当鸡舍通风不好、饲养密度过大、缺氧时多发。

（2）禽流感主要发生在冬春和秋冬交替季节，多在寒流突袭、气温变化较大时发生。各种日龄的鸡均可感染。禽流感病死鸡有明显的腺胃乳头出血，卵泡变形、破裂，肠道出血，气管出血等病理变化。而猝死症则无上述变化。

【治疗】

1. 治疗原则 宜补充钙和维生素D。

2. 治疗措施

处方一 贝壳粉8.6kg。用法：拌入100kg饲料中喂服，连用2周。

处方二 维生素D_3注射液1 500IU。用法：一次肌内注射，连用2d。

处方说明：对育成青年母鸡，在接近性成熟时，应提高饲料营养水平；同时应考虑到钙、磷的补充，保证日粮中骨粉的数量和质量，为产蛋储备足够的钙、磷。加强鸡舍通风换气，缓解各种应激。发病期间在料、水中加入电解多维等营养添加剂，可大大降低死亡率。对发病严重的最急性鸡群，23：00—24：00开灯饮水1h，以减少血液的黏度，减轻心脏负担，降低死亡率。同时应将笼内瘫痪鸡及时挑出，给予水、料，并肌内注射维丁胶性钙注射液，口服糖钙片，使其尽快康复。

【预防】

（1）保证全价营养和科学管理，使育成鸡性成熟时达到最佳的体重和体况。

（2）在开产前2～4周，饲喂含钙2%～3%的专用预开产饲料，当产蛋率达到1%时，及时换用产蛋鸡饲料。

（3）笼养高产蛋鸡饲料中钙的含量不要低于3.5%；并保证适宜的钙磷比例。

(4) 给蛋鸡提供粗颗粒石粉或贝壳粉，粗颗粒钙源可占总钙的 1/3～2/3。钙源颗粒大于 0.75mm，既可以提高钙的利用率，还可避免饲料中钙质分级沉淀。炎热季节，每天下午按饲料消耗量的 1% 左右将粗颗粒钙均匀撒在饲槽中，既能提供足够的钙源，还能刺激鸡群的食欲，增加进食量。

三、过敏性休克

过敏性休克是外界某些抗原性物质进入已致敏的机体后，通过免疫机制在短时间内发生的一种强烈的多脏器累及症候群。过敏性休克的表现与程度，依机体反应性、抗原进入量及途径等有很大差别。通常都突然发生且很剧烈，若不及时处理，常可危及动物生命。过敏性休克是一种既罕见又严重的全身性过敏性反应，临床表现为呼吸道缩窄和血压突然下降。

【病因】昆虫刺伤及服用某些药品（特别是含青霉素的药品）是最常引发过敏性休克的原因。可引起本病的抗原性物质如下。

1. 异种（性）蛋白　内泌素（胰岛素、加压素），酶（糜蛋白酶、青霉素酶），花粉浸液（猪草、树、草），食物（蛋清、硬壳果、海味、巧克力），抗血清（抗淋巴细胞血清或抗淋巴细胞γ球蛋白），蜂类毒素。

2. 多糖类　如右旋糖酐铁。

3. 许多常用药物　如抗生素（青霉素、头孢霉素、两性霉素 B、硝基呋喃妥因），局部麻醉药（普鲁卡因、利多卡因），维生素（硫胺素、叶酸），诊断性制剂（碘化 X 线造影剂、碘溴酞），疫苗（狂犬病疫苗、口蹄疫疫苗、破伤风类毒素）。

【发病机制】绝大多数过敏性休克是典型的 I 型变态反应，可发生在全身多数器官，尤其是循环系统。外界的抗原性物质（某些药物是不全抗原，但进入机体后有与蛋白质结合成全抗原）进入体内能刺激免疫系统产生相应的抗体，其中 IgE 的产量，因体质不同而有较大差异。这些特异性 IgE 有较强的亲细胞性，能与皮肤、支气管、血管壁等的靶细胞结合。以后当同一抗原再次与已致敏的个体接触时，就能激发引起广泛的 I 型变态反应，其过程中释放的各种组胺、5-羟色胺、缓激肽、慢反应物质等血管活性物质，引起血管通透性增加、血浆渗出、血管扩张、血压下降，导致休克。

【症状】发病突然，来势凶猛，50% 在接触抗原物质后 5min 内出现症状。过敏性休克发生时，可涉及多系统，以循环系统最明显。

1. 循环系统　血管扩张，血浆渗出，表现为面色苍白、出冷汗、四肢厥冷、心悸、脉弱、血压下降，出现休克，严重者心跳停止。

2. 呼吸系统　喉头、气管、支气管水肿及痉挛或肺水肿，引起呼吸道分泌物增加，出现呼吸急促、胸闷、憋气、喘鸣、紫绀、窒息现象。

3. 神经系统　脑缺氧、脑水肿，表现为神志淡漠或烦躁不安，严重者意识障碍、昏迷、抽搐、大小便失禁。

4. 消化系统　肠道平滑肌痉挛、水肿，可引起患畜恶心、呕吐、腹痛、腹泻。

5. 皮肤黏膜　血浆渗出，有荨麻疹、血管神经性水肿、皮肤瘙痒等征兆，常在发病早期出现。

【诊断】

1. 症状诊断　皮肤出现红斑、瘙痒，呈现大片状、高出皮肤的荨麻疹；呼吸急促、喉头水肿、喉痉挛、哮喘、严重时呼吸停止；血压下降、脉搏细速，甚至心脏骤停。

2. 病史诊断 病史中有注射某种药物或食入某些食物后立即发病的全身反应；有类似过敏史，有哮喘、湿疹等过敏性病史。

3. 实验室诊断 血常规检验可见白细胞可反应性增高，嗜酸性粒细胞增多；尿常规检验出现蛋白；血清钠、钾、氯、碳酸氢盐失衡；血清 IgE 增高；皮肤敏感试验出现阳性反应。

4. 特殊诊断 心电图检查有 ST-T 段改变或心率失常；胸部 X 线片出现休克肺。

【治疗】

1. 治疗原则 立即停止接触并移走可疑的过敏原或致敏药物，迅速纠正循环衰竭状态，同时给予血管活性药物，并及时补充血容量；抗过敏及其对症处理。

2. 治疗措施

处方 0.1%盐酸肾上腺素注射液，马、牛 1～2.5mg，猪、羊 0.25～1mg，犬 0.1～0.5mg；苯海拉明注射液，马、牛 0.1～0.5g，猪、羊 0.04～0.06mg，犬、猫 0.1mg；安钠咖注射液，马、牛 2～5g，猪、羊 0.5～2g，犬 0.1～0.3g，猫 0.03～0.1g。用法：一次分别肌内注射。

处方说明：收缩血管、抗过敏、强心（用于急性过敏性休克）。

【预防】最根本的办法的明确引起本症的过敏原，并进行有效的防避。

单元十

以皮肤病变为主的疾病

课题描述 学习本类疾病的基本知识、诊断方法、防治措施,分析临床疾病案例,参加相关疾病临床病例的诊疗训练。

病例分析 分析以下病例,根据病史和临床检查,提出初步诊断,制定治疗措施(开出处方)。

主诉(病史):一头4岁母驴,早晨皮肤突然发生疹块,患部奇痒,打滚,肩、背、胸壁、胺部、乳房等处有疹块,很快遍及全身。

临床检查:体温40.7℃,心率90次/min。

相关知识 以皮肤病变为主的常见疾病主要有湿疹、荨麻疹,维生素A缺乏症等也可以出现皮肤病变。

一、湿 疹

湿疹是表皮和真皮乳头层由致敏物质所引起毛细血管扩张和渗出性增高的一种过敏性炎症反应,临床上以患病皮肤发生红斑、丘疹、水疱、脓疱、糜烂、结痂及鳞屑等皮肤损伤,并伴有热、痛、痒症状为特点,中兽医称为湿毒。牛、马、驴、骡、猪、羊等均可发生,夏秋多雨潮湿季节皆易发。

【病因】湿疹的发病原因很复杂,过敏体质可能是发病的主要原因。一般认为由以下两方面因素引发。

1. 过敏性素质 机体先天性具有渗出性素质和后天性新陈代谢及内分泌机能紊乱致皮肤抵抗力下降等。

2. 致敏因素 包括昆虫叮咬、外部寄生虫以及微生物等生物性因素;强酸、强碱、药物等化学物质的刺激;环境温热、寒冷、潮湿等物理因素的刺激;摩擦、搔抓损伤等机械性因素的刺激。

在湿疹的发生上过敏性素质起主导性作用,只有在过敏性素质发生某种改变的前提下,其致敏因子作用于皮肤才能引起湿疹。

【发病机制】湿疹的发生是由于皮肤经常受到外界致敏因素的刺激,靶细胞(肥大细胞)受到损伤,其细胞内的组胺颗粒脱出,释放的组胺等活性物质具有引起毛细血管扩张和渗透性增高的作用,血浆甚至血液渗出增加,从而引起出疹、血疹等病理变化,导致湿疹的发生。

原发性湿疹的病理变化为表层水肿、角化不全和棘层肥厚,真皮层血管扩张、水肿和细胞浸润。继发性病变包括表皮结痂、脱屑及真皮乳头层肥大和胶原纤维变性。

湿疹的发生，固然起因于内、外因素的刺激，但变态反应则为本病最重要的原因。

【症状】各种家畜的湿疹发生的部位不同。马、骡、驴常发生在四肢关节以下或颈、背和尾根部，也有发生在头部和腹下的。牛常发生在后肢内侧、颈部、乳房和会阴等部位。羊常发生在背、腰部。猪全身各部均可发生湿疹。患畜常有痒感和摩擦现象。有的病畜出现体温升高现象。由于发痒不安和发热消耗体内的营养，病畜逐渐消瘦、贫血，极大地影响增重。按病程可分为急性和慢性两种。

1. 急性湿疹 发病急，常呈对称分布，皮疹随病情发展一般经过红斑、丘疹、水疱、糜烂、渗出、结痂及产生鳞屑等几个阶段；开始在患部出现红色点状或多形性界限不明显的丘疹，以后融合成片，逐渐向四周健康组织蔓延，很快形成小水疱，水疱破裂、化脓呈糜烂状。感觉剧痒，抓破后可引起感染。病程2~3周，但容易转为慢性，且反复发作。

2. 慢性湿疹 表现皮肤增厚粗糙，苔藓样变，脱屑，色素沉着，患病界线明显，瘙痒加重，病程数月至数年。

患畜的种类、病因不同，发生湿疹的部位和性状也不同。

牛：大多数发生于前额、颈部、尾根，甚至背腰部，病初皮肤略红、发热，继而形成小圆形水疱，小的如针尖，大的如蚕豆，以后破裂，有的因化脓而形成脓疱。由于病变部奇痒而摩擦，使皮肤脱毛、出血，病变范围逐渐扩大。牛的乳房由于与后肢内侧经常摩擦并积聚污垢，而易发湿疹。牛的慢性湿疹，通常是由急性泛发性湿疹转变而来，或者为再发性湿疹。由于病变部位发生奇痒，常常摩擦，皮肤变厚，粗糙或形成裂创，并有血痕出现。

羊：临床症状与牛相同。多于天热出汗和雨淋之后，因湿热而发生急性湿疹。多发生于背部、荐部和臀部，较少发生于头部、颈部和肩部。皮肤发红，有浆液渗出，形成结痂，被毛脱落，继而皮肤变厚、发硬，甚至发生龟裂。因病羊瘙痒，易误诊为螨病。

绵羊的日光疹（太阳疹）：绵羊在剪毛后，由于日光长时间照射，可引起皮肤充血、肿胀，并发生热、痛性水肿，以后迅速消失，结痂痊愈。

猪：主要发生于饲养管理不当或患有寄生虫病及内科病（如蠕虫侵袭、卡他性肺炎、佝偻病等）的瘦弱贫血的仔猪。最初被毛失去光泽，多发生于全身各处，尤其是股、胸壁、腹下等处发生脓疱性湿疹。脓疱破溃后，形成大量黑色痂，奇痒。因此，患猪呈现疲惫状态，并逐渐消瘦。

犬：急性湿疹的主要表现是皮肤上出现红疹或丘疹，病变部位始于面部、背部、尤其是鼻梁、眼部和面颊部，而且易向周围扩散，形成小水疱。水疱破溃后，局部糜烂，由于瘙痒和病患部湿润，动物不安，舔咬患部，造成皮肤丘疹症状加重。

慢性湿疹由于病程长，皮肤增厚、苔藓化，有皮屑；虽然皮肤的湿润有所缓解，但瘙痒症状仍然存在，并且可能加重。

临床上最常见的湿疹是犬的湿疹性鼻炎。病犬的鼻部等处发生狼疮，患部结痂，有时见浆液和溃疡；当全身性和盘状红斑狼疮发生时，鼻镜部出现脱色素和溃疡。

【诊断】

1. 症状诊断 病畜瘙痒不安，急性者有皮肤糜烂、渗出、结痂及鳞屑等症状，慢性者皮肤变粗糙，鳞屑增多。

2. 实验室诊断 进行组织学检查。皮肤刮取物的分析、相关实验室检查配合临床症状的分析，一般可以确诊。

【治疗】

1. 治疗原则 加强饲养管理，除去病因，抗菌消炎，脱敏，消炎，止痒。

2. 治疗措施 保持皮肤清洁，干燥，厩舍要通风良好，患畜适当运动，并给予一定时间的日光浴，防止强刺激性药物刺激，给予富有营养而易消化的饲料。一旦发病，应及时进行合理治疗。在用药之前，清除皮肤一切污垢、汗液、痂皮、分泌物等。为此，可用温水或有收敛、消毒作用的溶液，如1%~2%鞣酸溶液、3%硼酸溶液洗涤。

消炎、脱敏、止痒，应根据湿疹的各个时期，应用不同的药物。

处方一 苦参96g，黄柏50g，紫草48g，生地96g，双花50g，防风35g，蒲公英65g，白芷65g，甘草30g。用法：用水煎服，每天1剂。

处方二 忍冬藤100g，连翘32g，苦参65g，车前子50g，黄柏50g，茯苓48g，大黄48g。用法：用水煎服，每天1剂。

处方三 石炭末适量。用法：用食醋调成粥状局部涂擦，每天1次。

处方四 湿疹膏（枯矾20g，煅石膏20g，雄黄7g，冰片1g，研磨成末加适量凡士林调成）。用法：局部涂擦，每天1次。

处方五 水合氯醛，马、骡、驴、牛20g；猪、羊4g。用法：内服，每天1次，连用3d。

【预防】加强饲养管理，做好环境卫生和消毒工作，避免畜禽接触一切可能性致敏原。

二、荨麻疹

荨麻疹又称风疹，是皮肤乳头层和棘状层血管渗出液增多的一种过敏性疾病，临床以患病皮肤突然发生许多圆形或扁平的疹块和迅速消散，并伴有皮肤瘙痒为特点。中兽医称为"遍身癣"。多发生于马、驴、骡等大家畜，是盛夏至初秋季节的多发病。

【病因】

1. 外源性荨麻疹 包括某些动、植物毒的刺激，外擦药物的刺激，生物制品（如血清注射和疫苗接种、鼻疽菌素点眼、注射结核菌素），都可反射地引起皮肤血管运动神经的机能障碍，而发生本病。

2. 内源性荨麻疹 包括畜体对某些物质有特异敏感性。

3. 感染性荨麻疹 如在马腺疫、流感、猪丹毒等传染病和侵袭病经过中或痊愈后，由于病原体对畜体的持续作用而致敏，再次接触该病原体时即可发病。

【发病机制】致荨麻疹的变应原，分子质量常较小，多为半抗原，与机体组织蛋白结合后才具有免疫原作用。

抗原进入机体后，在正常情况下并不发生过敏反应，只是在免疫过程中产生一定量的抗体，迅速把抗原物质消灭掉。但是，某些动物个体对进入的抗原物质特别敏感（过敏体质），微量的抗原就可以产生大量的抗体。这样，除把入侵的抗原形成抗原抗体复合物排除掉，还有大量的过剩抗体存留。这些过剩的抗体可以固定到皮肤的肥大细胞上，到了一定量就可发生从量变到质变的反应——过敏。

当机体被抗原致敏后，在过敏性未消失前的一段时间内，若再有相应的过敏原进入体内，便与黏附于皮肤肥大细胞上的过敏性抗体结合，发生抗原抗体反应，肥大细胞受损脱颗粒，并随之释放组胺等血管活性物质，使毛细血管扩张，渗出液体使真皮局部水肿，形成荨麻疹。该反应可在几秒钟至几十分钟内发生。

【症状】本病多无先兆症状，家畜皮肤上突然出现淡红色或红色黄豆至核桃大扁平状或半球状的疹块，界线明显，质地较软，被毛直立，在短时间内蔓延至全身。此种疹块又往往互相融合，形成较大的疹块。有的于疹块的顶端发生浆液性水疱，并逐渐破溃，以致结痂。牛多见于颈、肩、躯干、眼周、鼻镜、外阴和乳房；猪多见于颈、背、腹部和股内。外源性荨麻疹，如由动、植物刺激引起者伴发剧烈奇痒，内源性荨麻疹和感染性荨麻疹，痒感轻微。

有的病例，眼结膜或口、鼻腔黏膜也发疹块或水疱，伴有口炎、鼻炎和结膜炎。通常为急性经过，病程数小时至数日，预后良好。有的为慢性经过，迁延数周乃至数月。患畜因皮肤剧痒而摩擦、啃咬，常有擦破和脱毛现象。

本病多突然发作，往往于5~30min内蔓延全身，并迅速消散。但一般多延续数小时乃至1~2d（猪4~5d），不遗留任何痕迹而痊愈。个别病例，由于反复发作而转为慢性，延续数周乃至数月之久，迟迟不能治愈。

【诊断】

1. 症状诊断 突然发病，在头、颈、胸侧和生殖器等处，形成扁平疹块和水肿性肿胀。特别是由消化机能紊乱或某些外界因素及药物的刺激所引起。

2. 实验室诊断 包括血常规、血沉、血清补体、粪便（检测寄生虫卵）、寒冷性荨麻疹（最好检测血冷球蛋白、冷纤维蛋白原、冷溶血素）、过敏原检测等。

【治疗】

1. 治疗原则 收缩血管，解除过敏。

2. 治疗措施

处方一 扑尔敏100mg，地塞米松磷酸钠50mg，维生素C 2.5g，复方丹参注射液60g，5%葡萄糖500~1 000g。用法：混合静脉滴注。或强力解毒敏20mL，肌内注射，每天1次。

处方说明：慢性病例可采用止血疗法。

处方二 金银花、蒲公英各50g，生地、连翘、苦参各40g，黄芩、栀子、蝉蜕、防风、地肤子各30g，威灵仙10g。用法：水煎后一次灌服。

处方说明：方中金银花、蒲公英、连翘、栀子清热解毒，兼泻火凉血；黄芩、苦参清热燥湿；蝉蜕疏风散热，祛风解痉；生地清热、生津、凉血；防风发散风寒，祛风胜湿；地肤子清湿热，利小便，止瘙痒；威灵仙具有抗组胺作用。

处方三 2%盐酸苯海拉明15mL，一次肌内注射；或用扑尔敏100mg，一次内服。0.5%普鲁卡因150mL，一次静脉注射。

【预防】改善饲养管理，保持畜体及厩舍的清洁卫生。禁喂霉败及有毒的饲料，发现牲畜有过敏现象时应尽快更换饲料。使役牲畜过后应及时擦干汗水，防止受冷风或冷雨的侵袭，同时注意防治家畜的传染病及寄生虫病。

附　　录

附录一　反刍动物疾病临床类症鉴别

一、表现消化道症状的反刍动物疾病

反刍动物的消化道主要症状表现为流涎、采食、咀嚼、吞咽障碍、食欲、反刍障碍、腹胀、腹痛、腹泻等，主要见于消化道疾病，也可见于某些营养代谢病、中毒病、传染病、寄生虫病等。

1. 表现流涎的反刍动物疾病

（1）流涎并伴有采食、咀嚼障碍。主要有口炎、有机磷中毒、口蹄疫、牛恶性卡他热等疾病，其共同症状是流涎、采食咀嚼缓慢，甚至拒食，鉴别诊断要点如下。

口炎：口腔黏膜潮红、肿胀，有时可见水疱、溃疡、创伤或芒刺刺入黏膜，全身症状不明显。

有机磷中毒：有接触有机磷农药的病史。瞳孔缩小，腹痛，腹泻，出汗，呼吸困难，肺部听诊有湿啰音，全身肌肉痉挛、抽搐。

口蹄疫：具有传染性，偶蹄动物易感，传播迅速；口腔黏膜、舌、唇、蹄间糜烂，发生水疱和溃疡；高热，眼、鼻不发炎，不流分泌物。

牛恶性卡他热：是一种散发的病毒性传染病，表现为持续高热，口、鼻黏膜充血、坏死、糜烂，流涎，腹泻（气味恶臭），流脓性鼻液，呼吸困难，全身水肿（眼睑及头部明显），淋巴结肿大。

（2）流涎并伴有吞咽障碍。主要有咽炎、食管阻塞、食管炎、食管狭窄、破伤风等疾病，其共同症状主要有流涎，吞咽障碍，摇头伸颈，甚至有食物反流现象，鉴别诊断要点如下。

咽炎：头颈伸展、转动不灵活，吞咽困难，咽部肿胀有热痛。触诊咽喉部，病畜疼痛敏感。

食管阻塞：采食过程中突然发病，惊恐不安，不断做吞咽动作，咳嗽，口鼻流涎。颈段食管阻塞，可在颈部触摸到阻塞物，如为胸部食管阻塞，阻塞部位上方的食管内积满唾液，有波动感；胃导管探诊，当触及阻塞物时，不能推进；食管完全阻塞时，可迅速并发瘤胃臌胀。

食管炎：口、鼻流涎，采食吞咽困难。胃管探诊时，动物敏感，并有阻力，但稍用力即可通过。

食管狭窄：病情发展缓慢，吞咽困难，但饮水和流体饲料可以咽下。

破伤风：头颈伸直，两耳起立，牙关紧闭，四肢强直如木马状。

2. 表现食欲减退、反刍障碍的反刍动物疾病　主要有前胃弛缓、瘤胃积食、瘤胃臌气、瘤胃酸中毒、创伤性网胃腹膜炎、瓣胃阻塞、皱胃阻塞、皱胃左方变位、奶牛酮病等。鉴别诊断要点如下。

前胃弛缓：食欲、反刍减少，瘤胃蠕动减弱，严重时，瘤胃蠕动音消失，瓣胃蠕动音减弱或消失，一般体温正常。

瘤胃积食：多由采食大量粗硬难消化的饲料或容易膨胀的饲料引起。表现为腹围增大，瘤胃胀满，触诊瘤胃坚硬、坚实，瘤胃蠕动音减弱或消失。

瘤胃臌气：腹部膨大，左肷部凸出，按压紧张有弹性，叩诊呈鼓音；呼吸困难。

瘤胃酸中毒：采食含糖类过多的饲料而发病，瘤胃内容物稀软、胀满，排酸臭稀便；呼吸、心搏增数，体温正常或偏低，有的可出现蹄叶炎和神经症状；瘤胃液 pH 降至 6.0 以下。

创伤性网胃腹膜炎：异物进入网胃，刺伤网胃壁进而刺入腹膜而引起的创伤性炎症。病牛起卧、站立或行走时姿势异常；对网胃区触诊或叩诊，病牛表现疼痛；体温中度升高。

瓣胃阻塞：瓣胃蠕动音减弱或消失，触诊瓣胃敏感性增高，排粪减少、停止，粪便干、硬、小、黑，

像算盘珠或骆驼粪，鼻镜干燥甚至龟裂。

皱胃阻塞：发病缓慢，右侧皱胃区局限性膨隆，触压坚硬，随发病时间延长，瘤胃积液，左肷部听叩诊结合检查，呈现钢管音。

皱胃左方变位：皱胃通过瘤胃底部，移行至左侧腹腔。高产母牛较为常见，多发生于分娩后。左侧最后3个肋骨间显示膨大，左侧腹部听诊可听到皱胃蠕动音，在此处穿刺，抽取部分内容物，pH<4，听叩诊结合检查可听到钢管音。

奶牛酮病：多发生于产后2个月内，泌乳量越高越容易发病，食欲降低，拒食精料，泌乳量下降，消瘦；乳汁、尿液、呼出气体有烂苹果味。

3. 表现腹泻的反刍动物疾病 主要有胃肠炎、犊牛消化不良、牛黏液膜性肠炎、有机磷中毒、菜籽饼粕中毒、棉籽饼粕中毒、牛副结核病、沙门氏菌病、牛病毒性腹泻-黏膜病、恶性卡他热、牛弯杆菌性腹泻、牛球虫病、牛蛔虫病等疾病，鉴别诊断要点如下。

胃肠炎：体温升高，粪便中混有黏液、血液和脱落的黏膜组织，有的混有脓液，气味恶臭，脱水，口腔干燥。

犊牛消化不良：通常不具传染性，分为单纯性消化不良和中毒性消化不良两种。单纯性消化不良，症状轻微，体温不升高，粪中有消化不充分的饲料碎片，全身症状不明显。中毒性消化不良，食欲废绝，体温升高，腹泻，粪便气味恶臭，脱水，肌肉震颤，全身症状重剧。

牛黏液膜性肠炎：排黏液腥臭粪便，几天后，腹痛加剧，排出较长的白色管状或索状黏液膜，排出后体温下降，症状也减轻。

有机磷中毒：有接触有机磷农药的病史，流涎、腹痛、腹泻、肌肉震颤、呼吸困难、肺水肿。

菜籽饼粕中毒：有采食菜籽饼粕的病史，咳嗽，黏膜苍白、黄染，临床上以胃肠炎、呼吸困难、血红蛋白尿及甲状腺肿大为特征。

棉籽饼粕中毒：轻度中毒，出现轻度胃肠炎症状，腹泻。重度中毒，多数出现出血性胃肠炎，食欲减退或废绝，反刍停止，初便秘，后腹泻，排黑褐色粪便，混有黏液和血液，粪便恶臭。当病情进一步发展，皮下、四肢、颈下和胸前出现水肿，尿呈现红色、暗红色或酱红色。慢性中毒，主要表现为维生素A和钙缺乏的症状，食欲减少，消化紊乱，腹泻，血红蛋白尿，贫血和夜盲症。

牛副结核病：病程长，随发病时间延长，顽固性腹泻，粪便稀薄、恶臭，有气泡、黏液和血液凝块，严重时排粪呈喷射状。颌下、垂皮水肿，副结核变态反应阳性。

沙门氏菌病：体温升高，腹泻，粪中混有黏液、血液，呼吸困难，眼结膜充血、黄染，腹痛剧烈。粪中无虫卵。

牛病毒性腹泻-黏膜病：急性者体温升高，达41～42℃，食欲降低，流浆液性鼻液，腹泻，消瘦，白细胞减少，流涎，鼻镜、口腔黏膜糜烂，舌面坏死，恶臭。有的伴有蹄叶炎，趾间皮肤糜烂、坏死。

恶性卡他热：有传染性，散发，体温高（41～42℃），口腔糜烂，口鼻流黏液，恶臭，呼吸增数，眼结膜、角膜发炎，角膜混浊，腹泻，粪便恶臭，排尿痛苦，尿频，尿淋漓，血尿。

牛弯杆菌性腹泻（牛冬痢或牛黑痢）：本病呈暴发性，发病急、传播快、发病率高。典型症状是腹泻，排水样粪便，色呈棕色，内含大量气泡、血液或血凝块，腥臭，排粪呈喷射状。体温、脉搏、呼吸数均正常。无并发症时体温不升高。

牛球虫病：腹泻，粪中有血液，消瘦，贫血。病初体温不高，一周后40～41℃，粪中或直肠黏膜刮取物有虫卵。

牛蛔虫病：国内多见于南方各省，主要发生于5月龄以内的犊牛，表现为腹泻，排大量黏液并具有特殊恶臭，咳嗽，消瘦及生长发育停滞。饱和食盐水漂浮法检查粪便可见虫卵。

4. 表现有腹痛，排粪减少或停止的反刍动物疾病 主要有瘤胃积食、瓣胃阻塞、皱胃阻塞、皱胃右方变位、肠便秘、肠变位等疾病，鉴别诊断要点如下。

瘤胃积食：多由采食大量粗硬难消化的饲料或容易膨胀的饲料引起。表现为腹围增大、瘤胃胀满，触诊瘤胃坚硬、坚实，瘤胃蠕动音减弱或消失。

瓣胃阻塞：瓣胃蠕动音减弱或消失，触诊瓣胃敏感性增高，排粪减少、停止，粪便干、硬、小、黑，像算盘珠或骆驼粪，鼻镜干燥甚至龟裂。

皱胃阻塞：发病缓慢，右侧皱胃区局限性膨隆，触压坚硬，随发病时间延长，瘤胃积液，左肷部听叩诊结合检查，呈现钢管音。

皱胃右方变位：病畜突然发生腹痛，背腰下沉，右腹肋弓部膨胀，听诊和叩诊结合检查有钢管音，冲击触诊有振水音；膨胀部位穿刺液为血样液体，pH 1～4。

肠便秘：病畜病初腹痛明显，腹痛剧烈时，常卧地不起，中后期腹痛减轻或消失，呈里急后重，频频努责，排出少量白色胶冻样黏液；以拳冲击右腹侧出现振水音。

肠变位：病畜突然出现腹痛现象，并很快转为剧烈持续性腹痛；病初排少量粪便，并混有黏液或血液；腹腔穿刺液呈粉红色或红色。全身症状迅速恶化。

5. 听诊和叩诊结合出现钢管音的反刍动物疾病 主要有皱胃阻塞、皱胃左方变位、皱胃右方变位等疾病，鉴别诊断要点如下。

皱胃阻塞：病畜发病缓慢，进行性消瘦，在左侧倒数第一至第三肋间叩诊，同时结合听诊，常出现钢管音，钢管音的音调高而清脆，范围大，右腹部皱胃区局限性膨大，瘤胃积液，严重脱水，代谢性碱中毒。

皱胃左方变位：高产母牛较为常见，多发生于分娩后。在左侧倒数第一至第三肋间，用手指叩击肋骨，同时在附近的腹壁上听诊，可听到类似铁锤叩击钢管发出的共鸣音——钢管音，左侧最后3个肋间显示膨大，左侧腹部可听到局限性皱胃蠕动音，在钢管音区域直下方穿刺，穿刺液 pH 1～4，缺乏纤毛虫。

皱胃右方变位：病畜突然发生腹痛，背腰下沉，发病急，右腹肋弓部膨大，冲击触诊有振水音，膨胀部位穿刺液为血样液体，pH 1～4。在右侧第七至第十三肋及肋后缘，听诊和叩诊结合可听到音质高朗的钢管音。发病4～5d后，出现代谢性碱中毒，全身症状明显恶化。

6. 表现腹围增大的反刍动物疾病 主要有瘤胃积食、瘤胃臌气、皱胃阻塞、瘤胃酸中毒、腹膜炎、腹腔积液、膀胱麻痹、膀胱破裂、尿素中毒等疾病及妊娠，鉴别诊断要点如下。

瘤胃积食：左侧瘤胃上部饱满，中下部向外突出，内容物坚实，指压留痕。

瘤胃臌气：左肷部凸出，按压紧张有弹性，叩诊有鼓音；呼吸困难。

皱胃阻塞：右侧真胃区局限性膨隆，触诊皱胃区坚硬，触之坚硬，有时排出少量糊状、棕褐色的恶臭粪便；在左侧倒数第一至第三肋间，听诊和叩诊结合出现钢管音。

瘤胃酸中毒：瘤胃胀满稀软，pH降低；水样稀便，脱水，卧地不起；有过食谷物饲料等精料的病史。

腹膜炎：发热，全身症状明显，触诊腹壁病畜疼痛。呼吸浅表，呈胸式呼吸，腹腔液量增多，颜色改变，混浊，甚至恶臭。

腹腔积液：下腹部对称性膨大，腹腔穿刺，流出大量液体。

膀胱麻痹：膀胱极度扩张，充满尿液，腹部略显膨隆。直肠内触诊，膀胱充满而紧张，触压有波动。

膀胱破裂：牛和去势牛膀胱和尿道结石，疼痛不安，不排尿，大量尿液流入腹腔，腹部对称性膨大，冲击触诊有振水音。皮肤、汗液都具有尿臭味。体温升高，最后陷于虚脱状态。

尿素中毒：有采食尿素的病史，瘤胃臌气，呼吸困难，兴奋不安。

妊娠：母畜妊娠后期下腹部向外侧方膨隆，触压腹壁可以感到胎动。

二、表现呼吸道症状的反刍动物疾病

1. 表现咳嗽，流鼻液，呼吸异常，体温升高的反刍动物疾病 主要有感冒、支气管炎、支气管肺炎、大叶性肺炎、吸入性肺炎、日射病及热射病、巴氏杆菌病、牛恶性卡他热、牛流行性感冒、牛传染性胸膜肺炎、牛传染性鼻气管炎、结核病、网尾线虫病等。

感冒：有受寒病史，咳嗽，流鼻液，体温升高，皮温不均，听诊肺泡呼吸音增强，应用解热剂迅速治愈。

支气管炎：急性支气管炎时，主要表现为咳嗽、流鼻液，全身症状不明显。细支气管炎时，全身症状重剧，体温升高，呼吸困难，可视黏膜发绀，胸部听诊，可听到干啰音、捻发音和小水泡音。慢性支气管炎时，主要表现为反复干咳。

支气管肺炎：体温升高，呈弛张热型，肺区叩诊有局限性浊音，听诊有啰音、捻发音。

大叶性肺炎：高热稽留，有铁锈色鼻液，肝变期叩诊有大片性浊音，听诊有支气管呼吸音。

吸入性肺炎：体温升高，高度呼吸困难，流污秽、恶臭、含弹力纤维的鼻液，肺部出现明显的啰音。

日射病及热射病：多在炎热季节发病，呼吸急促、脉搏快速，体表静脉怒张，体温显著升高，心肺机能障碍，精神抑制，步态不稳，如治疗得当，迅速康复。

巴氏杆菌病：有传染性，急性型体温高达41℃，呼吸急促、困难，咳嗽，流浆液性、黏液脓性鼻液，肺部可听到啰音。头、颈、咽喉、前胸、甚至前肢皮下炎性水肿，大量流涎，流泪，腹泻，粪便恶臭，混有黏液和血液。

牛恶性卡他热：有传染性，体温高（41～42℃），呼吸急促，流出浓稠鼻液，可形成黄色长线垂及地面。眼结膜充血、羞明、流泪、角膜混浊；口腔黏膜、齿龈等坏死、糜烂，流臭涎。腹泻，粪便含黏液、血液，恶臭。

牛副流行性感冒：多发生于长途运输或舍饲牛，体温高达41℃以上，流脓性鼻液，咳嗽，呼吸困难，大量流泪，脓性结膜炎，听诊肺前下部有纤维素性胸膜炎和支气管肺炎症状。有的发生黏液性腹泻。采取双份血清做副流感的中和试验或血凝抑制试验，如抗体滴度增加4倍或以上即为阳性。

牛传染性胸膜肺炎：有传染性，新疫区可暴发流行，老疫区多为散发，表现为体温高（40～42℃），呼吸困难，咳嗽，胸部听诊有摩擦音、啰音，流脓性鼻液，垂皮、腹下水肿，病料涂片镜检可见丝状支原体。

牛传染性鼻气管炎：有传染性，体温40℃以上，秋、冬季发病，表现为咳嗽，流黏脓性鼻液，鼻黏膜高度充血，有浅溃疡，鼻镜高度充血，俗称"红鼻子"。有时腹泻带血。流行时常出现生殖道感染症状。

结核病：消瘦，贫血，呼吸增数，气喘，干咳，体表淋巴结肿大，无热无痛。用结核菌素皮内注射和点眼呈阳性反应。

网尾线虫病：多于春季发病，体温39.5～40℃，气喘，咳嗽逐渐频繁，初干咳后湿咳，咳出的痰液中可含虫卵、幼虫或成虫，整个肺区可听到湿啰音或爆裂音。流淡黄色黏性鼻液，消瘦，贫血。粪便、鼻液可检出第一期幼虫。

2. 表现呼吸困难，体温不升高和重度全身症状的疾病 主要有亚硝酸盐中毒、氢氰酸中毒、牛黑斑病甘薯中毒和有机磷中毒等。

亚硝酸盐中毒：起病突然，病程短促。表现为肌肉痉挛，呼吸高度困难，黏膜发绀，血液黑红色，有采食硝酸盐或亚硝酸盐的病史。

氢氰酸中毒：起病突然，经过短急。表现为极度呼吸困难，黏膜和静脉血鲜红色，肌肉震颤，有采食氰苷类植物的病史。

牛黑斑病甘薯中毒：俗称"牛喘病"，有采食黑斑病的甘薯的病史。表现为呼吸困难，肺水肿，张口喘气，呼吸用力，类似拉风箱的声音。口、鼻流出泡沫样的液体。颈部及胸部皮下气胀。

有机磷中毒：有接触有机磷农药的病史，表现为流涎，腹痛，腹泻，瞳孔缩小，肌肉震颤，出汗，呼吸困难或迫促，肺水肿。

三、表现贫血和黄疸的反刍动物疾病

1. 表现发热、黄疸的反刍动物疾病 主要有梨形虫病、钩端螺旋体病、急性实质性肝炎和溶血性贫血。

梨形虫病：通过蜱吸血而传播，主要在夏秋季节流行。表现为高热稽留，可视黏膜苍白、黄染，淋巴结肿大，排血红蛋白尿。血液涂片姬姆萨染色镜检有梨形虫体。

钩端螺旋体病：有传染性，多发生在夏秋季节，犊牛较成年牛易发病且症状严重。表现为体温升高，皮肤干裂、坏死，口腔溃疡。妊娠牛发病后流出并分泌血染乳汁。发病后3d内检查尿沉渣，可发现钩端螺旋体。

急性实质性肝炎：体温升高（38.5～40℃），消化不良，可视黏膜黄染，皮肤瘙痒。便秘、腹泻交替发生，粪便恶臭，呈灰绿色或淡褐色，尿色发暗，有时似油状。严重时抽搐、痉挛或呈昏睡状态；肝浊音区扩大，肝区触诊疼痛。

溶血性贫血：可视黏膜苍白、黄染，肝、脾肿大，食欲减退，心率加快，严重者出现血红蛋白尿，血清呈金黄色。

2. 表现无热、黄疸的反刍动物疾病 主要有产后血红蛋白尿病、肝片吸虫病、菜籽饼粕中毒和新生犊牛溶血病等。

产后血红蛋白尿病：主要发生于分娩后2～4周的3～6胎的高产母牛，表现为低磷酸盐血症，血红蛋白尿，贫血，可视黏膜及皮肤（乳房、乳头、股内侧）苍白、黄染。磷制剂治疗有特效。

肝片吸虫病：多取慢性经过，表现为腹泻，消瘦，贫血，黄染，颌下、垂皮、胸下水肿。粪便检查有肝片吸虫卵。

菜籽饼粕中毒：有采食菜籽饼粕的病史，表现为咳嗽，黏膜苍白、黄染，临床上以胃肠炎、呼吸困难、血红蛋白尿及甲状腺肿大为特征。

新生犊牛溶血病：出生时健康，吃初乳后发病，表现为可视黏膜苍白、黄染。

四、表现循环障碍症状的反刍动物疾病

表现心搏增数，心脏听诊有心杂音的疾病 主要有心力衰竭、心肌炎、心内膜炎、牛创伤性心包炎、贫血。

心力衰竭：脉搏增数，呼吸困难，第一心音增强，第二心音减弱。静脉怒张，可视黏膜发绀，垂皮和腹下水肿。易疲劳、出汗。

心肌炎：通常继发于急性感染或中毒病。表现为心动过速，心率增快与体温升高不相适应，心律异常。

心内膜炎：持续性发热，浅表静脉怒张，水肿，腹水，心动过速，心音亢进，缩期杂音。

牛创伤性心包炎：顽固性前胃弛缓，心区敏感，姿势异常，出现心包摩擦音或心包击水音，心浊音区扩大，心率增快，颈静脉怒张，胸前部水肿。

贫血：可视黏膜苍白，体质虚弱，心率加快，贫血性杂音。

五、表现泌尿系统症状的反刍动物疾病

1. 表现排尿异常（频尿、少尿、血尿等）的反刍动物疾病 主要有肾炎、膀胱炎、尿道炎、尿石症。

肾炎：体温升高，消化紊乱。站立时拱背，运步时腰脊僵硬，小心，步态强拘，肾区敏感。肾肿大敏感，水肿。尿中有大量红细胞、白细胞、蛋白质、管型和肾上皮。第二心音增强。

膀胱炎：尿液混浊有氨臭味，膀胱空虚，触诊敏感，尿沉渣中有大量膀胱上皮。

尿道炎：频尿、尿淋漓，尿道黏膜潮红、肿胀、触诊敏感，导尿管插入受阻及疼痛不安，尿沉渣中有大量尿道上皮。

尿石症：腹痛，排尿障碍，血尿，尿沉渣中可发现有细沙样物质。

2. 表现为红尿的反刍动物疾病 主要有肾炎、膀胱炎、尿道炎、肾结石、膀胱结石、输尿管结石、尿道结石、产后血红蛋白尿病、菜籽饼粕中毒、慢性铜中毒、水中毒、钩端螺旋体病、梨形虫病、慢性磺胺类药物中毒、牛细菌性血红蛋白尿、牛蕨类植物中毒等。

肾炎：全程血尿，伴有肾区疼痛症状，肾肿大敏感。少尿或无尿，尿中有大量红细胞、白细胞、蛋白

质、管型和肾上皮。第二心音增强。

膀胱炎：排尿末期带血明显，尿液混浊有氨臭味，频尿，排尿疼痛不安，膀胱多空虚，触诊敏感，尿沉渣中有大量膀胱上皮。

尿道炎：排尿初期带血明显，排尿不畅，尿道黏膜潮红、肿胀、触诊敏感，尿沉渣中有大量尿道上皮。

肾结石：排尿全程带血，拱背，运步小心，肾区敏感，排尿障碍，X线或B超检查可确诊。

膀胱结石：排尿末期带血明显，尿频尿痛，膀胱敏感，有硬物，X线或B超检查可确诊。

输尿管结石：全程血尿，剧烈疼痛不安，直肠内触诊，可见阻塞部近肾端的输尿管显著紧张且膨胀，而远端呈正常柔软的感觉。X线检查可确诊。

尿道结石：公牛多发生于乙状弯曲或龟头的上方，排尿初期带血，排尿不畅或停止，尿道探诊时，可触及尿石所在部位，导尿管不能插入膀胱中，尿道外部触诊有疼痛感，膀胱积尿。X线检查可见尿道中有结石。

产后血红蛋白尿病：发生的主要原因是饲喂低磷日粮，主要发生于分娩后2～4周的3～6胎的高产母牛，表现为血红蛋白尿、贫血、低磷酸盐血症，磷制剂治疗有特效。

菜籽饼粕中毒：有采食菜籽饼粕的病史，表现为咳嗽，黏膜苍白、黄染，临床上以胃肠炎、呼吸困难、血红蛋白尿及甲状腺肿大为特征。

慢性铜中毒：本病往往有接触或误服硫酸铜及其铜盐的病史。主要表现为贫血，血红蛋白尿，可视黏膜苍白、黄染。

水中毒：暴饮而发病，多发生在幼龄犊牛，表现为腹痛，排浅红色、红色、咖啡色或酱油色血红蛋白尿。

钩端螺旋体病：由钩端螺旋体引起，以贫血、黄疸、血红蛋白尿、黏膜和皮肤坏死及短期发热为特征。本病的发生有明显的季节性，多发于夏秋季节鼠类大量繁殖活动时期，多呈地方流行性或散发。犊牛较成年牛易发病而且症状严重。表现为体温升高，全身症状明显，可视黏膜苍白、黄染，鼻唇部黏膜坏死，表现不同程度的血红蛋白尿。通过微生物和血清学检查可确诊。

梨形虫病：通过蜱吸血而传播。主要在夏秋季节流行，高热稽留，可视黏膜苍白、黄染，血红蛋白尿，淋巴结肿大。发病与年龄、性别、分娩无关。采血镜检在红细胞中可检出虫体。

慢性磺胺类药物中毒：有使用磺胺类药物的病史，表现为血红蛋白尿，过敏反应（如哮喘和荨麻疹）。

牛细菌性血红蛋白尿：由溶血性梭菌感染引起，发病急，有高热及肠出血表现，病程短，常在24～36h内死亡。病初用广谱抗生素有一定效果。

牛蕨类植物中毒：因采食蕨类植物而引起中毒，表现为渐进性消瘦，步态蹒跚，可视黏膜苍白、黄染，排稀软的红色粪便，慢性典型症状是血尿。内在及体表各部位极易发生出血，且不易止血。

六、表现神经症状的反刍动物疾病

该类疾病主要表现为过度兴奋、转圈、抽搐、痉挛、麻痹等，常见于脑膜脑炎、日射病及热射病、脑震荡及脑挫伤、脊髓挫伤及震荡、神经型酮病、维生素B_1缺乏症、食盐中毒、菜籽饼粕中毒、有机磷中毒、急性无机氟中毒、马铃薯中毒、尿素中毒等疾病，鉴别诊断要点如下。

脑膜脑炎：意识障碍，过度兴奋与抑制交替发生，体温升高，明显的运动和感觉机能障碍。

日射病及热射病：多在炎热季节发病，表现为精神抑制，步态不稳，体温显著升高，呼吸急促，脉搏快速，体表静脉怒张。如治疗得当，可迅速康复。

脑震荡及脑挫伤：主要由于头部遭受暴力作用而引起，并立即呈现不同程度昏迷状态，很少见到兴奋症状，常伴有痉挛或麻痹症状。

脊髓挫伤及震荡：后躯瘫痪，排粪、排尿失禁。

神经型酮病：多发生于产后2～6周，简易定性检查血、尿、乳中酮体为阳性，血糖浓度降低。

维生素B_1缺乏症：多发生于犊牛、羔羊，缺乏谷物或青饲料，应用硫胺素治疗效果明显。

食盐中毒：有摄入大量食盐或其他钠盐，同时饮水不足的病史，表现为口渴、腹痛、腹泻、粪中混有黏液和血液。

菜籽饼粕中毒：长期或大量采食菜籽饼粕，表现为肺水肿或肺气肿，呼吸极度困难。

有机磷中毒：有接触有机磷农药的病史，表现为流涎，腹痛，腹泻，出汗，瞳孔缩小，肌肉痉挛、震颤，呼吸困难，肺水肿。

急性无机氟中毒：因采食含氟或被矿山、工厂氟废气、废水污染的饲料或水而发病，表现为感觉过敏，阵发性痉挛，易惊。

马铃薯中毒：患畜因采食腐败变质、发芽、日晒的马铃薯或马铃薯茎叶而发病，病初兴奋不安，主要症状为流涎，腹痛，腹泻，瞳孔散大，步态蹒跚，后躯无力甚至麻痹，肌肉松弛，牛口唇、肛门、尾根周围发生湿疹或皮炎。

尿素中毒：有饲喂尿素的病史，表现为瘤胃臌气、呼吸困难。

七、表现运动障碍症状的反刍动物疾病

1. 运动异常同时伴有明显外伤病史的反刍动物疾病 主要有骨折、关节扭挫伤。

骨折：跛行或瘫痪，损伤部肿胀、变形，有骨摩擦音，X线检查可发现骨断裂。

关节扭挫伤：跛行或瘫痪，损伤部肿胀，不变形，无骨摩擦音，X线检查发现肌肉或韧带断裂，但无骨折。

2. 运动异常但无外伤病史的反刍动物疾病 主要有佝偻病、骨软病、硒和维生素E缺乏症、铜缺乏症、锰缺乏症、风湿病、蹄叶炎、腐蹄病。

佝偻病：发生于幼龄动物，表现为异嗜，消化不良，消瘦，出牙期延长，齿形不规则，易磨损，站立时，四肢频频交换负重；运步时，步样强拘。骨骼变形，四肢各关节肿大，骨骼弯曲，前肢腕关节屈曲，呈内弧形（O形）姿势，后肢跗关节内收，呈外弧形（X形）姿势。

骨软病：发生于成年牛，有饲喂低磷饲料的病史，表现为消化不良，异嗜癖，骨脆易折，骨骼变形，尤以四肢长骨、关节、肋骨和尾椎骨变化明显。尾椎骨变形甚至变软，运动时运步不灵活，拖拽其两后肢，呈"拉弓射箭"姿势，X线检查骨密度下降，血磷降低。

硒和维生素E缺乏症：犊牛生长发育受阻，肌肉无力，肌肉颜色变淡，共济失调，跛行或瘫痪，顽固性腹泻，心力衰竭，心律不齐。

铜缺乏症：食欲减退，消瘦，贫血，异嗜，生长发育缓慢，运动障碍，步态强拘，关节硬性肿大，屈腱挛缩。被毛粗乱、稀疏、缺乏光泽、褪色，由深变浅，眼眶周围被毛变成白色，犹如戴了眼镜。神经机能紊乱及繁殖力下降。犊牛生长发育缓慢，关节变形，运动障碍，持续腹泻，排黄绿色乃至黑色水样粪便，俗称"泥炭泻"。用铜制剂治疗效果明显。

锰缺乏症：新生犊牛腿部畸形，球关节着地，跗关节肿大与腿部扭曲，运动失调。生长期牛生长发育受阻，被毛干燥、无光泽、褪色，腿短而弯曲，跗关节肿大，关节疼痛，强迫运动呈跳跃式或兔蹦姿势。成年牛繁殖力降低。

风湿病：往往由风、寒、湿引起，表现为体温升高，发病部位热、痛，肌肉僵硬，运动后跛行症状减轻或消失。

蹄叶炎：患蹄壁增温、疼痛，敲打蹄尖，疼痛反应明显。站立时蹄踵负重，蹄尖翘起，行走时呈紧张步样，病久呈芜蹄。

腐蹄病：蹄间皮肤发炎，红、肿、热、痛。炎症可波及蹄球及蹄冠，严重时发生化脓、溃疡、腐烂，有恶臭脓性液体，甚至造成蹄匣脱落。

八、表现皮肤病变的反刍动物疾病

1. 表现皮肤病变的反刍动物疾病 主要有疥螨病、皮肤霉菌病、湿疹、感光过敏、牛皮蝇蛆病。

疥螨病：是由疥螨侵袭所致，痛痒显著，病变部刮取物镜检时，可发现疥螨虫体。

皮肤霉菌病：犊牛最常发，在头（眼眶、口角、面部）、颈和肛门等处多出现痂癣，不侵害四肢下端，患部初发生豌豆大小的结节，上覆盖着鳞屑，逐渐发展为界限明显、扁平隆起的无毛圆斑，形成灰白色石棉状痂块，可达手掌大小，严重时全身融合成大片。不论早期或晚期均有剧痒和触痛、摩擦、消瘦、贫血症状。

湿疹：环境和牛体湿润不洁、不刷拭时发生，表现为乳房、股内侧、颈部、背腰部、后肢、尾根等皮肤出现红斑、丘疹、水疱、脓疱、糜烂、结痂、鳞屑等，且有瘙痒。病变部不能检出螨虫或真菌。

感光过敏：又称光敏性皮炎，皮肤病变多局限在无色素、无毛及阳光能够直接照射到的部位，病变部和健康皮肤分界明显，病区皮肤出现水肿、红斑、水疱、渗液和坏死，随之出现溃疡、结痂和皮革样坏死的腐脱。

牛皮蝇蛆病：幼虫在背部皮下时，引起局部皮肤发痒，出现不安和疼痛，背部皮肤下可触诊到隆起，上有小孔，内含幼虫，用力挤压，可挤出虫体。

2. 伴有被毛异常或皮肤异常，发病缓慢，病程较长，严重影响生长发育的反刍动物疾病　主要有锌缺乏症、铜缺乏症、碘缺乏症、钴缺乏症、锰缺乏症。

锌缺乏症：皮肤角化不全或角化过度，在鼻镜、颈部、外阴、肛门、尾端、后肢的后部、膝皱褶部最明显，皮肤粗糙、变厚并多褶，趾间皮肤增厚，甚至皲裂，被毛变脆，易脱落。生长发育受阻，四肢关节肿大，步态僵硬，繁殖力降低。

铜缺乏症：被毛粗乱、稀疏、缺乏光泽、褪色，由深变浅，眼眶周围被毛变成白色，犹如戴了眼镜。食欲减退，消瘦，贫血，异嗜，生长发育缓慢，运动障碍，步态强拘，关节硬性肿大，屈腱挛缩。神经机能紊乱及繁殖力下降。犊牛生长发育缓慢，关节变形，运动障碍，持续腹泻，排黄绿色乃至黑色水样粪便，俗称"泥炭泻"。用铜制剂治疗效果明显。

碘缺乏症：被毛脆弱，皮肤干燥、角化、多皱褶，弹性差，甲状腺明显肿大，生长发育受阻，头骨和四肢骨发育不全而变形，发生黏液性水肿，繁殖力降低。新生犊牛全身或部分脱毛，衰弱无力，骨骼发育不全，皮肤干燥、增厚且粗糙。用碘制剂治疗有效。

钴缺乏症：牛毛质脆而易折断，慢性进行性消瘦及贫血，流泪，食欲减退的同时出现异食癖。泌乳牛泌乳量减少，发情周期延长或不妊娠，妊娠牛流产或产弱仔、死胎。用硫酸钴、维生素 B_{12} 制剂治疗有效。

锰缺乏症：生长期牛生长发育受阻，被毛干燥、无光泽、褪色，腿短而弯曲，跗关节肿大，关节疼痛，麻痹，共济失调，强迫运动呈跳跃式或兔蹦姿势。新生犊牛腿部畸形，球关节着地，跗关节肿大与腿部扭曲，运动失调。成年牛繁殖力降低。

附录二　犬病临床类症鉴别

一、表现消化道症状的犬病

当消化道发生疾病时，往往表现流涎、呕吐、腹痛、腹泻、排粪障碍等症状，发生病变的部位和性质不同，可能表现出不同的症状，要注意鉴别诊断。

1. 表现流涎的犬病　流涎是指唾液从口腔中流出的现象。凡能引起唾液分泌增多或咽下障碍的疾病均可导致流涎。犬在夏天温度高时大量分泌唾液以利散热，属于正常生理现象。

（1）流涎并伴有采食、咀嚼障碍的犬病。主要有口炎、齿龈炎、牙周炎、舌炎、口腔异物、唾液腺炎等疾病，其相同的症状是流涎，采食小心，咀嚼障碍，食欲减退或废绝。不同表现如下：

口炎：口温增高，口腔黏膜潮红、肿胀，有水疱或溃疡，口腔有恶臭气味。

齿龈炎：齿龈红肿，触诊敏感。

牙周炎：口臭、齿龈红肿、化脓，触诊敏感，挤压齿龈流出脓性分泌物或血液；牙齿松动，有齿石或齿垢。

舌炎：舌潮红、肿胀、溃疡，有口臭。

口腔异物：口腔内有鱼刺、骨等尖锐异物，口腔黏膜有局限性充血、出血、肿胀，由于疼痛虽有食欲但却采食困难。

唾液腺炎：病初体温升高，腮腺、颌下腺、舌下腺肿胀，拒绝触摸。

（2）流涎并伴有吞咽障碍的犬病。主要有咽炎、食管炎、食管阻塞等疾病。其共同特征是流涎，咀嚼正常，吞咽小心，摇头伸颈，甚至有食物反流现象。其不同症状如下：

咽炎：咽部肿胀敏感，触诊咽部，敏感、疼痛，常有咳嗽，严重者伴有吸入性呼吸困难，颌下淋巴结肿大。

食管炎：触诊食管部敏感，胃管探诊时疼痛明显，难插入食管，胃（食管）镜检查发现食管黏膜潮红、肿胀。

食管阻塞：食物不能咽下，干呕、不安，颈段食管阻塞时左侧颈部突起，触诊有硬物，胸部食管阻塞时胃管不能插入胃内，食管镜检查可发现异物。

（3）流涎并伴有全身症状的犬病。主要有机磷中毒、狂犬病、犬瘟热、产后搐搦、癫痫等疾病，其鉴别诊断要点如下。

有机磷中毒：有采食有机磷农药的病史，兴奋不安，肌肉震颤，痉挛，腹痛，腹泻，粪中带血液或黏液；呼吸困难，结膜发绀，瞳孔缩小；血液胆碱酯酶活力下降。

狂犬病：患犬行为异常，兴奋不安，有攻击行为，意识障碍，不识主人。眼斜视，口唇麻痹，恐水。

犬瘟热：传染性强，3~6月龄幼犬最易感，呈双相热型，咳嗽，呼吸困难，脓性鼻液，脓性眼眵，结膜潮红；神经症状，局部麻痹或震颤，足垫增厚。犬瘟热试纸诊断阳性。

产后搐搦：分娩后发病，呼吸急促，阵发性抽搐，兴奋不安，反应过敏，体温升高，血钙下降，多见于产仔多的小型犬。

癫痫：突然发病，意识丧失，四肢痉挛，肌肉抽搐，瞳孔散大，口吐泡沫，粪尿失禁，过一段时间会自行恢复，反复发作。

2. 表现呕吐的犬病

（1）呕吐无腹泻的犬病。该类疾病主要由咽、食管、腹膜、子宫病变引起，主要有咽炎、食管阻塞、腹膜炎、子宫内膜炎、晕动症等，其相同症状是均有呕吐，但无腹泻，其鉴别诊断要点如下。

咽炎：体温升高，流涎，吞咽障碍，咽部肿胀，敏感。触诊咽部，常有咳嗽，颌下淋巴结、扁桃体肿大。

食管阻塞：突然发病，食物不能咽下，干呕、不安，出现哽噎和呕吐动作。颈段食管阻塞时右侧颈部突起，触诊有硬物，胸段食管阻塞时胃管不能插入胃内，食管镜检查可发现异物。

腹膜炎：体温升高，腹壁紧张而敏感，拱背，腹腔积液，腹腔穿刺有大量液体，混浊不透明，内有大量红细胞、白细胞和蛋白质。

子宫内膜炎：多饮多尿，腹围增大，阴道内流出大量黏液或脓汁。

晕动症：有运输经过，四肢乏力，步态不稳，站立不安。

（2）呕吐伴有腹痛、腹泻的犬病。该类疾病由胃肠、肝、胰等器官病变或中毒性疾病所致，常见的有肠梗阻、肠变位、胃肠炎、胃内异物、急性胰腺炎、磷化锌中毒、有机磷中毒、犬瘟热、犬细小病毒病等，其相同症状是采食减少或停止，呕吐，腹痛，腹泻。其不同症状如下：

肠梗阻：顽固性呕吐，腹围增大，腹胀，黏液便，多饮，触诊腹部有硬物。

肠变位：黏液血便，里急后重，腹部敏感，腹腔穿刺有血样内容物（肠扭转），腹部触诊有香肠状硬物（肠套叠），脱水明显。

胃肠炎：体温升高，脱水明显，肠音高朗，粪稀如水带血液或黏液，腹部压痛，但无硬感。

胃内异物：食欲不定，饮欲亢进，频发呕吐，有的呕吐物呈咖啡色、淡红色、黑褐色。胃部压痛，有硬物。胃镜检查可发现异物。

急性胰腺炎：腹痛重，腹泻，黄疸，呈"祈祷"姿势，易发生休克，腹部膨胀，压痛明显。

磷化锌中毒：有接触磷化锌病史，呼出气有蒜臭味，呕吐、腹泻物在暗处有磷光。磷化锌检查阳性。

有机磷中毒：有采食有机磷农药的病史，兴奋不安，肌肉震颤，腹痛、腹泻，粪中带血液或黏液；呼吸困难，结膜发绀，呼出气有蒜臭味，瞳孔缩小。血液胆碱酯酶活力下降。

犬瘟热：呈双相热型，咳嗽，呼吸困难，脓性鼻液，脓性眼眵，结膜潮红；神经症状，局部麻痹或震颤，犬瘟热试纸诊断阳性。

犬细小病毒病：剧烈腹泻，排番茄汁样血便，脱水严重，细小病毒诊断试纸检测阳性。

（3）表现呕吐同时伴有神经症状的犬病。包括脑震荡、日射病及热射病，其鉴别诊断要点如下。

犬瘟热：传染性强，3～6月龄幼犬最易感，呈双相热型，咳嗽，呼吸困难，脓性鼻液，脓性眼眵，结膜潮红；神经症状，局部麻痹或震颤，足垫增厚。犬瘟热试纸诊断阳性。

脑震荡：有受伤病史，意识障碍或昏迷，站立不稳，运动障碍或瘫痪，瞳孔散大，反射减弱。

日射病和热射病：有受热经过，体温异常升高，呼吸困难，瞳孔散大，痉挛或抽搐。

3. 表现腹泻的犬病　腹泻是指粪便稀薄甚至带有血液、黏液的现象，主要是由肠蠕动亢进，水分吸收障碍所致，包括如下几种类型。

（1）表现急性腹泻同时伴有发热的犬疾病。主要有胃肠炎、犬细小病毒病、犬瘟热等疾病，其共同特征是发病急，腹泻重，脱水明显，采食停止。其鉴别诊断要点如下。

胃肠炎：脱水明显，肠音高，粪稀如水带血液或黏液，腹部压痛。

犬细小病毒病：剧烈腹泻，排番茄汁样血便，脱水重。细小病毒诊断试纸检测阳性。

犬瘟热：传染性强，3～6月龄幼犬最易感，呈双相热型，咳嗽，呼吸困难，脓性鼻液，脓性眼眵，结膜潮红；神经症状，局部麻痹或震颤，足垫增厚。犬瘟试纸诊断阳性。

（2）表现急性腹泻但不发热的犬病。主要有磷化锌中毒、有机磷中毒等，其共同特征是突然发病，流涎，呕吐，腹痛，腹泻，鉴别诊断要点如下。

磷化锌中毒：有接触磷化锌病史，呼出气有蒜臭味，呕吐和腹泻物在暗处有磷光。磷化锌检查阳性。

有机磷中毒：有采食有机磷农药的病史，兴奋不安，肌肉震颤，痉挛，腹痛，腹泻，粪中带血液或黏液；呼吸困难，结膜发绀，瞳孔缩小。血液胆碱酯酶活力下降。

（3）腹泻时间较长或便秘与腹泻交替发生的犬病。主要有消化不良、慢性胰腺炎、胃肠道寄生虫病等，其鉴别诊断要点如下。

消化不良：食欲不振，粪时干时稀，粪便有酸臭味。

慢性胰腺炎：腹泻，粪中含有大量脂肪和蛋白，气味恶臭，食欲亢进，生长停滞，消瘦。粪便检查有脂肪颗粒和肌纤维。

胃肠道寄生虫病：呕吐、腹痛、腹泻，粪便检查有虫卵或寄生虫。

4. 表现腹痛的犬病　犬腹痛时表现拱背，腹壁紧缩，不愿活动，严重者起卧、滚转、鸣叫。引起腹痛的原因很多，除胃肠道疾病外，肾、膀胱、子宫、肝、胰的疾病均可导致腹痛，应根据症状不同，准确判断发病部位和性质。

（1）腹痛伴有腹泻的犬病。主要有肠变位、急性胃扩张、肠痉挛、急性胰腺炎、有机磷中毒、胃肠炎、犬细小病毒病等疾病。其共同特征是呕吐、腹痛、腹泻，食欲废绝，其鉴别诊断要点如下。

肠变位：黏液血便，里急后重，腹部敏感，腹腔穿刺有血样内容物（肠扭转）或腹部触诊有香肠状硬物（肠套叠），脱水明显。

急性胃扩张：有过食病史，腹痛，腹部迅速膨大，大量流涎，胃区触诊硬、敏感。

肠痉挛：阵发性腹痛，肠音高朗，腹部触诊无异常。

急性胰腺炎：腹痛重，腹泻，黄疸，呈"祈祷"姿势，易发生休克，腹部膨胀，压痛明显。

有机磷中毒：有采食有机磷农药的病史，兴奋不安，肌肉震颤，腹痛，腹泻，便中带血液或黏液；呼吸困难，结膜发绀，呼出气有蒜臭味，瞳孔缩小；血液胆碱酯酶活力下降。

胃肠炎：体温升高，脱水明显，肠音高，粪稀如水，带血液或黏液，腹部压痛。

犬细小病毒病：剧烈腹泻，排番茄汁样血便，脱水重，细小病毒诊断试纸检测阳性。

(2) 腹痛无腹泻的犬病。主要有便秘、腹膜炎、尿石症、子宫扭转等疾病，其鉴别诊断要点如下。

便秘：腹痛、腹胀，排粪停止，里急后重，腹部触诊有柱状或串珠状硬物。

腹膜炎：体温升高，腹壁紧张而敏感，拱背，腹腔积液，腹腔穿刺有大量液体，混浊不透明，内有大量红细胞、白细胞和蛋白质。

尿石症：患犬消瘦，拱背缩腹，频尿，尿淋漓，排尿疼痛，有时血尿。触摸腹部敏感。结石一般为乳白色球状物，大小及数量不等，大的如蚕豆大小，小的如粟米大。腹围膨大，膀胱充盈。

子宫扭转：有妊娠史，腹部膨胀，触诊敏感，且左腹部比右腹部膨大明显，指检子宫颈紧张有牵拉感，子宫颈口闭塞，检指无法通过。

5. 表现腹部有压痛的犬病 主要有急性肝炎、肾炎、胃内异物、腹膜炎等疾病，其鉴别诊断要点如下：

急性肝炎：消化紊乱，粪便干稀不定、恶臭、色淡，腹痛，呕吐，黄疸，肝区压痛，肝肿大明显时肝浊音区增大。

肾炎：站立时背腰拱起，行走时步态强拘，肾区敏感，水肿，尿少或无尿，尿液混浊。尿液中大量红细胞、白细胞、蛋白质、管型，血清尿素氮升高，低蛋白血症。

胃内异物：食欲不定，饮欲亢进，频发呕吐，有的呕吐物呈咖啡色、淡红色、黑褐色。胃部压痛，有硬物。胃镜检查可发现异物。

腹膜炎：体温升高，腹壁紧张而敏感，拱背，腹腔积液，腹腔穿刺有大量液体，混浊不透明，内有大量红细胞、白细胞和蛋白质。

二、表现呼吸道症状的犬病

所谓呼吸道症状是指咳嗽、流鼻液和呼吸困难，是呼吸系统病变的共同特征，但其他系统的病变如犬瘟热、犬副流感病毒感染、犬传染性气管支气管炎等也可引起呼吸道症状，临床上需对这些疾病进行鉴别。

1. 表现咳嗽、流鼻液和呼吸困难的疾病 主要有感冒、支气管肺炎、大叶性肺炎、异物性肺炎、肺结核、支气管炎、犬瘟热、犬副流感病毒感染、犬传染性气管支气管炎、犬弓形虫病。

感冒：有受寒病史，无传染性，一般1～2次用药即可痊愈。

支气管肺炎：体温升高，呈弛张热型，肺部听诊有啰音、捻发音，肺区叩诊有岛屿状浊音区，X线检查有散在性阴影。

大叶性肺炎：高热稽留，流铁锈色鼻液，肺区叩诊有大面积浊音，X线检查有大片阴影。

异物性肺炎：有食物或药物呛入气管的病史，痛咳，流腐败恶臭的鼻液。

肺结核：长期慢性咳嗽，流脓性鼻液，叩诊肺部有岛屿状浊音，X线检查有散在阴影。

支气管炎：咳嗽，流鼻液，肺区听诊有湿啰音或捻发音，肺区叩诊无明显变化，X线检查肺纹理增粗，全身症状轻微。

犬瘟热：传染性强，3～6月龄幼犬最易感，呈双相热型，咳嗽，呼吸困难，脓性鼻液，脓性眼眵，结膜潮红；神经症状，局部麻痹或震颤，足垫增厚。犬瘟热试纸诊断阳性。

犬副流感病毒感染：发病突然，咳嗽，流鼻液，扁桃体红肿，发热不规则，流浆液或黏性鼻液。

犬传染性气管支气管炎：幼犬发病较多，且整窝发病，故俗称"犬窝咳"，运动、兴奋或气候变化时咳嗽加剧，多流脓性鼻液。

犬弓形虫病：有传染性，咳嗽，流鼻液，呼吸困难，有的出现运动失调（尤其是后躯麻痹），出血性腹泻，母犬流产。

2. 表现流鼻液，打喷嚏的犬病 主要有鼻炎。表现为鼻黏膜潮红肿胀，吸气性呼吸困难，无咳嗽，流浆液性或黏液性鼻液。

3. 表现流泡沫状鼻液的犬病 主要有肺充血与肺水肿。混合性呼吸困难，鼻流粉红色泡沫状液体，听诊肺区有湿啰音和捻发音，X线检查有云雾状阴影。

三、表现泌尿系统症状的犬病

所谓泌尿系统症状指频尿、少尿、血尿、排尿痛苦、尿潴留、尿淋漓及尿液成分发生改变，除由泌尿系统疾病引起外，还可由其他系统病变引起，临床上应根据各自的症状特点进行鉴别。

1. 表现频尿、少尿、无尿及排尿痛苦的犬病 主要有膀胱炎、肾炎、肾结石、膀胱结石、输尿管结石、尿道结石、尿道炎、膀胱破裂等，其共同特点是尿频、尿痛，排尿小心等。鉴别诊断要点如下：

膀胱炎：尿液混浊有氨臭味，排尿末期带血明显，膀胱多空虚，触诊敏感，尿沉渣中有大量膀胱上皮。

肾炎：站立时拱背，运步小心，步态强拘，腰脊僵硬，肾区敏感，体温高，水肿。尿中大量红细胞、白细胞、蛋白质、管型和肾上皮。

肾结石：拱背，运步小心，触摸肾区发现肾肿大并有疼痛感，排尿障碍，尿中带血，X线或B超检查可确诊。

膀胱结石：临床最常见，频尿，排尿末期带血明显，触诊膀胱敏感有硬物，X线或B超检查可确诊。

输尿管结石：剧烈持续性腹痛，排尿痛苦，尿血，蛋白尿，若两侧输尿管阻塞，出现尿闭现象，腹部触诊发现膀胱空虚。

尿道结石：犬的尿道结石多发生于阴茎骨的后端，排尿不畅或停止，尿道探诊时，可触及结石所在部位，导尿管不能插入膀胱中，尿道外部触诊时有疼痛感，膀胱积尿，X线检查可见尿道中有结石。

尿道炎：排尿不畅，尿道黏膜潮红、肿胀，触诊敏感，排尿初期带血明显，尿沉渣中有大量尿道上皮。

膀胱破裂：排尿停止，膀胱空虚，腹围增大，腹下部凸出明显，触诊有波动感，呼出气有尿臭味，腹腔穿刺有大量尿液。

2. 表现排尿量增多的犬病 主要有糖尿病。表现为尿量多，尿液相对密度大，多尿、多饮、多食，体重减轻，血糖高，尿糖阳性。

3. 表现排血尿的犬病 主要有肾炎、膀胱炎、肾结石、膀胱结石、输尿管结石、尿道结石、尿道炎、急性洋葱中毒、巴贝斯虫病、钩端螺旋体病、子宫蓄脓等，其相同症状是尿液呈红色，其鉴别诊断要点如下。

肾炎：站立时拱背，运步小心，步态强拘，腰脊僵硬，肾区敏感，体温高，水肿。尿中大量红细胞、白细胞、蛋白质、管型和肾上皮，排尿全程带血。

膀胱炎：尿液混浊有氨臭味，排尿末期带血明显，膀胱空虚，触诊敏感，尿沉渣中有大量膀胱上皮。

肾结石：拱背，运步小心，触摸肾区发现肾肿大并有疼痛感，排尿障碍，尿中带血，X线或B超检查可确诊。

膀胱结石：临床最常见，频尿，排尿末期带血明显，触诊膀胱敏感有硬物，X线或B超检查可确诊。

输尿管结石：剧烈持续性腹痛，排尿痛苦，尿血，蛋白尿，若两侧输尿管阻塞，出现尿闭现象，腹部触诊发现膀胱空虚。

尿道结石：犬的尿道结石多发生于阴茎骨的后端，排尿不畅或停止，尿道探诊时，可触及结石所在部位，导尿管不能插入膀胱中，尿道外部触诊时有疼痛感，膀胱积尿，X线检查可见尿道中有结石。

尿道炎：排尿不畅，尿道黏膜潮红、肿胀，触诊敏感，排尿初期带血明显，尿沉渣中有大量尿道上皮。

洋葱中毒：有采食洋葱病史，贫血，红尿，眼结膜或口腔黏膜发黄。

巴贝斯虫病：贫血，发热，黏膜黄染，脾肿大，血红蛋白尿，血液涂片，红细胞内可发现巴贝斯虫。

钩端螺旋体病：眼结膜充血、出血，黄染，体温升高，口炎，舌炎，呕吐，口腔恶臭，血便，肾压痛，尿呈豆油色。病料涂片镜检可见钩端螺旋体。

子宫蓄脓：频尿，尿中带血，腹痛，阴户肿胀，流脓血分泌物，污染阴户周围被毛，腹部膨胀，可摸到腹部膨大的子宫。

四、表现神经症状的犬病

表现神经症状的犬病主要有脑膜脑炎、日射病及热射病、癫痫、食盐中毒、有机磷中毒、产后搐搦、狂犬病、犬瘟热等，其共同特征是兴奋不安，挣扎，肌肉痉挛，运动障碍等，其鉴别诊断要点如下。

脑膜脑炎：意识障碍，局灶脑症状（牙关紧闭、颈肌痉挛、面神经麻痹、口唇歪斜），体温升高，脑脊液中大量红细胞、白细胞和蛋白质。

日射病及热射病：有太阳暴晒或处在高温环境中的病史，体温异常升高，41℃以上，呼吸困难，瞳孔散大，痉挛或抽搐。

癫痫：突然发病，意识丧失，四肢痉挛，肌肉抽搐，瞳孔散大，口吐泡沫，粪尿失禁，过一段时间会自行恢复，反复发作。

食盐中毒：有采食食盐病史，表现为口渴贪饮，尿少而黄，癫痫样发作，水肿症状。

有机磷中毒：有采食有机磷农药的病史，表现为兴奋不安，肌肉震颤，腹痛，腹泻，粪中带血液或黏液；呼吸困难，结膜发绀，瞳孔缩小。血液胆碱酯酶活力下降。

产后搐搦：多见于产仔多的小型犬，分娩后发病，呼吸急促，阵发性抽搐，兴奋不安，反应过敏，体温升高，血钙下降。

狂犬病：患犬行为异常，兴奋不安，有攻击行为，意识障碍，不识主人。眼斜视，口唇麻痹，恐水。

犬瘟热：传染性强，3~6月龄幼犬最易感，呈双相热型，咳嗽，呼吸困难，脓性鼻液，脓性眼眵，结膜潮红；神经症状，局部麻痹或震颤，足垫增厚。犬瘟热试纸诊断阳性。

五、表现运动障碍症状的犬病

1. 表现运动异常同时伴有明显外伤病史的犬病　主要有骨折、关节扭挫伤，鉴别诊断要点如下。

骨折：跛行或瘫痪，损伤部位肿胀、变形，有骨摩擦音，X线检查发现骨断裂。

关节扭挫伤：跛行或瘫痪，损伤部肿胀，不变形，无骨摩擦音，X线检查发现肌肉或韧带断裂，但无骨折。

2. 表现运动异常但无明显外伤病史的犬病　主要有佝偻病、软骨病、硒和维生素E缺乏症、痛风、风湿病等，其相同特征是食欲不振，运步小心，跛行或瘫痪，鉴别诊断要点如下。

佝偻病：发生于幼犬，有饲喂低钙、磷饲料病史，异嗜，骨变软，关节肿胀，X形腿或O形腿，肋骨与肋骨结合部呈珠状，X线检查骨化不良。

软骨病：发生于成年犬，有饲喂低钙、磷饲料病史，骨脆易折，X线检查骨密度下降，血液生化检查血磷降低。

硒和维生素E缺乏症：有饲料中长期硒和维生素E含量不足的病史，肌肉无力，跛行或瘫痪。心搏动无力，脉快而弱，可视黏膜有出血点，突然死亡。

痛风：犬长时间饲喂富含蛋白质的饲料太多，关节肿胀，跛行，破溃时可流出白色尿酸盐结晶，常因形成尿结石而不排尿，膀胱膨大。

风湿病：体温升高，发病部位热、痛，肌肉僵硬，运动后跛行症状减轻，血检发现白细胞、血沉值升高，血清中γ-球蛋白异常升高。

六、伴有长期食欲不振和逐渐消瘦的犬病

该类型犬病主要有慢性胃肠炎、胃内异物、佝偻病、软骨病、结核病、胃肠道寄生虫病等，其相同症

状是长期采食减少或异嗜，慢性消瘦，被毛粗乱无光泽，鉴别诊断要点如下。

慢性胃肠炎：食欲时好时坏，粪便时干时稀，有腥臭味。

胃内异物：食欲不定，饮欲亢进，频发呕吐，有的呕吐物呈咖啡色、淡红色、黑褐色。胃部压痛，有硬物。胃镜检查可发现异物。

佝偻病：发生于幼犬，有饲喂低钙、磷饲料病史，异嗜，骨变软，关节肿胀，X形腿或O形腿，肋骨与肋骨结合部呈珠状，X线检查骨化不良。

软骨病：发生于成年犬，有饲喂低钙、磷饲料病史，骨脆易折，X线检查骨密度下降，血液生化检查血磷降低。

结核病：长期低热，咳嗽带血，流鼻液，呼吸困难，胃肠结核时慢性腹泻，皮肤结核时皮肤结节，破溃流脓，长期不愈。

胃肠道寄生虫病：呕吐，腹痛，腹泻，粪便中有大量寄生虫或虫卵。

七、表现黄疸症状的犬病

该类型犬病主要有急性肝炎、胆管结石、胆管蛔虫病、洋葱中毒、梨形虫病、肝吸虫病、钩端螺旋体病、溶血性贫血等，其相同症状是可视黏膜黄染，不同症状如下。

急性肝炎：消化紊乱，腹痛，粪便干稀不定、恶臭、色淡，呕吐，黄疸，肝区压痛。

胆管结石：腹痛，黄疸，粪便颜色变浅，X线或B超检查发现胆管内有结石，血清总胆红素、直接胆红素升高。

胆管蛔虫病：严重腹痛，呕吐，粪便检查可见寄生虫或虫卵，血清总胆红素、直接胆红素升高。

洋葱中毒：有采食洋葱的病史，表现为贫血，血红蛋白尿，尿中不含红细胞，眼结膜或口腔黏膜发黄，脾肿大。

梨形虫病：贫血，发热，黏膜黄染，脾肿大，血红蛋白尿，血液涂片，红细胞内可发现梨形虫体。

肝吸虫病：多为慢性，体温不高，腹泻，粪检，可发现虫卵；剖检可见胆管、胆囊有虫体。

钩端螺旋体病：眼结膜充血、出血，黄疸，体温升高，口炎，舌炎，呕吐，口腔恶臭，血便，肾压痛，尿呈豆油色，病料涂片镜检可见钩端螺旋体。

溶血性贫血：脾肿大，血红蛋白尿或胆红素尿，粪便颜色呈橘黄色，血检可见红细胞形态及大小正常，但数量减少，网织红细胞增多，血中游离血红蛋白增多，黄疸指数升高。尿中可见大量胆红素。

八、表现皮肤病变的犬病

该类型犬病主要有皮炎、皮肤霉菌病、脓皮症、黑热病、犬疥螨病、跳蚤感染、锌缺乏症、甲状腺功能减退等。

皮炎：皮肤出现丘疹、水疱、脓疱、结节、鲜鳞、痂皮、皲裂、糜烂、疤痕等，过敏性皮炎，用抗过敏药物即愈。

皮肤霉菌病（皮肤丝状菌病）：一般多在耳颜面发生圆形钱癣，刮取局部被毛、痂皮镜检可见分节孢子群。

脓皮症：皮肤发生丘疹、溃疡、渗出，皮肤增厚，皮肤毛囊发生脓疱，有疼痛，无剧痒。

黑热病（利什曼原虫病）：拒食，消瘦，晚期体温升高，有角膜炎、结膜炎，叫声嘶哑。取淋巴结、骨髓涂片镜检，可见虫体胞浆呈浅蓝色，胞核呈红色圆形偏于虫的一侧。

犬疥螨病：皮肤发生红斑、丘疹、结痂、脱毛、增厚、剧痒，刮取病料镜检可发现虫体和虫卵。

蚤感染病：皮肤发生红斑、丘疹、剧痒，拨翻被毛，可见跳蚤。

锌缺乏症：四肢下端皮肤发生炎症，生长发育停滞，消瘦，呕吐，结膜炎、角膜炎。

甲状腺功能减退：对称性脱毛，脱毛处皮肤光滑，有冷感，无瘙痒，严重时头皮肤出现皱纹，呈黏液性水肿。肥胖，运动时易疲劳，精神沉郁，嗜睡，畏寒。血浆 T_3、T_4 含量均低于正常。

附录三 猪病临床类症鉴别

一、表现消化异常的猪病

1. 表现腹泻的疾病 主要有胃肠炎、传染性胃肠炎、大肠杆菌病、流行性腹泻、仔猪红痢、猪痢疾等，鉴别诊断要点如下。

胃肠炎：腹痛，持续而剧烈的腹泻，排含水较多的软粪，并混有血液、黏液和黏膜，呕吐，呕吐物带有血液或胆汁。体温升高至40℃以上，食欲废绝而饮欲亢进，鼻盘干燥。疾病后期，肛门松弛，排便失禁，机体脱水严重，无传染性。

传染性胃肠炎：有传染性，10日龄以下的哺乳仔猪发病率和病死率最高，随日龄的增长而病死率降低，多发于寒冷季节。表现为排淡黄色、黄绿色、灰色、白色稀粪，并含乳凝块；呕吐，脱水。

大肠杆菌病：本病主要发生于仔猪，包括7日龄内发生的仔猪黄痢，2～4周龄发生的仔猪白痢，6～15周龄发生的仔猪水肿病。表现为腹泻，排黄白色水样粪便、灰白色粥状粪便，有气泡；机体脱水，无呕吐，尾坏死，典型全窝感染。细菌学分离鉴定出大肠杆菌。

流行性腹泻：本病各日龄猪都可发病。表现为排淡黄色水样稀粪，有恶臭，呕吐，脱水，发病率高，死亡率较高。剖检尸体消瘦、脱水，皮下干燥，胃内有多量黄白色的乳凝块，小肠病变具有特殊性，如小肠扩张，内充满黄色液体。

仔猪红痢：本病主要发生于仔猪、青年猪。表现为带血性腹泻，虚脱，偶见呕吐。病理变化主要在空肠，空肠呈暗红色，肠管内充满含血粪便，黏膜层和黏膜下层弥漫性出血。

猪痢疾：本病主要发生于7～12周龄，体重15～30kg的小猪。表现为排水样带血、黏膜的粪便，有恶臭，消瘦，贫血。成窝散发，死亡率低，晚夏和秋季多发。

2. 表现流涎、呕吐症状的疾病 主要有口炎、有机磷中毒等，鉴别诊断要点如下。

口炎：咀嚼缓慢，流涎，有时吐草；口腔黏膜潮红、肿胀，口温高，有口臭，舌面常有灰白苔。

有机磷中毒：有接触有机磷农药的病史，表现为先兴奋后抑制，全身肌肉痉挛，角弓反张，运动障碍，站立不稳，倒地后四肢呈游泳状划动，流涎，口吐白沫，瞳孔缩小，眼球震颤等。

3. 表现腹痛症状的疾病 主要有胃扩张、胃肠炎、肠变位、肠便秘等，鉴别诊断要点如下。

胃扩张：饮欲、食欲废绝，剧烈腹痛，初为间歇性腹痛，很快发展成剧烈的持续性腹痛。经鼻反复排出粪水，胃管检查可排出大量酸臭、淡黄或暗黄色的液体，排出后症状缓解。

胃肠炎：腹痛，持续而剧烈的腹泻，排含水较多的软粪，并混有血液、黏液和黏膜，呕吐，呕吐物带有血液或胆汁。体温升高至40℃以上，食欲废绝而饮欲亢进，鼻盘干燥，疾病后期，肛门松弛，排便失禁，机体脱水严重，无传染性。

肠变位：全身症状迅速恶化，体温轻度升高，脉搏快而弱，黏膜发绀，脱水严重；持续剧烈腹痛，肠音很快减弱后消失，局部肌肉震颤，出汗等。

肠便秘：腹痛，腹围增大，频频出现排粪动作，但排粪迟滞，或只排出少量干硬粪球，外面覆盖一层黏液或附有血丝。继而病猪食欲废绝，结膜充血，腹围明显增大。体小或瘦弱病猪，经腹部触诊可摸到大肠内串珠状的干硬粪球。

二、表现呼吸异常的猪病

该类型猪病主要有感冒、支气管炎、支气管肺炎、大叶性肺炎、亚硝酸盐中毒、棉籽饼中毒、黑斑病甘薯中毒、猪流行性感冒、猪气喘病（猪地方流行性肺炎）、猪传染性萎缩性鼻炎、猪繁殖与呼吸综合征、猪肺疫、猪肺丝虫病、猪弓形虫病、猪蛔虫病，鉴别诊断要点如下。

感冒：体温升高，畏寒战栗，喜钻草堆，结膜潮红，羞明流泪，舌苔发白，咳嗽，流鼻液。无传染性。

支气管炎：体温升高至40℃左右，咳嗽，流鼻液，听诊肺部有啰音，病初阵发性短促干咳，而后变湿咳，随后呼吸困难。

支气管肺炎：呼吸困难，咳嗽，流鼻液，体温升高，呈弛张热型，胸部叩诊呈局灶性浊音区，听诊有捻发音，肺泡音减弱或消失，X线检查有散在局灶性阴影。

大叶性肺炎：呼吸困难，咳嗽，铁锈色鼻液，高热稽留，X线检查见较大面积的阴影。

亚硝酸盐中毒：俗称"饱潲病"，有采食硝酸盐或亚硝酸盐饲料的病史，发病突然，病程短促，肌肉痉挛，四肢划动，呼吸困难，皮肤、黏膜发绀，流涎、呕吐、四肢厥冷，体温下降等。亚硝酸盐检验呈阳性。

棉籽饼中毒：有采食棉籽饼的病史，呼吸困难，口腔流出泡沫或带血的泡沫样液体，听诊肺部有湿啰音和捻发音。排尿次数增多，尿量减少，先便秘后腹泻，粪便带血呈黑褐色。体温升高，病初兴奋不安，前冲后撞，惊厥或抽搐；后期精神沉郁，四肢无力，共济失调。育肥猪后躯皮肤干燥和皲裂。剖检见实质性器官出血。

黑斑病甘薯中毒：因采食黑斑病甘薯而发病，小猪最易中毒。心跳、呼吸增数，时发咳嗽，呼吸困难，口吐白沫，初便秘后腹泻，鼻、耳、四肢呈紫色，大猪体温升高。

猪流行性感冒：体温突然升高，达40℃以上，有传染性、群发性，呈腹式呼吸，肌肉、关节僵硬、疼痛。

猪气喘病：又称猪支原体肺炎或地方流行性肺炎，乳猪和断乳仔猪最易感，成年猪多呈慢性经过。早期症状是咳嗽，随后出现喘气和呼吸困难，活动后咳嗽明显，呈腹式呼吸，干咳，发热，厌食，死亡率低，但很难根除。细菌分离培养可找出病原。

猪传染性萎缩性鼻炎：多发生于1周以上的猪，仔猪死亡率高。打喷嚏，鼻塞，呼吸困难，内眼角下皮肤上形成灰黑色泪痕，偶有发热，颜面变形或歪斜和鼻甲骨萎缩等。细菌分离培养可找出病原。

猪繁殖与呼吸综合征：妊娠母猪和1月龄以内的仔猪多发，呼吸困难，体表皮肤发绀、出血，咳嗽，发热，食欲不振，母猪流产、产死胎、木乃伊胎、产弱仔等。血清学检查可确诊本病。

猪肺疫：又称猪巴氏杆菌病，有传染性，多发生于1周以上的猪。呼吸困难，常呈犬坐姿势，听诊肺部有啰音和摩擦音，心跳疾速，咳嗽，发热，可视黏膜发绀，皮肤红斑，指压不完全褪色。咽喉型颈部红肿、疼痛，流涎；胸型慢性病例表现为慢性肺炎和慢性胃肠炎症状。

猪肺丝虫病：咳嗽，呼吸困难，肺部听诊有啰音，有传染性，常发生痉挛性咳嗽。眼结膜苍白，消瘦，生长缓慢。剖检支气管内有黏液和虫体。

猪弓形虫病：有传染性，体温升高，呈稽留热型，咳嗽，呼吸困难，耳及体躯下部有紫红斑，间有小出血点。尿液橘黄色，粪便呈暗红色或煤焦油样，磺胺类药物治疗有效。

猪蛔虫病：大量幼虫移行至肺时，引起蛔虫性肺炎，一般体温不高，表现为咳嗽，呼吸困难，有时可呕出虫体，粪检有虫卵。

三、表现排尿异常的猪病

该类型猪病主要有膀胱炎、尿道炎、尿道结石、菜籽饼粕中毒、棉籽饼粕中毒、新生仔猪溶血病、钩端螺旋体病、母猪会阴疝等，鉴别诊断要点如下。

膀胱炎：排尿频繁，屡呈排尿姿势，但每次排出尿液较少或呈点滴状断续排出。排尿时疼痛不安，排尿的最后见有血液，尿液混浊，尿液中合有大量膀胱上皮细胞、白细胞、脓细胞、红细胞等病理产物。

尿道炎：排尿频繁，屡呈排尿姿势，但尿量减少，尿液呈断续状排出，排尿时弓腰努责，疼痛不安，呻吟。尿中带有黏液、血液或脓液，尿道肿胀、敏感，导尿管插入受阻及疼痛不安。

尿道结石：频尿、无尿、尿淋漓，排尿痛苦，自龟头至膀胱的尿道可触摸到结石。

菜籽饼粕中毒：有采食菜籽饼粕的病史，体温无变化或偏低，腹痛，腹泻，鼻流粉红色泡沫状液体，可视黏膜苍白、黄染，频尿、尿血、排尿痛苦，四肢软弱无力。

棉籽饼粕中毒：有采食棉籽饼的病史，呼吸困难，口腔流出泡沫或带血的泡沫样液体，听诊肺部有湿啰音和捻发音。排尿次数增多，尿量减少，尿呈黄色或黄红色。先便秘后腹泻，粪便带血呈黑褐色。体温升高，病初兴奋不安，前冲后撞，惊厥或抽搐；后期精神沉郁，四肢无力，共济失调。育肥猪后躯皮肤干燥和皲裂。剖检见实质性器官出血。

新生仔猪溶血病：又称新生仔猪溶血性黄疸，初生仔猪吮食初乳后，迅速表现黄疸、贫血、血红蛋白尿，有的出现痉挛、角弓反张等神经症状。

钩端螺旋体病：体温升高，皮肤和黏膜黄染，尿呈红色或茶色，有腥臭味。血液、尿液镜检，可检出钩端螺旋体。

母猪会阴疝：会阴部肿胀，按压即排尿。

四、表现神经症状的猪病

1. 表现兴奋与抑制交替出现的疾病 主要有脑膜脑炎、中暑、食盐中毒、棉籽饼粕中毒、有机磷中毒等，鉴别诊断要点如下。

脑膜脑炎：突然发病，体温升高，病情发展急剧，狂躁不安，盲目转圈，目光凝视或怒目而视，有时前冲后撞；有时转圈或突然倒地，四肢呈游泳状划动，尖叫，磨牙，口吐白沫。抑制时低头耷耳，闭目似睡，反应迟钝，共济失调。后期出现头颈僵硬，牙关紧闭等。脑脊液中含大量白细胞和蛋白质。

中暑：在炎热夏季日光直射或气温过高、猪舍闷热、空气湿度大的情况下，猪突然发病，精神沉郁，共济失调，有时兴奋不安。高热，饮欲增加，口吐白沫，卧地不起，痉挛，抽搐。剖检见脑膜充血、出血，肺水肿。

食盐中毒：有采食较多食盐史，表现为口渴贪饮，兴奋不安，冲撞，后期沉郁，视力下降，无目的地转圈、徘徊，肌肉痉挛，口吐白沫等。

棉籽饼粕中毒：有采食棉籽饼的病史，表现为呼吸困难，口腔流出泡沫或带血的泡沫样液体，听诊肺部有湿啰音和捻发音。排尿次数增多，尿量减少，先便秘后腹泻，粪便带血呈黑褐色。体温升高，病初兴奋不安，前冲后撞，惊厥或抽搐；后期精神沉郁，四肢无力，共济失调。育肥猪后躯皮肤干燥和皲裂。剖检见实质性器官出血。

有机磷中毒：有接触有机磷农药史，表现为先兴奋后抑制，全身肌肉痉挛，角弓反张，运动障碍，站立不稳，倒地后四肢呈游泳状划动，流涎，口吐白沫，瞳孔缩小，眼球震颤等。

2. 表现共济失调、痉挛、角弓反张的疾病 主要有新生仔猪低糖血症、维生素 B_1 缺乏症、黄曲霉毒素中毒、亚硝酸盐中毒、氢氰酸中毒、有机磷中毒、维生素 A 缺乏症、猪伪狂犬病、猪传染性脑脊髓炎等，鉴别诊断要点如下。

新生仔猪低血糖症：本病多发生于出生后 2~3d 的仔猪。表现为步态不稳，全身发抖，尖叫。体温下降，皮肤冷湿，黏膜苍白，四肢无力，卧地不起。有的猪阵发性痉挛，头颈僵硬，眼球震颤，流涎，角弓反张，于昏迷中死亡。生化检验，血糖含量低。

维生素 B_1 缺乏症：猪厌食，呕吐，腹泻，生长不良，呼吸困难，黏膜发绀，被毛粗乱，出现瘫痪、共济失调、后肢跛行等运动障碍。饲料检测维生素 B_1 缺乏，用硫胺素治疗效果显著。

黄曲霉毒素中毒：急性病例无前驱症状，突然死亡。亚急性病例和慢性病例表现可视黏膜苍白或黄染，皮肤发白或发黄，有痒感，后躯衰弱。有时呈间歇性抽搐，过度兴奋，角弓反张等。

亚硝酸盐中毒：有采食硝酸盐或亚硝酸盐的病史，发病急，病程短促，表现为呼吸困难，皮肤、黏膜发绀，流涎，呕吐，四肢厥冷，体温下降，肌肉震颤等，亚硝酸盐检验呈阳性。

氢氰酸中毒：因采食木薯、亚麻籽、高粱和玉米幼苗而发病，表现为兴奋不安，呕吐，流涎，眼球震颤，四肢痉挛，可视黏膜鲜红色。剖检可见血液鲜红、凝固不良，胃内容物有苦杏仁气味。

有机磷中毒：有接触有机磷农药史，表现为先兴奋后抑制，全身肌肉痉挛，角弓反张，运动障碍，站立不稳，倒地后四肢呈游泳状划动，流涎，口吐白沫，瞳孔缩小，眼球震颤等。

维生素 A 缺乏症：仔猪皮肤粗糙，皮屑增多，体毛无光泽，呼吸、消化器官常有不同的炎症，生长缓慢。严重时，头颈歪斜，共济失调，角弓反张，抽搐等。成年猪后躯麻痹，步态不稳，听觉迟钝，视力减弱。妊娠母猪流产、死胎、弱胎或畸形胎。公猪睾丸退化缩小，精液品质差。

猪伪狂犬病：有传染性，微热，头颈皮肤发红，四肢僵直、震颤、咳嗽、腹泻，孕猪出现流产、产死胎、弱胎等，不出现畸形胎。

猪传染性脑脊髓炎：有传染性，体温高，四肢僵硬，共济失调，前肢前移，后肢后移，经常跌倒发出尖叫，角弓反张，眼球震颤。用病猪脑脊髓制成悬液接种易感小猪，接种后出现特征性症状。

3. 只表现兴奋不安的疾病　主要有猪咬尾症等。猪只兴奋不安，对外部刺激敏感，食欲减弱，目光凶狠。起初只有几头相互咬斗，逐渐有多头参与，主要是咬尾，也有少数咬耳，常见被咬尾脱毛出血，进而引起咬尾癖，危害也逐渐扩大。

五、表现体表异常的猪病

表现体表异常的猪病主要有猪酒糟中毒、感光过敏、湿疹、疥癣等，鉴别诊断要点如下。

猪酒糟中毒：有饲喂酒糟的病史。慢性中毒表现为消化不良，可视黏膜黄染，皮肤发红，皮疹、皮炎。

感光过敏：一般常见于白色皮肤的猪，病初皮肤出现红斑、水肿、敏感，触之疼痛，体温升高，皮下血清渗出，干后与毛粘连，四肢疼痛，行走小心，数天后皮肤变硬，干而龟裂，体有痒感，且在白天暴晒后加重，晚间减轻。以后皮肤表面坏死。

湿疹：发病突然，病猪的颌下、腹部和会阴两侧皮肤发红，出现蚕豆大小的结节，并瘙痒不安，随着病情加重皮肤出现水疱、丘疹，破裂后常伴有黄色渗出液，最后结痂或转化成鳞屑等。

疥癣：主要表现为皮肤发炎、脱毛、奇痒和消瘦。在耳、眼、颈、四肢、躯干等部位出现丘斑、黑斑、红斑，过度角化，剧烈瘙痒，病猪到处摩擦，以至患部脱毛、结痂、皮肤肥厚，形成皱襞和皲裂。实验室检测可检出猪疥螨。

六、表现皮肤病变的猪病

1. 表现皮肤潮红、发绀的疾病　主要有猪瘟、猪丹毒、猪附红细胞体病、猪弓形虫病、猪亚硝酸盐中毒等，鉴别诊断要点如下。

猪瘟：高热期皮肤潮红，随后出现四肢末梢、耳尖和黏膜发绀，腹下、股内侧、会阴部有不同程度的针尖样出血点或出血斑或紫斑，指压不褪色。

猪丹毒：高热期皮肤潮红，继而发紫。发病突然，常有一头或几头猪突然死亡。通常发病后 2~3d 病猪的胸、腹、背、肩、四肢等部位的皮肤出现充血性疹块，疹块呈方块形、菱形，稍凸出于皮肤，指压褪色。用青霉素治疗有显著疗效。

猪附红细胞体病：又称猪"红皮病"，高热期皮肤潮红，高热不退，耳郭、尾部和四肢末端皮肤发绀，呈暗红色或紫红色，呼吸困难、咳嗽、气喘，叫声嘶哑。可视黏膜苍白、黄染。

猪弓形虫病：精神沉郁，体温升高，耳及体躯下部有紫红斑，间有小出血点，有咳嗽、呼吸困难等症状。尿呈橘黄色，粪便呈暗红色或煤焦油样，用磺胺类药物治疗有效。

猪亚硝酸盐中毒：俗称"饱潲病"，有食硝酸盐或亚硝酸盐的病史，表现为发病突然，病程短促，肌肉痉挛，四肢划动，很快死亡。呼吸困难，皮肤、黏膜发绀，流涎、呕吐，四肢厥冷，体温下降等。亚硝酸盐检验呈阳性。

2. 表现皮肤苍白、黄染的疾病　主要有仔猪缺铁性贫血、猪黄曲霉毒素中毒等病，鉴别诊断要点如下。

仔猪缺铁性贫血：病初仔猪一般外表肥壮，但精神萎靡，易于疲劳，可视黏膜、皮肤苍白，进行性消瘦，腹泻，水肿，血液稀薄，红细胞数低于正常值。

猪黄曲霉毒素中毒：急性病例无前驱症状，常突然死亡。亚急性病例和慢性病例表现体温升高，可视黏膜苍白或黄染，皮肤发白或发黄，有痒感。有时呈间歇性抽搐，过度兴奋，角弓反张等。病理剖检，急性主要表现为贫血和出血，慢性则表现为全身皮肤黄染、肝硬化等。

七、表现肢体运动异常的猪病

该类疾病表现为肢体发育不良、关节异常或跛行等症状，主要有佝偻病、骨软病、铜缺乏症、锰缺乏症、维生素 B_1 缺乏症、风湿病、猪链球菌病（关节炎型）、猪丹毒（慢性）、衣原体病、布鲁氏菌病等，鉴别诊断要点如下。

佝偻病：仔猪多发，表现为精神沉郁，消化不良，异嗜，生长发育停止。步态强拘，行走困难，喜卧，强迫行走时，步态蹒跚，以蹄尖着地，点头运步，后以腕部着地行走。骨骼变形，关节肿大，触诊疼痛敏感。饲料检测钙、磷缺乏。

骨软病：多发于成年猪，表现为慢性、进行性肢蹄变形和运动障碍，顽固性消化不良，异嗜，不明原因的跛行，有交替性，严重者卧地不起；长骨变形，关节粗大，肋骨末端呈串珠状肿大。饲料检测钙、磷不足或比例失调。

铜缺乏症：贫血，腹泻，毛色变淡，四肢发育不良，关节不能固定，跗关节过度屈曲呈蹲坐，不能负重，常卧地。4～6月龄猪，关节肿大僵硬，敏感，跛行，不愿走动，有异嗜癖。

锰缺乏症：新生仔猪矮小，跗关节肿大，管骨缩短，前肢弓形，活动性差，步态蹒跚。

维生素 B_1 缺乏症：病猪表现厌食，呕吐，消瘦，生长缓慢，皮肤溃疡、增厚、有鳞屑，脱毛，步态强拘或肢体僵直。饲料检测维生素 B_1 缺乏，用硫胺素治疗效果显著。

风湿病：反复发作，疼痛呈游走性，运动后疼痛减轻。临床上常见的有肌肉风湿、关节风湿、蹄风湿等类型。关节风湿主要表现为风湿性关节炎，行走跛行，疼痛呈游走性，关节肿大。

猪链球菌病（关节炎型）：一肢或多肢关节肿大，跛行，不能站立。触诊局部有波动感，少数变硬，皮肤增厚。

猪丹毒（慢性）：是由猪丹毒杆菌引起的一种热性、败血性传染病，慢性型常发生浆液性纤维素性关节炎，常发于四肢关节，以膝关节、腕关节和跗关节最多见，患病关节肿胀、疼痛，步态强拘，跛行，甚至卧地不起。

衣原体病：人兽共患的一种传染病，以流产、肺炎、结膜炎、多发性关节炎、脑炎等为特征。断乳前后仔猪表现为关节肿大，跛行。架子猪表现为腕关节、跗关节肿大、发炎，步态僵硬或跛行。

布鲁氏菌病：人兽共患的一种慢性传染病，其特征是生殖器官和胎膜发炎，母猪流产、不孕，公猪发生睾丸炎和关节炎、滑液囊炎等。病猪关节炎较为常见，多发生于后肢关节，表现为肿大，关节囊内常含有液体，关节僵硬。

附录四 马属动物疾病临床类症鉴别

一、表现腹痛症状的马属动物疾病

该类型疾病主要有急性胃扩张、肠阻塞、肠变位、肠痉挛、肠臌气、胃肠炎等，鉴别诊断要点如下。

急性胃扩张：多在采食后不久发病，表现为剧烈腹痛，胃管探诊时有大量酸臭气体（气胀性胃扩张）逸出或酸臭的（淡）黄绿色液体（继发性胃扩张），随即腹痛症状减轻或消失，体型较小的直肠检查可触摸到膨大的胃后壁。

肠阻塞：腹痛不安，肠音减弱或消失，口腔干燥，气味恶臭，排粪迟滞或停止；小肠阻塞易继发胃扩张，小结肠阻塞易继发肠臌气。盲肠、胃状膨大部、直肠阻塞腹痛较轻，小结肠阻塞、小肠阻塞、骨盆曲阻塞腹痛剧烈。

肠变位：持续性剧烈腹痛，肠音迅速消失，排粪停止，全身状况迅速恶化，腹腔穿刺为粉红色或暗红色液体。直肠检查可发现肠管异常。

肠痉挛：常因暴饮冷水或冰碴水而发病，表现为间歇性腹痛，口腔湿润，色淡，口温偏低，肠音亢进，有金属音，每次腹痛发作时排少量稀粪。

肠臌气：腹部迅速膨大，尤以右侧明显，腹壁紧张，呼吸困难。肠音在病初增强，并带有明显的金属音，以后则减弱，甚至消失。

胃肠炎：体温升高，达40～41℃，腹泻，甚至水泻，肠蠕动音先增强，后减弱或消失。

二、表现流鼻液、咳嗽的马属动物疾病

该类疾病主要有咽炎、支气管炎、小叶性肺炎、大叶性肺炎、胸膜炎等，鉴别诊断要点如下。

咽炎：大量流涎，头颈伸直，吞咽困难，饮水经鼻孔逆出，咽部肿胀有热痛。

支气管炎：全身症状轻，频发咳嗽，流鼻液，肺部出现干性或湿性啰音。

小叶性肺炎：体温升高，可达39.5～41℃，呈弛张热型，咳嗽，流鼻液，胸部叩诊有散在的浊音区，胸部听诊有捻发音、啰音，病灶部肺泡呼吸音减弱或消失，而周围健康区域肺泡呼吸音增强。

大叶性肺炎：体温高达40～41℃，呈稽留热型，流铁锈色鼻液，肝变期肺部叩诊有大片浊音区，听诊有支气管呼吸音。

胸膜炎：体温升高，达39～40℃，呈弛张热型，胸部疼痛，听诊可听到胸膜摩擦音或拍水音，叩诊有水平浊音，呼吸浅表急速，呈腹式呼吸，胸腔穿刺可流出淡黄色渗出液或腐臭脓液。

三、表现运动障碍的马属动物疾病

该病疾病主要有纤维性骨营养不良、马麻痹性肌红蛋白尿病、肾炎、风湿病等，鉴别诊断要点如下。

纤维性骨营养不良：消化紊乱，异嗜，站立时频频交替负重，行走时步样强拘，步幅缩短，跛行，尿液澄清、透明，面骨和四肢关节肿大变形。

马麻痹性肌红蛋白尿病：休闲后重役或剧烈运动后突然发病，呈现运动障碍，后肢麻痹呈犬坐姿势，臀部肌肉肿胀、坚硬，排红褐色肌红蛋白尿。

肾炎：肾区敏感、疼痛，站立时背腰拱起，后肢叉开或集于腹下。患畜不愿走动，强迫行走时腰背弯曲，发硬，后肢僵硬，步样强拘，后肢举步不高，尤其向一侧转弯困难。

风湿病：往往由风、寒、湿诱发。表现为患部肌肉僵硬、疼痛，关节伸长不充分，机能障碍，疼痛表现时轻时重，跛行随运动量的增加而减轻或消失。应用水杨酸钠治疗有效。

附录五　禽病临床类症鉴别

一、表现兴奋、痉挛、麻痹或运动障碍等神经症状的禽病

该类疾病主要有日射病和热射病、食盐中毒、维生素A缺乏症、维生素B_1缺乏症、维生素B_2缺乏症、硒和维生素E缺乏症、禽痛风、磺胺类药物中毒、菜籽饼粕中毒等，鉴别诊断要点如下。

日射病和热射病：由于气温高、湿度大，禽舍通风不良、闷热潮湿、拥挤、饮水不足而发病，表现张口伸颈喘气，呼吸急促，翅膀张开下垂，口渴，体温升高，肢体软弱无力，步态不稳，痉挛，很快死亡。

食盐中毒：有摄入过食盐的病史，表现为口渴频饮，精神萎顿，运动失调，两脚无力或麻痹，食欲废绝；嗉囊扩张，口、鼻流出黏液性分泌物，下痢，呼吸困难。

维生素A缺乏症：雏禽生长缓慢，眼眶水肿，流泪，眼睑下有干酪样分泌物，喙和小腿部皮肤黄色消失；成年禽有夜盲症、眼球炎，鼻孔和眼可见水样排出物，上下眼睑被粘在一起，进而眼睛中有乳白色干酪样物质积聚，最后角膜软化，失明。

维生素 B_1 缺乏症：成年禽出现多发性神经炎，主要表现进行性肌麻痹症状。雏鸡双腿挛缩于腹下，躯体压在腿上，头颈后仰，呈"观星"姿势。

维生素 B_2 缺乏症：趾爪向内蜷曲，两腿不能站立，强制驱赶时以跗关节着地而爬行，翅膀展开以维持体躯平衡，腿部肌肉挛缩并松弛。

硒和维生素 E 缺乏症：①渗出性素质。心包腔及胸、腹腔积液；胸、腹皮下有黄豆大到蚕豆大的紫蓝色斑点，重者，皮下呈蓝绿色浮肿。②脑软化症。多发于 15~30 日龄雏禽，头颈扭曲，两腿呈有节律的痉挛，剖检可见小脑柔软、肿胀、出血，脑内可见呈现黄绿色混浊的坏死区。③白肌病。多发于 4 周龄左右的雏禽，表现为全身衰弱，生长发育迟缓，运动失调，站立困难，两腿叉开，肢体摇晃。剖检可见肌肉（尤其是胸肌）呈现灰白色条纹状。④胰腺坏死。

禽痛风：有内脏型和关节型两种，表现为腹泻，排石灰水样粪便，内脏型内脏器官有白色尿酸盐沉积，肾肿胀、苍白，其内充满白色石灰样沉淀物。关节型关节肿胀、跛行，不能站立，切开关节腔有白色黏性液体流出，关节面糜烂。

磺胺类药物中毒：表现为生长缓慢，体重降低，鸡冠和肉髯萎缩苍白，有的皮肤呈蓝紫色，皮肤、肌肉、内部脏器广泛出血，血液凝固不良。肝肿大，呈紫红色或黄褐色，表面有出血点或坏死灶；肾肿大，呈花斑状，输尿管变粗，充满白色的尿酸盐。

菜籽饼粕中毒：腹泻，粪中带血，呼吸困难，鼻流出泡沫状物，重者瞳孔散大，肢体软弱无力。

二、表现腹泻或血便的禽病

该类疾病主要有黄曲霉毒素中毒、磺胺类药物中毒、球虫病等，鉴别诊断要点如下。

黄曲霉毒素中毒：有采食霉变饲料的病史，中毒多呈急性经过，表现为食欲不振，嗜睡，生长发育缓慢，时时凄叫，虚弱，步态不稳，翅膀下垂，腹泻，排绿色稀粪，贫血。剖检时急性病例肝肿大，广泛性出血和坏死；慢性病例肝硬化，体积缩小。

磺胺类药物中毒：表现为生长缓慢，体重降低，鸡冠和肉髯萎缩苍白，有的皮肤呈蓝紫色，皮肤、肌肉、内部脏器广泛出血，血液凝固不良。肝肿大，呈紫红色或黄褐色，表面有出血点或坏死灶；肾肿大，呈花斑状，输尿管变粗，充满白色的尿酸盐。

球虫病：病雏衰弱和消瘦，生产性能下降，羽毛蓬松，嗉囊积液，鸡冠和黏膜苍白，病鸡常排红色胡萝卜样粪便，泄殖腔周围羽毛被粪便粘连。剖检时可见盲肠和小肠大量出血。粪便中可检出球虫卵。

三、表现生长发育不良或停滞的禽病

该类疾病主要有维生素 A 缺乏症、钙磷缺乏症、异食癖等，鉴别诊断要点如下。

维生素 A 缺乏症：雏禽生长缓慢，眼眶水肿，流泪，眼睑下有干酪样分泌物，喙和小腿部皮肤黄色消失；成年禽有夜盲症、眼球炎，鼻孔和眼可见水样排出物，上下眼睑被粘在一起，进而眼睛中则有乳白色干酪样物质积聚，最后角膜软化，失明。

钙磷缺乏症：骨软变形，关节粗大，胸骨弯曲，易骨折，跛行，瘫痪。蛋鸡产软壳蛋，产蛋少甚至停产，蛋脆易破。幼禽腿无力，喙与爪变软易弯曲，采食困难，步态不稳，常以飞结着地，骨骼变软肿胀。

异食癖：家禽表现为相互啄羽、啄肛、啄趾、啄蛋或咬斗等恶癖，常导致部分家禽脱肛或肠管脱出而发生炎症。一旦发生，在鸡群中传播很快，可相互攻击和啄食，多数死亡。

四、表现突然死亡的禽病

该类疾病主要有肉鸡腹水综合征、脂肪肝出血综合征、肉鸡猝死综合征、笼养蛋鸡疲劳症等，鉴别诊断要点如下。

肉鸡腹水综合征：又称"肉鸡肺动脉高压综合征""心衰综合征""高海拔病"。生长快速的品系多发，腹部膨大，呈水袋状，触压有波动感，腹部皮肤变薄发亮，站立时以腹部着地，呈企鹅状，严重病例鸡冠和肉髯呈紫红色，抓捕时突然死亡。剖检可见腹腔大量积液，右心扩张，肺充血、水肿，肝病变。

脂肪肝出血综合征：普遍发生于笼养高产蛋鸡，产蛋率越高越易发生。病鸡个体肥胖，产蛋量明显下降，鸡群发生啄癖，食欲减退，精神不振，鸡冠和肉垂苍白肿大，冠尖发紫，肉髯上有皮屑。剖检皮下沉积大量脂肪，肝肿大、质脆，边缘钝圆，呈黄色油腻状，部分表面及内部散在大小不等的出血点或集聚成出血区，并有白色坏死病灶。

肉鸡猝死综合征：又称肉鸡急性死亡综合征。发病前不表现明显征兆，病鸡突然发病，失去平衡，翅膀扑动，肌肉痉挛。有的尖叫，前跌后仰，跌倒在地翻转，死后大多背部着地，两腿朝天。剖检心脏较正常鸡大，尤其是右心房扩张、淤血，内有凝血块，心室紧缩呈长条状，质地硬实，心包积液，心肌松软；肺淤血、水肿。

笼养蛋鸡疲劳症：又称笼养蛋鸡骨质疏松症。多数病例呈慢性经过，腿部软弱无力，站立困难，骨骼变形，骨强度下降，骨脆性增加，易发生骨折，蛋鸡生产性能下降。受到惊扰或鸡间啄斗，突然挣扎而死亡。

参 考 文 献

陈渊,朱家增,邓立新,等,2011. 牛瘤胃酸中毒发病机制与防治的研究进展 [J]. 中国畜牧兽医,38(6):132-135.
崔中林,2007. 奶牛疾病学 [M]. 北京:中国农业出版社.
董彝,2001. 实用牛马病临床类症鉴别 [M]. 北京:中国农业出版社.
董彝,2006. 实用猪病临床类症鉴别 [M].2版.北京:中国农业出版社.
范作良,2006. 动物内科病 [M]. 北京:中国农业出版社.
刘长松,2005. 奶牛疾病诊疗大全 [M]. 北京:中国农业出版社.
刘广文,刘海,2011. 动物内科病 [M]. 北京:中国农业出版社.
刘宗平,2006. 动物中毒病学 [M]. 北京:中国农业出版社.
齐长明,2006. 奶牛疾病学 [M]. 北京:中国农业科学技术出版社.
史志诚,2001. 动物毒物学 [M]. 北京:中国农业出版社.
沈俊杰,2011. 家畜内科学 [M]. 北京:中国农业出版社.
王建华,2010. 兽医内科学 [M].4版.北京:中国农业出版社.
王治仓,2010. 动物普通病 [M]. 北京:中国农业出版社.
徐世文,唐兆新,2010. 兽医内科学 [M]. 北京:科学出版社.
于利子,张国平,赵永钧,2007. 牛瘤胃酸中毒治疗方法探讨 [J]. 当代畜牧(10):26-28.
张建岳,2003. 新编实用兽医临床指南 [M]. 北京:中国林业出版社、中国农业出版社.
张全鑫,朱印生,2007. 犬猫疾病 [M].2版.北京:中国农业出版社.
赵福军,2001. 牛羊病防治 [M]. 北京:中国农业出版社.

图书在版编目（CIP）数据

动物内科病/王治仓主编．—北京：中国农业出版社，2019.3（2024.6重印）
ISBN 978-7-109-22729-3

Ⅰ.①动… Ⅱ.①王… Ⅲ.①家畜内科－中等专业学校－教材 Ⅳ.①S856

中国版本图书馆 CIP 数据核字（2017）第 029508 号

中国农业出版社出版
（北京市朝阳区麦子店街 18 号楼）
（邮政编码 100125）
责任编辑 李 萍
文字编辑 弓建芳

中农印务有限公司印刷 新华书店北京发行所发行
2019 年 3 月第 1 版 2024 年 6 月北京第 3 次印刷

开本：787mm×1092mm 1/16 印张：13.5
字数：320 千字
定价：36.00 元

（凡本版图书出现印刷、装订错误，请向出版社发行部调换）